JN233934

最新土質力学（第2版）

満田 明二 晃一 保重 武
武 武憲 良 勝晴
田本東原川武見見
冨福大西深久楠勝

著

朝倉書店

執筆者(執筆順)

(*編集委員)

富田 武満（とみた たけみつ）	福山大学工学部教授（1章）
福本 武明*（ふくもと たけあき）	立命館大学理工学部教授（2章，4章）
大東 憲二（だいとう けんじ）	大同工業大学工学部教授（3章，8章）
西原 晃（にしはら あきら）	福山大学工学部教授（5章）
深川 良一（ふかがわ りょういち）	立命館大学理工学部教授（6章，10章）
久武 勝保*（ひさたけ まさやす）	近畿大学理工学部教授（7章）
楠見 晴重（くすみ はるしげ）	関西大学工学部教授（9章）
勝見 武（かつみ たけし）	京都大学大学院地球環境学堂准教授（11章）

は　じ　め　に

　望外の好評を博してきた本書『最新土質力学』も，早いもので初版を発刊してから11年半が経ちました．その間に，土質力学分野の進展はめざましく，それに伴い土や地盤に関する新たな知識の追加をはじめ土質試験法の改正への対応やSI単位系への変更などの措置が必要不可欠となってきました．このような最近の情勢に適正に対処するため今回，本書の内容を全般的に見直すこととし，改訂版の刊行に踏み切った次第です．

　本書の改訂にあたって，新たに今日的課題である廃棄物や土壌・地下水汚染などの，いわゆる地盤環境問題を扱った章を設けました．あわせて，新進気鋭の5名の土質関連分野の教員に執筆者として加わってもらい，大胆な刷新をはかりました．各章に例題と演習問題を配し平易に解説してありますので，大学・短大・高専の教科書としてはもちろんのこと，実務においても役立てていただけるものと思います．

　本書の原編著者で本改訂版の最大の理解者であられた畠山直隆先生（立命館大学名誉教授）が本年1月に他界され，私達にとって誠に痛恨の極みでありました．そして，本改訂版の熱心な推進者の一人で今回後進に執筆を譲られた芹生正巳先生（大阪産業大学客員講師）に相談の結果，畠山先生の遺志を継いで立派な内容の改訂版を世に出すことが私達の責務と考え，ここに執筆者一同協力して刊行の運びと相成りました．

　末筆ながら，本書の執筆に際し巻末に示した多数の文献を参考にさせて頂いたことを付記し，引用文献の著者に感謝の意を表します．また，本改訂版の刊行に際し朝倉書店編集部には終始たいへんお世話になりましたことを記し，厚く御礼申し上げます．

2003年10月

執筆者代表　福 本 武 明
久 武 勝 保

初版の序

　本書は土木工学科ならびに関連学科に学ぶ学生諸君を対象として編集されたものであり，これから土質力学を学ぼうとする人々の入門書として好適であると考える．

　最近の土質力学の進歩はめざましいものがあり，その内容も高度で広範囲になっている．本書はこうした土質力学のなかの限られた基礎的事項について解説を行ったものである．各章はそれぞれの大学や高専で土質力学を担当している経験深い専門の方々により，分担して記述されている．その内容については，土木工学の専門基礎としての位置づけをふまえて，理解を深めうるように配慮したが，さらに各章ごとに例題，演習問題を配して，本文の内容の理解を助けるようにした．

　土は鋼やコンクリートのような構造用材料とは異なって，岩石の風化生成物，すなわち微細な砕屑物，あるいは結晶の集合体であり，さらに間隙水が加わって外力に対する土の挙動を複雑にしている．また，これらの土の堆積の様相も様々である．われわれは工学的問題として，自然の営力に対処するとともに様々な構造物を対象として，外力に対する応答，すなわち変形，沈下，強度などの問題を解決しなければならない．本書によって土についての基礎的な知識を会得されるならば幸いである．

　編者は浅学非才であるが，多年，土質力学の講義を担当してきたことと最年長であることから編者を引き受けることになったことを申し添えて，各執筆者の御努力に対し，深甚なる敬意を表する次第である．

　本書に引用された文献の著者に感謝の意を表するとともに，その引用についてご寛容を請う次第である．また朝倉書店編集部の方々には原稿の督促や調整など大変お世話になった．ここに深謝の意を表する．

1992 年 3 月

畠 山 直 隆

目　　次

1. **土の基本的性質** ……………………………………………………………… 1
   1.1　土と土層の成因 ……………………………………………………… 1
   　　a.　土の成因と風化作用 ……………………………………………… 1
   　　b.　土層の成因 ………………………………………………………… 1
   1.2　土の基本的物理量とその測定方法 ………………………………… 3
   1.3　土の粒度分布 ………………………………………………………… 7
   1.4　粒度試験の方法 ……………………………………………………… 8
   1.5　粒度分布と土性 ……………………………………………………… 9
   1.6　土のコンシステンシー ……………………………………………… 10
   　　a.　液性限界試験 ……………………………………………………… 10
   　　b.　塑性限界試験 ……………………………………………………… 11
   　　c.　収縮限界試験 ……………………………………………………… 13
   　　d.　コンシステンシー限界と土の力学定数の関係 ………………… 13
   1.7　土の化学試験 ………………………………………………………… 14
   　　a.　土の化学試験の種類 ……………………………………………… 14
   　　b.　土のpH試験 ……………………………………………………… 14
   　　c.　土の強熱減量試験 ………………………………………………… 15
   1.8　粘土鉱物とその物理化学的特性 …………………………………… 15
   　　a.　結晶構造 …………………………………………………………… 15
   　　b.　粘性土の物理化学的特性 ………………………………………… 18
   1.9　土　の　構　造 ……………………………………………………… 19
   1.10　土の工学的分類 ……………………………………………………… 21
   　　a.　分類基準 …………………………………………………………… 21
   　　b.　統一分類法 ………………………………………………………… 21

2. **土　の　締　固　め** ………………………………………………………… 28
   2.1　概　　説 ……………………………………………………………… 28
   2.2　締固め試験 …………………………………………………………… 28
   2.3　土の種類と締固め特性 ……………………………………………… 33

目次

　2.4　締固め土の性質 …………………………………………… 34

3. **土 中 の 水 理** ………………………………………………… 36
　3.1　土 中 水 ……………………………………………………… 36
　　a.　土中水の基本的性質 ……………………………………… 36
　　b.　液相の土中水 ……………………………………………… 36
　　c.　気相の土中水 ……………………………………………… 37
　　d.　凍上現象 …………………………………………………… 38
　　e.　地下水の分類 ……………………………………………… 39
　3.2　ダルシーの法則と水頭 ……………………………………… 40
　3.3　地下水浸透流の基礎方程式 ………………………………… 42
　　a.　運動方程式 ………………………………………………… 42
　　b.　連続の式 …………………………………………………… 42
　3.4　透 水 係 数 …………………………………………………… 45
　　a.　透水係数に関係する要因 ………………………………… 45
　　b.　透水係数の求め方 ………………………………………… 48
　　c.　成層地盤の透水係数 ……………………………………… 51
　3.5　地下水涵養を考慮した一次元浸透流 ……………………… 52
　3.6　浸透流と浸透水圧 …………………………………………… 54
　　a.　流線網 ……………………………………………………… 54
　　b.　浸透水圧と有効応力 ……………………………………… 56
　　c.　クイックサンド …………………………………………… 58

4. **圧 縮 と 圧 密** ………………………………………………… 61
　4.1　概　　説 ……………………………………………………… 61
　4.2　圧縮性の指標 ………………………………………………… 61
　4.3　粘土の圧縮性 ………………………………………………… 63
　4.4　砂の圧縮性 …………………………………………………… 65
　4.5　圧 密 理 論 …………………………………………………… 65
　4.6　圧密試験方法 ………………………………………………… 70
　4.7　圧密試験結果の整理 ………………………………………… 71
　　a.　圧密量-時間の関係 ………………………………………… 71
　　b.　圧密量-圧力の関係 ………………………………………… 74
　4.8　圧密沈下予測 ………………………………………………… 75

a． 最終沈下量 ………………………………………………………… 75
　　　b． 圧密沈下曲線 ……………………………………………………… 76
　　4.9　二 次 圧 密 ………………………………………………………………… 77
　　4.10　サンドドレーンによる圧密 ……………………………………………… 78

5. 土のせん断強さ ……………………………………………………………… 81
　　5.1　地盤内の応力と変形 …………………………………………………… 81
　　　a． 応力の成分とモールの応力円 …………………………………… 81
　　　b． 土の変形とひずみ ………………………………………………… 84
　　　c． 土の応力とひずみの関係 ………………………………………… 85
　　　d． 土の体積変化とダイレイタンシー ……………………………… 86
　　　e． 土の間隙水圧と有効応力 ………………………………………… 87
　　5.2　地盤の破壊と土のせん断強さ ………………………………………… 88
　　　a． 土の破壊とモール-クーロンの破壊基準 ……………………… 88
　　　b． 地盤の排水条件と載荷にともなう有効応力の変化 …………… 90
　　　c． 土の非排水強さと排水強さ ……………………………………… 91
　　5.3　土のせん断試験 ………………………………………………………… 93
　　　a． 直接せん断試験と圧縮試験 ……………………………………… 93
　　　b． せん断試験における排水条件 …………………………………… 95
　　　c． せん断試験機 ……………………………………………………… 99
　　5.4　砂質土のせん断特性 …………………………………………………… 102
　　5.5　飽和粘性土のせん断特性 ……………………………………………… 103
　　　a． 飽和粘性土の非排水強さ ………………………………………… 103
　　　b． 飽和粘性土の c, ϕ ……………………………………………… 107

6. 土　　　　圧 …………………………………………………………………… 110
　　6.1　概　　説 ………………………………………………………………… 110
　　6.2　ランキン土圧 …………………………………………………………… 111
　　6.3　クーロン土圧 …………………………………………………………… 119
　　　a． 主働土圧 …………………………………………………………… 119
　　　b． 受働土圧 …………………………………………………………… 122
　　　c． より一般的な場合におけるクーロンの土圧式 ………………… 123
　　6.4　擁壁の安定計算 ………………………………………………………… 125

7. 地盤応力と支持力 ……………………………………… 129
- 7.1 概　　説 ……………………………………… 129
- 7.2 地表載荷による地中の応力 ……………………………………… 129
  - a. 鉛直集中荷重による応力 ……………………………………… 129
  - b. 鉛直帯状荷重による応力 ……………………………………… 132
  - c. 鉛直台形荷重による応力 ……………………………………… 134
  - d. 鉛直長方形荷重による鉛直応力 ……………………………………… 135
- 7.3 地表載荷による地盤の沈下 ……………………………………… 137
- 7.4 浅い基礎の支持力 ……………………………………… 138
  - a. 基礎の荷重沈下関係 ……………………………………… 139
  - b. 接地圧 ……………………………………… 139
  - c. 連続フーチングの極限支持力 ……………………………………… 139
  - d. 極限支持力の一般式 ……………………………………… 142
  - e. 支持力に及ぼす諸因子の影響 ……………………………………… 142
  - f. 粘土地盤の転倒破壊に対する基礎の支持力 ……………………………………… 144
- 7.5 深い基礎の支持力 ……………………………………… 145
  - a. マイヤホフの支持力式 ……………………………………… 145
  - b. 杭の負の周面摩擦力 ……………………………………… 146

8. 斜面の安定 ……………………………………… 149
- 8.1 概　　説 ……………………………………… 149
- 8.2 安定性の評価 ……………………………………… 150
- 8.3 直線すべり面(非粘性土)の解析 ……………………………………… 151
- 8.4 安定係数による概略解析 ……………………………………… 153
- 8.5 円形すべり面の解析 ……………………………………… 155
  - a. 分割法 ……………………………………… 155
  - b. 摩擦円法 ……………………………………… 158
- 8.6 複合すべり面の解析 ……………………………………… 161

9. 地盤の動的性質 ……………………………………… 163
- 9.1 概　　説 ……………………………………… 163
- 9.2 地盤内を伝播する地震波 ……………………………………… 163
- 9.3 地震波の反射・屈折・減衰 ……………………………………… 165
- 9.4 地盤の動的変形・強度特性 ……………………………………… 166

- a. 土の応力-ひずみ曲線 ……………………………… 166
- b. せん断弾性係数および減衰定数の測定法 ……… 167
- 9.5 PS検層法および孔間弾性波法 ………………………… 168
  - a. PS検層法 …………………………………………… 168
  - b. 孔間速度測定（クロスホール法） ………………… 169
- 9.6 地盤の液状化 …………………………………………… 169
  - a. 液状化現象 ………………………………………… 169
  - b. 液状化の対策 ……………………………………… 170

10. 土 質 調 査 ……………………………………………… 172
- 10.1 土質調査の目的 ………………………………………… 172
- 10.2 サンプリング …………………………………………… 172
  - a. 固定ピストン式シンウォールサンプラー ………… 173
  - b. ロータリー式二重管サンプラー …………………… 174
  - c. ブロックサンプリング ……………………………… 175
- 10.3 サウンディング ………………………………………… 176
  - a. 標準貫入試験 ……………………………………… 176
  - b. オランダ式二重管コーン貫入試験 ………………… 178
  - c. スウェーデン式貫入試験 …………………………… 179
  - d. 原位置ベーンせん断試験 …………………………… 180
  - e. 孔内水平載荷試験 …………………………………… 181

11. 地盤環境問題 …………………………………………… 183
- 11.1 概　　説 ………………………………………………… 183
- 11.2 土壌・地下水汚染 ……………………………………… 184
  - a. 地盤中の有害物質 …………………………………… 184
  - b. 地盤中の汚染物質の挙動 …………………………… 184
  - c. 土壌・地下水汚染の対策技術 ……………………… 188
- 11.3 廃棄物の処分場と有効利用 …………………………… 191
  - a. 廃棄物の発生と処理・処分 ………………………… 191
  - b. 廃棄物処分場とその構造 …………………………… 192
  - c. 遮水材 ─ 遮水シートと粘土ライナー ─ ………… 193
  - d. 海面処分場と跡地利用 ……………………………… 196
  - e. 廃棄物の有効利用 …………………………………… 198

参考文献………………………………………………………… 200
演習問題解答…………………………………………………… 204
索　　引………………………………………………………… 210

1. 土の基本的性質

1.1 土と土層の成因

a. 土の成因と風化作用

地球表面をとりまく岩石は主として火成岩の風化生成物である．岩石は長い年月の間に物理・化学的に破壊・変質を受け，初期には礫・砂粒子が形成され，これを一次鉱物といい，主として造岩鉱物からなる．この主要な鉱物は長石類（正長石，微斜長石，斜長石，曹長石，灰長石），石英，鉄苦土鉱物類（カルシウム，マグネシウムおよび鉄の硅酸塩），雲母類，角閃石類，および輝石類である．さらに一次鉱物の風化が進むと，立体構造が破壊されて各種の粘土鉱物が生成される．これが二次鉱物といわれ，その主なものはカオリナイト，モンモリロナイト，イライト，バーミキュライト，クロライトなどである．

風化作用には，物理的風化，化学的風化および生物的風化があり，岩石が次第に細粒化，分解され，岩塊，岩くず，土への変化をいう．各作用を述べると次のようになる．

物理的風化は母岩中の造岩鉱物の組成の差異により，長年月にわたる地球上の温度変化がそれぞれの岩の熱膨張率の違いによる温度応力でかみ合わせがゆるみ，崩壊していく過程であり，主に細粒化が起こる．

化学的風化では細粒化し表面積が大になった土粒子が溶解，酸化，還元，加水分解，炭酸塩化作用により粘土化する．そのほかに植物の根の分泌物や腐食，有機物の作用により酸化などが起こったりする．また，根圧で植物が岩石の割れ目に入り間隙を広げて崩壊させることもある．

b. 土層の成因

岩石は種々の風化作用により土に変化して，深いところでは数十mにも達することがある．この岩石風化生成物がそのまま留まっているものを定積土，いろいろな営力によって運ばれ低地で堆積したものを運積土とよんでいる．表1.1は土の成因による分類を示している．

表1.1 土の成因による分類(青木, 1982)

大区分	生成の営力	成因による分類名	代表的な土の名称など
定積土	物理的破砕 化学的分解	残 積 土	花崗岩地帯のまさ土
	腐 朽	有機質土	泥炭, 黒泥
運積土	重 力	崩 積 土	崖錐, 地すべり崩土
	流 水	河成(沖積)土 海成(沖積)土 湖成(沖積)土	一般の沖積平野下の土層を形成する
	風 力	風積(風成)土	砂丘の砂, レス
	火 山	火山性(堆積)土	火山砂礫, 軽石ローム, しらす, 関東ローム, 黒ぼく
	氷 河	氷積(氷成)土	ティル, モレーン

　定積土は残積土と有機質土に分けられ，前者は岩石風化の速度が侵食速度より大きいところに存在するため，わが国のような急峻な地形ではあまり厚く堆積することはない．代表的な風化残積土としてはまさ土があげられ，これは花崗岩の風化したものであり，粒子の破砕性が高く，降雨侵食を受けて斜面崩壊が多く見られる．

　後者の有機質土は植物の生産量が分解量にまさるような気候・環境条件で形成される．有機質土は泥炭と黒泥に分けられ，泥炭は未分解で繊維質なもので，黒泥は分解が進んで黒色のものと区分されている．

　運積土の生成営力には重力，水，風，火山，氷河などがある．このうちわが国で特に見られるものは火山性の堆積物と河川によって搬出・堆積した沖積土および重力の作用による崖錐堆積物とか地すべり性の崩土などである．

　火山性堆積物は洪積世時代の盛んな火山活動により噴出された土である．わが国では北海道から九州まで広く分布しており，その代表的なものは関東ローム，しらす，黒ぼく，よな，などである．関東ロームは関東地方で広く見られ，高含水比のもとで練返しの影響を受けると著しく強度が低下する．しらすは九州一帯に分布し，ガラス質で粘性に乏しく斜面は降雨により侵食されやすい．またその沖積層は液状化しやすく地震時には斜面も崩壊しやすいなど，災害が多発している．また，黒ぼく，よな，などは火山性の有機質粘性土であり，鳥取県の大山周辺，熊本県の阿蘇周辺に分布し，圧縮性が大きいのが特徴である．

　沖積土はわが国の大都市や沿岸平野部の地盤の大部分を形成しており，河川流によって運ばれてきた土砂がその河川付近にしばしば大規模なデルタを発生させ，分級作用が進み，一般に軟弱な地盤となっている．

風の作用によって運ばれて堆積した風積土には砂丘，レス (loess) がある．砂丘は風力によって転動，運搬され，海岸に平行して生成された丘状堆積物であり，粒径は均一径からなることが多い．一方，レスは風によって浮遊運搬された乾燥シルトの堆積物で中国の黄土が有名であり，わが国には春先，黄砂として飛来してくる．

1.2 土の基本的物理量とその測定方法

土は大小さまざまな土粒子の集合したもので，間隙には水と空気が存在し，図 1.1 のような固体，液体，気体の 3 相構成，あるいは固体と液体からなる 2 相構成である．固体は主として鉱物性の土粒子と有機物からなる．液体は自由水，吸着水，結晶水があるが，通常，結晶水は化学的な結合力の強い構造水であり液体とは考えられない．粒子間の間隙内を自由に移動する水分が自由水，土粒子に電気的あるいは化学的に薄く，強く吸着され，自由に流動できない水が吸着水である．自由水は砂や粘土の工学的な特性に大きな影響を与えるが，吸着水は粘土の性質のみに関係する．

土の物理的・力学的性質は土，水，空気の 3 相の構成によって著しく変化するため，間隙の大きさ，飽和度，含水量，密度などを正確に測定する必要がある．

図 1.1 (b) には土層の単純化したモデルを示しており，図の左側に体積，右側に質量を表示している．

体積については 3 つの重要な関係があり，それは間隙比 e (void ratio)，間隙率 n (porosity)，および飽和度 S_r (degree of saturation) である．間隙比 e は間隙の体積 V_v と土粒子の体積 V_s との比であり，間隙率 n は間隙の体積 V_v と土全体の体積 V との比を百分率で表したものであり，百分率表示される．土がゆるい状態にあるか密な状態にあるかは通常，間隙比で判断され，粘性土では沈下量に関係する．この間隙空間は空気か水あるいは両方が共存している場合があり，その状態を表すのに飽和度 S_r が用いられる．飽和度は間隙の体積 V_v に対する水の占める体積 V_w の比を百分率で表したものであり，乾燥土では飽和度 0% の完全不飽和状態，水浸土では飽和度 100% の完全

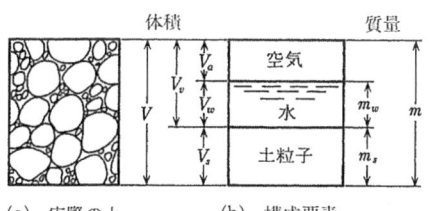

(a) 実際の土　　(b) 構成要素

図 1.1　土の相構成

飽和状態と水と空気の共存する状態の3態が見られる．

$$e = \frac{V_v}{V_s} = \frac{V_w + V_a}{V_s} = \frac{V - V_s}{V_s} \tag{1.1}$$

$$n = \frac{V_v}{V} \times 100 = \frac{V - V_s}{V} \times 100 \tag{1.2}$$

両式から (1.3) 式の関係がある．

$$e = \frac{n}{100 - n}, \quad n = \frac{e}{1 + e} \times 100 \tag{1.3}$$

$$S_r = \frac{V_w}{V_v} \times 100 \tag{1.4}$$

図 1.1(b) の右側の質量に関係する物理量としては含水比 w (water content) があげられ，土中の水分量を示す．含水比は土粒子の質量 m_s に対する水の質量 m_w の百分率で表す．

$$w = \frac{m_w}{m_s} \times 100 \tag{1.5}$$

単位体積あたりの質量を密度 (density) といい，地盤の締まり具合を表すのに用いられる．土粒子の密度 ρ_s (g/cm³, t/m³) と比重 (specific gravity) G_s は図より

$$\rho_s = \frac{m_s}{V_s} \tag{1.6}$$

$$G_s = \frac{\rho_s}{\rho_w} \tag{1.7}$$

ここに，ρ_w は水の密度 (g/cm³) である．土粒子の密度試験は JIS A 1202 によって規定されている．

地盤の密度は含水状態などで変化し，次の4つが考えられる．第1が湿潤密度 (wet density) ρ_t で，単位体積中に含まれる土粒子と水の質量の和であり，一般に土の密度といえば湿潤密度のことである．第2は乾燥密度 (dry density) ρ_d で乾燥状態の土の密度を示す．第3は土の間隙がすべて水で満たされた状態，すなわち完全飽和状態の密度 (saturated density) ρ_{sat} であり，最後は水中密度 (submerged density) ρ_{sub} で地下水面下にある土で浮力を受けた状態の見かけの密度をいう．

湿潤密度
$$\rho_t = \frac{m}{V} = \frac{m_s + m_w}{V} = \frac{(1 + w/100)\rho_s}{1 + e} = \rho_d \left[1 + \frac{w}{100} \right]$$
$$= \frac{\rho_s}{1 + e} + \frac{(S_r/100)e}{1 + e} \rho_w \tag{1.8}$$

乾燥密度
$$\rho_d = \frac{m_s}{V} = \frac{\rho_s}{1 + e} = \frac{\rho_t}{1 + (w/100)} \tag{1.9}$$

飽和密度
$$\rho_{sat} = \frac{e\rho_w + \rho_s}{1 + e} \tag{1.10}$$

1.2 土の基本的物理量とその測定方法

水中密度 $\rho_{sub} = \rho_{sat} - \rho_w = \dfrac{\rho_s - \rho_w}{1+e}$ (1.11)

砂地盤の締まり具合を示すのに相対密度 D_r (relative density) が用いられる．すなわち，現在の地盤がどの程度締まっているのかあるいはいま以上に締固め可能かどうかを判断するのに利用される．これは，その地盤の最もゆるい状態の密度 ρ_{dmin} あるいは間隙比 e_{max} と最も密な状態の密度 ρ_{dmax} あるいは間隙比 e_{min} と相対的にどのような関係にあるかを示している．

$$D_r = \dfrac{1/\rho_{dmin} - 1/\rho_d}{1/\rho_{dmin} - 1/\rho_{dmax}} = \dfrac{e_{max} - e}{e_{max} - e_{min}} \quad (1.12)$$

ここに，e と ρ_d は現在の砂の間隙比と密度である．

最もゆるい状態では $D_r=0$，最も密な状態のときは $D_r=1$ で，通常の地盤はこの値の中間にある．これを締まりの程度により3段階に分けると次の通りである．

$0<D_r<1/3$： ゆるく締まっている．さらに締固め可．
$1/3<D_r<2/3$： 中程度に締まった地盤．
$2/3<D_r<1$： かなりよく締まっている．

密度と似た値に単位体積重量(unit weight) γ (kN/m³) がある．これは土の単位体積あたりの重量，すなわち力であり，密度 ρ とは次の関係がある．

$$\gamma = \rho \cdot g \quad (1.13)$$

ここに，g は重力の加速度($\fallingdotseq 9.81$ m/s²) である．

土の物理量についておおよその数量を示すと表1.2のようになる．

表1.2 土の基本的性質の値(松尾, 1994)

基本量	記号	関係式	標準値	分布値	備考
土粒子の比重	G_s	$\dfrac{m_s}{V_s \rho_w}$	2.65	2.5〜2.8	ρ_w：水の密度
土の密度	ρ	$\dfrac{m}{V}$	1.65	1.4〜1.9	(tf/m³)
間隙比	e	$\dfrac{V_v}{V_s}$	砂 $e<1$ 粘土 $e>1$	砂 0.7〜1.4 粘土 1.6〜2.8	
含水比	w	$\dfrac{m_w}{m_s} \times 100$	砂 20 粘土 50	砂 10〜20 粘土 40〜50	(%)
飽和度	S_r	$\dfrac{V_w}{V_v} \times 100$			(%)

〔例題 1.1〕 体積 100 cm³，間隙率 25%，比重 2.65 の砂がある．間隙比，乾燥密度および飽和度 50% 時の密度を求めよ．

〔解〕 $V=100$ cm³， $n=25\%$

(1.2)式より　間隙の体積　$V_v = \dfrac{n \cdot V}{100} = 25$　(cm³)

(1.1)式より　間隙比　$e = \dfrac{V_v}{V_s} = \dfrac{25}{75} = 0.33$

(1.7)式より　$G_s = 2.65 = \dfrac{\rho_s}{\rho_w} = \dfrac{m_s}{V_s \cdot \rho_w} = \dfrac{m_s}{75 \times 1}$

$m_s = 198.75$ g

(1.9)式より乾燥密度　$\rho_d = \dfrac{m_s}{V} = \dfrac{198.75}{100} = 1.99$　(g/cm³)

飽和度50%のときの水の体積 V_w は (1.4)式より

$$S_r = \dfrac{V_w}{V_v} \times 100 = 50$$

$$V_w = \dfrac{50 \times 25}{100} = 12.5 \text{ (cm³)}$$

飽和度50%時の密度 ρ_{t50} は

$$\rho_{t50} = \dfrac{198.75 + 12.5 \times 1}{100} = 2.11 \text{ (g/cm³)}$$

〔例題1.2〕　ある土の湿潤質量は200gであり，これを110℃で24時間炉乾燥したところ120gになった．試料の体積は乾燥後も変わらず128 cm³，比重は2.65であった．間隙比，間隙率，含水比，飽和度，湿潤密度，乾燥密度を求めよ．

〔解〕　この土全体をモデル化し表1.3に数値を埋めると比重2.65から $G_s = 2.65 = \rho_s = 120/V_s$

$V_s = \dfrac{120}{2.65} = 45.3$　(cm³)

(1.1)式より　間隙比　$e = \dfrac{V_v}{V_s} = \dfrac{82.7}{45.3} = 1.82$

(1.3)式より　間隙率　$n = \dfrac{e}{1+e} = \dfrac{1.82}{1+1.82} = 64.5$　(%)

(1.5)式より　含水比　$w = \dfrac{m_w}{m_s} \times 100 = \dfrac{80}{120} \times 100 = 66.7$　(%)

表1.3

	質量(g)	体積(cm³)
土粒子	120	45.3
水	80	80
空気	0	2.7
土全体	200	128

(1.4)式より　飽和度 $S_r = \dfrac{V_w}{V_v} \times 100 = \dfrac{80}{82.7} \times 100 = 96.7$ （%）

(1.8)式より　湿潤密度 $\rho_t = \dfrac{m}{V} = \dfrac{200}{128} = 1.56$ （g/cm³）

(1.9)式より　乾燥密度 $\rho_d = \dfrac{m_s}{V} = \dfrac{120}{128} = 0.94$ （g/cm³）

1.3 土の粒度分布

　地盤を構成する土は種々の粒径のものからなっており，図1.2は各種の土の典型的な粒径加積曲線を示している．横軸は対数目盛で粒径を表し，縦軸は通過質量百分率で，対応する粒径より小さな粒子の質量の全土粒子に対する百分率である．土粒子の粒径と名称は，わが国の工学的分類法（JGS 0051）では図1.3のように 75 μm～75 mm を粗粒分，75 μm 以下を細粒分と大別し，さらに粘土，シルト，砂，礫と細別している．礫は一般に岩石片であり，砂は岩石片やそれらが各種鉱物に分解した風化生成物であり，多くの場合単一鉱物（石英，長石，角閃石など）である．シルトは砂と同様の鉱物であることが多い．粘土は 5 μm 以下の土粒子名に使われているが，粘土鉱物とは区別するべきである．しかし，ほとんどの粘土鉱物はこの粒径範囲にある．

　粒度分布曲線は粗粒土の粒度特性を定量的に表すのに好都合であるが，シルトあるいは粘土分を主体とする細粒土の性質を推測するためにはほとんど役に立たない．土の粒度分布の特徴を表すために次の2つの指数がよく用いられる．その1つは土の工学的特性に関する細粒分の影響を顕著に表すといわれる有効径（effective grain size）D_{10} であ

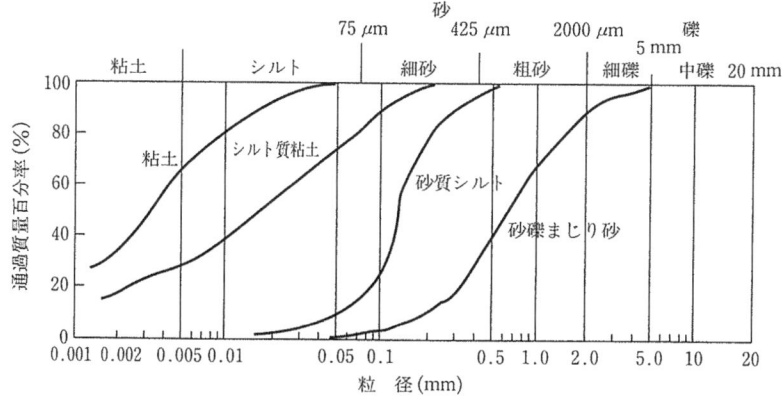

図1.2　種々の土の粒度分布

り，これは通過質量百分率の10％に対応する粒径である．もう1つは粒度曲線の傾きを表す均等係数 U_c (uniformity coefficient) である．U_c は次のように定義される．

$$U_c = \frac{D_{60}}{D_{10}} \quad (1.14)$$

ここに，D_{60}：通過質量百分率の60％に対応する粒径．

粒　径							
	5μm	75μm	425μm	2.0	4.75	19	75 (mm)
粘土		シルト	細 砂	粗	細 礫	中	粗
細粒土			粗粒土				
沈降分析			ふるい分析				

図1.3　粒径の区分と呼び名（日本統一分類法）

U_c は土の粒度分布の広がりを示し，U_c が大きいほど粒度分布がよくなり，逆に悪い粒度分布の極端な例として完全に同一粒径からなる土では $D_{60}=D_{10}$ となり，$U_c=1.0$ となる．一般に $U_c \geqq 10$ は粒度がよく，$U_c < 4 \sim 5$ で粒度分布が悪い（分級された）といわれている．また，粒度分布が階段状になる場合があり，曲線のなだらかさを定量的に示す指数として曲率係数 (coefficient of curvature) U_c' があり，次のように示される．

$$U_c' = \frac{(D_{30})^2}{D_{10} \times D_{60}} \quad (1.15)$$

D_{30}：通過質量百分率の30％に対応する粒径

$D_{30}=D_{60}$ ならば　$U_c'=U_c$

$D_{30}=D_{10}$ ならば　$U_c'=\frac{D_{10}}{D_{60}}=\frac{1}{U_c}<1$

一般に U_c' が $1<U_c'<3$ は粒度がよいが，U_c と U_c' の条件を同時に満足する必要がある．

1.4　粒度試験の方法

各種の粒径からなる土を簡単に分類するには，ふるいを用いることがあるが，ふるい目には限界があり，この限界は 0.075 mm (75 μm) 以上すなわち砂や礫分である．それ以下の土粒子は水中における粒子の沈降速度の差によって分けられる．粒度試験の方法は JIS A 1204 で規程されており，実際の操作では 2 mm～75 μm 間の比重計法の過程で十分分散させてからふるい分析を行う（図1.4）．ストークス (Stokes) の解によれば，球形粒子（直径 d）が静止粘性流体中を沈降するときの沈降速度 v は粘性抵抗のため，ある深さ以上では一定となり次式で示される．

$$v = \frac{d^2(\rho_s - \rho_w)g_n}{18\eta} \quad (1.16)$$

ここに，ρ_s：土粒子の密度 (g/cm³)，ρ_w：水の密度 (g/cm³)，g_n：重力の加速度 (980

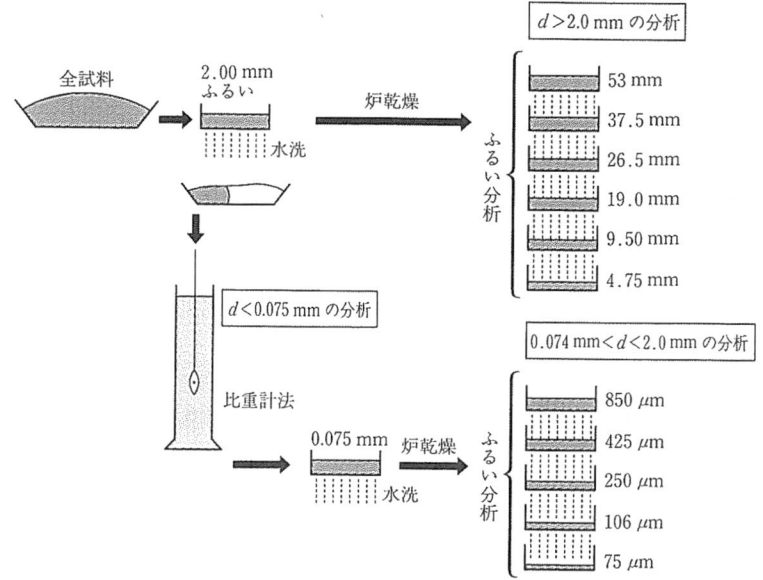

図 1.4 粒度分析の方法 (伊藤, 1975)

cm/s^2), η：水の粘性抵抗 (Pa·s).

さらに t 分間に距離 L を沈降する速度は $v=L/t$ であるから，t 分後の深さ L に浮遊している粒径 d 以下の粒子は次式により求まる．

$$d=\sqrt{\frac{30\eta}{g_n(\rho_s-\rho_w)}\times\frac{L}{t}} \tag{1.17}$$

実際の土粒子は球形ではないが，(1.17) 式の d は土粒子が沈降するのと同じ速度で液体中を落下する同一比重の球形粒子の等価直径となる．この沈降原理を用いた粒度分析は比重浮ひょうを用いる方法である．この方法では土と水の懸濁液をよく振とう，分散させたのち，メスシリンダー中の懸濁液の密度の時間的変化を測定するものである．具体的方法については地盤工学会編「土質試験の方法と解説 (第 1 回改訂版)」を参照されたい．

1.5 粒度分布と土性

粒度分布に基づく土の分類および特徴は，1.3 節で述べたように粒状体としてのかみ合わせの善し悪しによって判断している．したがって，粗粒土-砂質土において広く用

いられている．粗粒土はその密度，透水性，力学強度などの諸性質が粒度に関係し，粒度が分類上の決定的な要素となっている．したがって，判別分類のための粒度試験として，とりあえず 75 μm 以下の細粒分の含有量を知ることが必要な場合には 75 μm ふるいによるふるい分けだけを行う簡単な粒度試験方法だけでもよい．

また，砂質土で問題になるのは比較的相対密度が小さく，水で飽和した地盤が地震時に粒子間に介在する水が砂のより密に詰まろうとする動きを妨げ，そのため間隙水圧が上昇し，有効応力の低下をきたし，液状化被害をもたらすことである．

1.6 土のコンシステンシー

粘土や粘性土は周囲の条件によって極端にその性質を変化させる．特に外力に対する変形の大きさは，工学的な特性を判断するときに最も重要な要素である．その変形の程度を示すのにコンシステンシー (consistency) という概念が用いられる．スウェーデンの土質力学者アッターベルグ (Atterberg, 1911) がその試験方法を提案したので，アッターベルグ限界ともいわれている．図 1.5 に示すように粘性土の含水比が変化するにつれて土のコンシステンシーだけでなく体積も変化する．すなわち土が塑性状 (粘土細工ができる程度の固さ) から液体状になる境界の含水比を液性限界 (liquid limit) w_L, 半固体状 (亀裂が発生してぼろぼろになる状態) から塑性状になる含水比を塑性限界 (plastic limit) w_P, 土をさらに乾燥してこれ以上乾燥しても収縮しないという意味で収縮限界 (shrinkage limit) w_s を定義している．

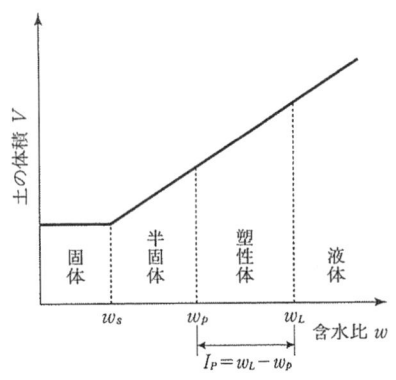

図 1.5 コンシステンシー限界と体積

a. 液性限界試験

液性限界試験は JIS A 1205 に規定されている．425 μm ふるいを通過させた粘性土に適当に加水して練り返し，図 1.6 の金属製の凹んだ容器に入れ，溝を切る．次にクランクを回して容器の皿を 1 cm の高さから落下さ

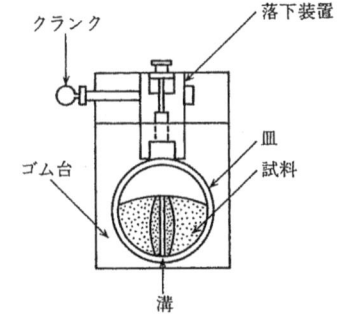

図 1.6 液性限界測定器

せ溝の両側の土が1.5cmにわたって合流するまでの落下回数を数える。試験は含水比を変えて繰り返し行う。落下回数と含水比の関係をプロットすると図1.7のような関係が得られ，落下回数25回に対応する含水比を求めるとこれが液性限界 w_L である。

w_L は粘土分の含有粘土鉱物の種類，吸着イオンの種類，間隙水中の電解質の組成とその濃度およ

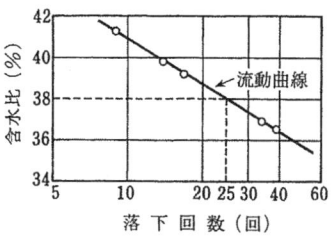

図1.7 液性限界の決め方

び有機物の種類とその含有量によって大きく変化する。w_L が大きいほど圧縮性が高く流動曲線の勾配はゆるくなる。流動曲線の勾配を流動指数 (flow index) といい，次式で示される。

$$I_f = \frac{w_1 - w_2}{\log(N_2/N_1)} \tag{1.18}$$

ここに，w_1, w_2：落下回数 N_1, N_2 に対応する含水比。
一般に I_f が 5～20 の範囲のものが多く，粘土分が多いほど値は大きくなる。

b. 塑性限界試験

土をころがしながらひも状にし，直径3mmのひも状になったとき，ちょうどばらばらになったときの含水比を塑性限界としている。含水比が塑性限界以下になると土は半固体状になり砕けやすくなるが，限界以上の含水比では塑性を示す。アッターベルグ限界をもとにした種々の指数が提案され，粘性土の工学的性質と関係づけられている。最も広範囲に使われているのが塑性指数 I_P (plastic index) で，液性限界から塑性限界を引いた差，すなわち土が塑性状態を示す含水比の幅の広さを表現する。

$$I_P = w_L - w_P \tag{1.19}$$

このほかに自然に堆積している土がどの程度のコンシステンシーを示すかを表現する指数として，コンシステンシー指数 I_C と液性指数 I_L があり，次のように定義されている。

$$I_C = \frac{w_L - w}{I_P} \tag{1.20}$$

$$I_L = \frac{w - w_P}{I_P} = 1 - I_C \tag{1.21}$$

ここに，w：自然地盤の含水比。$I_C + I_L = 1$ の関係がある。コンシステンシー指数は自然土の強さの度合いを示し，w が小さいほど I_C が大きくなり高い強度をもつ。逆に液性指数は自然土を乱したときにどの程度液体状になりやすいかを示す指数である。し

たがって，液性指数が大きい土ほど大きな鋭敏比を示す．

粒径 2 μm 以下の粘土はほとんど粘土鉱物からなっている．粘土鉱物の種類によってその表面力すなわち活性が異なる．また，粘土分が多ければ多いほど塑性指数は大になる．このため，横軸に 2 μm 以下の粘土分の含有量，縦軸に塑性指数をとったとき，同じ種類の粘土はほぼ直線状になることをスケンプトン (Skempton) は示した（図 1.8）．この直線の傾きを活性度といい，次式で定義される．

$$A = \frac{I_P}{2\mu m \text{以下の粘土含有量}} \quad (1.22)$$

一般に $A < 0.75$ は不活性土，$A > 1.25$ は活性土とされ，モンモリロナイトのような比表面積および負電荷の大きい粘土鉱物を多く含有する土ほど大きくなる．

表 1.4 は各種粘土鉱物の吸着イオンの違いによるコンシステンシー限界の差を示し

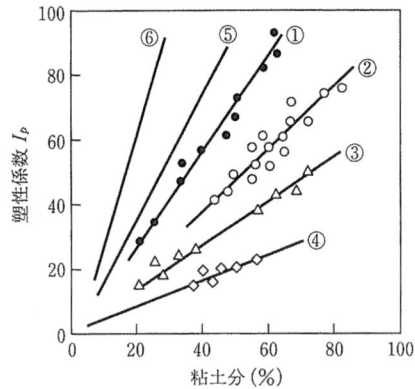

① Shelhaven 粘土　④ Morton 粘土
② London 粘土　　⑤ 大阪沖積粘土
③ Weald 粘土　　　⑥ 大阪洪積粘土

図 1.8　各地の粘土分の含有量と塑性指数 (Skempton ら, 1953)

表 1.4　粘土鉱物のコンシステンシーに及ぼす陽イオンの効果 (Scott, 1963)

粘土鉱物	交換性陽イオン	液性限界(%)	塑性限界(%)	塑性指数	収縮限界(%)
モンモリロナイト	Na	710	54	656	10
	K	660	98	562	9
	Ca	510	81	429	11
	Mg	410	60	350	15
	Fe	290	75	215	10
イライト	Na	120	53	67	15
	K	120	60	60	18
	Ca	100	45	55	17
	Mg	95	46	49	15
	Fe	110	49	61	15
カオリナイト	Na	53	32	21	27
	K	49	29	20	—
	Ca	38	27	11	25
	Mg	54	31	23	29
	Fe	59	37	22	29

たものである．特に顕著な差は w_L と I_P にみられ，これは活性度の高いモンモリロナイトなどでは，Na^+ のように水和半径の大きい陽イオンの場合には結晶格子間への侵入水量が大となり液性限界が大となり可塑性が高くなり軟弱な性質を示す．一方，カオリナイトのような不活性な粘土では吸着イオンによってほとんど影響を受けることはない．

c. 収縮限界試験

含水比をある値以下に減じても土の体積が減少しない状態の含水比を示したもので，w_s で表される．

練り返した試料を容器に入れ，表面をならしてから質量，体積 V，含水比 w を測定後，炉乾燥する．乾燥後の質量 m_s を測定するとともに体積 V_0 を収縮限界時の体積とする収縮限界 w_s は

$$w_s = w - \frac{(V-V_0)\rho_w}{m_s} \times 100 \tag{1.23}$$

d. コンシステンシー限界と土の力学定数の関係

コンシステンシー限界試験は簡易であり，乱した試料でその量もわずかですむ．一方，力学試験については，かなり面倒で時間と手間を必要とする．したがって，現場においてそのような面倒な試験が必要であるかどうか，あるいはおおざっぱな土の各種定数を得る場合に，コンシステンシー特性から推定が行われる．

しかし，乱した試料での値により乱さない試料の定数を推測する場合には，両者の間に土の構造と土粒子結合の間に明らかに差異があるが，次のような実験による関係式がある．

1) 圧縮指数 (C_c)

4章の圧密の項で詳細に述べられるが，粘土層の圧密沈下量を予測するために必要な圧縮指数 C_c は液性限界 w_L から次の式で推定できる．

$$C_c = 0.009(w_L - 10) \tag{1.24}$$

C_c は乱さない試料の圧密試験から得られた圧縮指数である．乱した試料の C_c' は $C_c' = 0.007(w_L - 10)$ の関係がある．(1.24)式の関係は鋭敏比の高くない，活性度の低い粘性土の正規圧密されたものに適合できる．

2) 強度増加率 (c_u/p)

正規圧密粘土の非排水せん断強さ c_u は圧密圧力（有効土被り圧）p に比例して大になる．c_u と p の比を強度増加率というが，c_u/p は図1.9の曲線で示すように I_P の関数で表される．

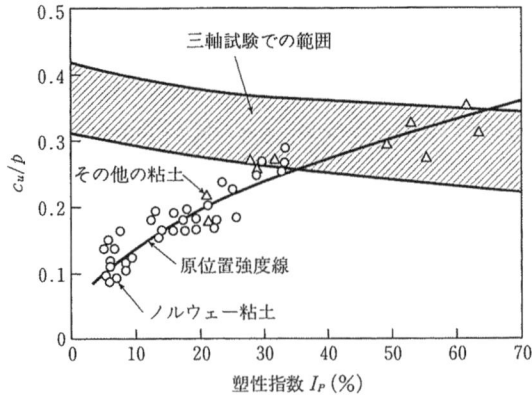

図1.9 塑性指数と C_u/p 値 (Bjerrum, 1954；土木学会, 1988)

$$C_u/p = 0.11 + 0.0037 I_P \tag{1.25}$$

1.7 土の化学試験

a. 土の化学試験の種類

わが国には酸性土壌が多く，火山国特有の硫化物を含有する強酸性土，地下水，河川水などが存在し，地中に埋設された鋼材やコンクリート構造物の劣化，腐食などが問題になったり，薬液注入あるいは地盤の安定処理工法の効果の確認や，植生工などの関連で土の化学的性質を調べることが多くなっている．地盤工学会では次の5種類の試験法を規定している (JSF T 211〜T 241)．

① 土の懸濁液の pH 試験 (JGS 0211-2000)
② 土の強熱減量試験 (JIS A 1226：2000)
③ 土の有機炭素含有量試験 (JGS 0231-2000)
④ 土の懸濁液の電気伝導率試験 (JGS 0212-2000)
⑤ 土の水溶性成分試験 (JGS 0241-2000)

そのなかでも比較的よく利用される①と②について述べる．

b. 土の pH 試験

土の pH は，土と平衡状態にある土中水の水素イオンのモル濃度 $[H^+] (mol/l)$ の逆数を常用対数で表したもので，次式で示される．

$$\mathrm{pH} = \log\frac{1}{[\mathrm{H^+}]} = -\log[\mathrm{H^+}] \qquad (1.26)$$

ここに，[$\mathrm{H^+}$]は水素イオンの濃度(溶液1l 中の $\mathrm{H^+}$ のモル数)

     pH 14～7 アルカリ性
     pH 7   中　性
     pH 7～0   酸　性

pHの測定は通常ガラス電極法が用いられる．測定はビーカー内の懸濁液を撹拌し，ガラス電極を挿入し行う．日本は火山灰を含む地盤が多く，化学薬品で汚染されたところや酸性雨の影響を受けた地盤を除き，pH 5～9のところが多い．

c.　土の強熱減量試験

土の強熱減量とは，110℃で炉乾燥した土を700～800℃に加熱し，減少質量を炉乾燥土の質量に対する百分率で表したものであり，強熱減量値はほぼ土の有機物含有量に等しいといわれている．強熱には電気マッフル炉を用いて加熱する方法があり，次式で求める．

$$強熱減量 = \frac{強熱による損失質量}{強熱前の炉乾燥質量} \times 100 \qquad (1.27)$$

1.8　粘土鉱物とその物理化学的特性

a.　結晶構造

粘土は多くの鉱物の集合したものであり，主要な化学成分は SiO_2 と Al_2O_3 で，このほか FeO，MgO，CaO，Na_2O，K_2O などで構成されている．

一般に 5μm 以下の微粒子でその表面は負に帯電し，種々のカチオンを吸着し，表面積が大きく，コロイド的性質を有している．このような粘土鉱物からなる粘土の工学的性質は，その種類と間隙中の電解質溶液濃度によって著しく異なる．コンシステンシー限界や鋭敏比，シキソトロピー現象などがよい例である．

各種の粘土鉱物の生成は周辺の環境と条件，すなわち風化過程における温度・湿度や圧力の相違から起こる．粘土鉱物の種類は多くあるが，大略カオリナイト(kaolinite)，モンモリロナイト(montmorillonite)，およびイライト(illite)の3つのグループに大別される．カオリナイト，モンモリロナイトは粘土の両極端の性質を代表し，おのおの非活性，活性鉱物を代表するものである．イライトはこの両者の中間の性質を有している．

粘土鉱物は一般に結晶中にわずかに置換された金属イオンをもつ含水ケイ酸塩とアル

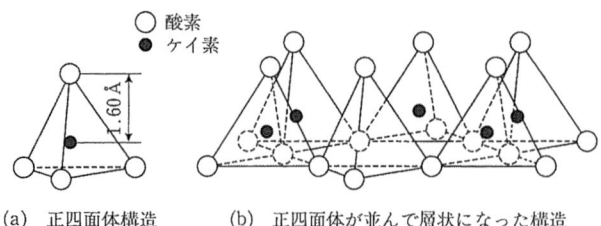

(a) 正四面体構造　　(b) 正四面体が並んで層状になった構造

図 1.10　Si-O の四面体 (層格子)

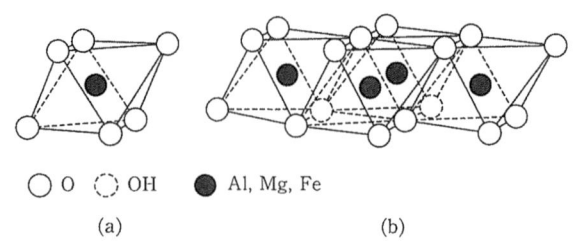

○ O　◌ OH　● Al, Mg, Fe
(a)　　　　　　　(b)

図 1.11　アルミナ八面体と八面体シート

ミニウムの酸化物である．アルミニウムあるいはマグネシウム-酸素とケイ素-酸素の結合が基本構造単位で，それぞれシートになるように結合している．これらの単位からなるシートの重なり方，層間結合，同型置換の違いによって各種粘土鉱物ができる．同型置換とは，結晶格子内の陽イオンがほぼ同じ大きさの他の陽イオンによって構造の変化なしに置換されることである．

ケイ酸塩の基本構造は，図 1.10 (a) のようにシリカ四面体とよばれ，1個の Si 原子を中心に正四面体の各頂点を O が占めている．シリカシートはシリカ四面体が図 1.10 (b) のようにシート構造をなしているもので，O-O 間は 2.55 Å，Si 原子は 0.55 Å の空間をもち，シートの厚さは 4.63 Å である．

図 1.11 は 1 個の Al 原子または Mg, Fe 原子を中心に 6 個の O 原子 (あるいは OH 基) が取り囲み Al 八面体を形成している．O または OH 基を他の Al 八面体と共有するため，図 (b) のように水平に広がり八面体層構造を形成する．八面体中の Al^{3+}，Mg^{2+} の代わりに Fe^{2+}，Fe^{3+}，Mn^{2+}，Ti^{4+}，Ni^{2+} が入っていることもある．O-O 間は 2.60 Å であり，OH-OH では 2.94 Å，八面体内部で配位する陽イオンの空間は 0.61 Å でシートの厚さは 5.05 Å である．なお，構造を単純化するために，Al 八面体シートは ▭，Si 四面体シートは ▱ または ▱ の記号が用いられる．

Si シートと Al シートは正負のイオンが釣り合い，安定した構造になろうとして結合

1.8 粘土鉱物とその物理化学的特性

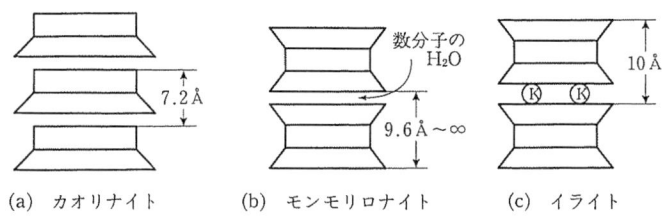

図 1.12 粘土鉱物の横造模式図

すると図 1.12 のような二層, 三層構造の結晶となる.

図中のカオリナイトの結晶構造はシート間の酸素原子を共有するシリカシートとアルミナシートからなる層の連続からできている. 層間にはファン・デル・ワールス力と水素結合が働いて, 膨潤を妨げている. 代表的なカオリナイト系粘土は 70～100 ぐらいの層が連なった六角形状をなしている. カオリナイト類は温暖湿潤な気候下で長石類の風化生成物としてみられる.

Si シートが Al シートをはさむように結合すると図 (b) のモンモリロナイトとなる. 層間にはファン・デル・ワールス力と吸着カチオンが結合力として働くが, 吸着水分子によって容易に分離する. これは酸素原子が相対しているので互いに排斥しあい, シート間に水分子や水和した陽イオンが入りシート間を押し広げることにより, 膨張量が大きくなる. 粒径は 10^{-2}～10^{-4} mm と微細であることと, 比表面積が 700～800 m^2/g もあり, 非常に活性度の高い粘土鉱物である.

図 (c) はモンモリロナイトと同じ 2:1 型粘土鉱物のイライトである. 層間は 10 Å で K^+ によって結合されているが, シリカシートの 6 個の酸素原子が形成している六角形空間にちょうどはまるイオン径であるために結合力は大きい. イライトを含む土は活性度の低いカオリナイトと高いモンモリロナイトの中間的性質をもち, 温帯や乾燥帯の堆積岩の風化生成物に広くみられる.

上記のような結晶性の粘土鉱物以外に無定形の粘土鉱物で火山灰土の主要成分をなすアロフェンがある. 主成分は SiO_2, Al_2O_3 および Fe_2O_3 などで, これらが強く結合している. 粒子表面の負電荷は破壊原子価で pH の影響により変化する. 特に関東ロームに多く含まれ, 工学的には活性度と鋭敏比が大である.

粘土鉱物の全体をまとめたのが表 1.5 である. 粘土鉱物の性質の違いは, 主として基本積層結合, 層間結合力と同形置換の差異によるものである. 積層構造ではカオリナイトの 1:1 型, モンモリロナイト, イライトの 2:1 型の違い, 層間結合力は, カオリナイトの水素結合, モンモリロナイトの四面体における弱い酸素結合, イライトの K^+ 結合である. 粘土鉱物表面の負電子は, 同形置換, 破壊電子価や OH 基や COOH 基の解

表1.5 主要粘土鉱物の比較

性質 粘土鉱物 (結晶型)	粒径	比表面積 (m²/g)	陽イオン 交換容量 (CEC) (meq/100 g)	層間隔 (乾燥状態) (Å)	層間結合力	同像置換	積層数	比較参考値
カオリナイト (1:1型)	大 (>1μm)	10	10	7	最強→ 水素結合 O-OH	なし	100	①クロライト，バーミキュライトの性質はほぼイライトに同じ．ただしバーミキュライトのCECは高い．ハロイサイト≒アロフェン=30 バーミキュライト=150, 腐植=300 ②結晶幅/厚さ カオリナイト >1μm/<1μm イライト <1μm/10⁻²μm モンモリロナイト <1μm/10⁻³μm
イライト (2:1型)	中 (<1μm)	80	30	10	強→ K⁺結合	四面体内 Si 出 Al 入	30	
モンモリロナイト (2:1型)	小 (<1μm)	800	100	10	弱→ 四面体間 O-O結合	八面体内 Al 出 Mg 入	5	

離によるものである．

b. 粘性土の物理化学的特性

土中の粘土粒子は吸着水と呼ばれる水分子の層に囲まれ，水和していることが多い．これらの水分子は粘土粒子の一部と考えられ，粘性土の挙動に大きな影響を与える．

粘土表面の水分子保有力は，粘土表面の負電荷と水分子の双極性に起因している．電荷密度は構成鉱物の種類や溶液（ここでは間隙水）条件によって異なり，土粒子界面は水に接すると，土粒子表面に生ずる静電引力により，水溶液中にある表面電荷と反対のイオン（この場合陽イオン）や水分子を引きつける．図1.13(a)に示すように吸着陽イオンとともにStern層という固定層を形成する．イオン濃度は粒子表面から遠くなるほど減少し，固定層の外側に陽イオンと陰イオンが拡散し，拡散イオン層を形成している．固定層と拡散イオン層を合わせて拡散二重層という．

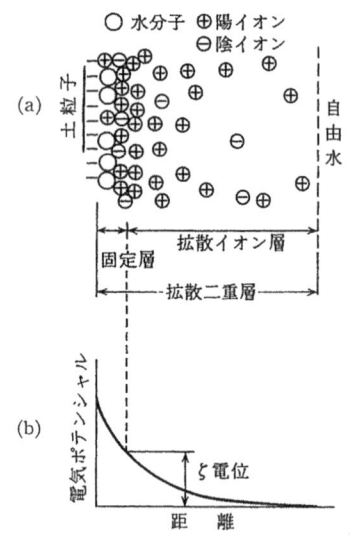

図1.13 (a) 水分子の吸着と拡散イオン層，(b) イオン濃度に基づく電気ポテンシャル(Yongら, 1966)

粘土粒子は吸着水の層や交換性陽イオンの拡散層を介して，あるいは直接的な粒子の拡散によって互いに作用しあうが，どの場合でも粒子間で引力と反発力が働く．2つの

粘土粒子間の距離が15Å以内であれば，交換性陽イオンは粒子間に均等に分布し，粒子間には吸引力が作用する．しかし粒子間距離が15Åを超えると拡散イオン層が発達し，粒子間に反発力をもたらす．拡散二重層内のイオンと自由水中のイオンが交換されるのをイオン交換といい，特に陽イオンが交換されることを塩基置換という．地質学的な環境とそれに引き続いて起こる溶脱 (leaching) によってどのような交換性陽イオンが現れるか決定される．海水中で堆積した粘土は多くの Mg^{2+} と Na^+ を吸着しており，石灰質土壌は主として Ca^{2+} をもっている．

イオン交換により粘土構造が不安定となり，鋭敏比が増加した例として北欧やカナダに分布している氷河期の海成粘土であるクイッククレー (quick clay) が有名である．これは間隙水中の塩分が溶脱されたことによる．

1.9 土 の 構 造

粘性土の構造は力学的・水理学的挙動を決定づける重要な因子であり，これは過去に経てきた環境によって大きく変化する．土構造の重要性を最初に指摘したテルツァーギ (Terzaghi) は単粒構造，綿毛化構造，蜂の巣状構造の概念を示した．単粒構造は砂質土の堆積により形成される構造である．特に蜂の巣状構造では個々の粘土粒子が互いに十分強い力で接触点でくっつきあっているが，綿毛化構造では粒子内の反発力が優勢で大きな間隙を有している．

単粒，蜂の巣，綿毛構造はいろいろな粒径と形状をした土粒子の沈降，堆積の結果に

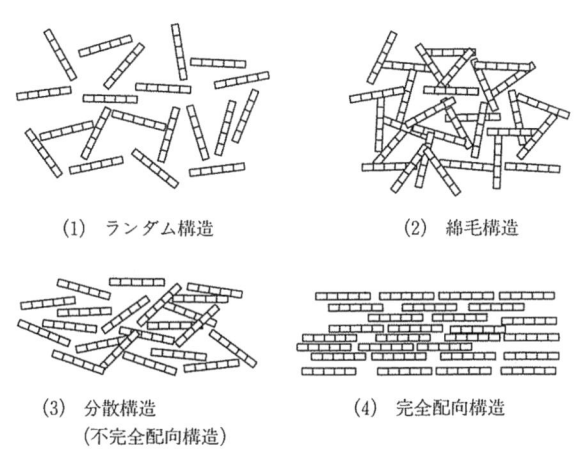

(1) ランダム構造 　　(2) 綿毛構造

(3) 分散構造
　　(不完全配向構造) 　(4) 完全配向構造

図1.14 板状粒子の基本構造モデル (Young and Warkenlin, 1975)

よる構造であったのに対して，粘土のような板状や針状の粒子が堆積するときの基本構造モデルが提案されている（図 1.14）．
① ランダム構造
② 綿毛構造
③ 配向構造

①は粒子間の反発力が引力に比べて大きいときに生じ，活性度の高いモンモリロナイト系の粘土が淡水中で堆積するときにでき，練り返した粘土の構造にもみられる．②は粒子間の反発力が引力に比べて小さいときに生じ，不活性なカオリナイト系粘土が海水中に堆積するときにできる構造であり，粒子は端-面結合が進みランダム構造よりも密な構造をとる．③は板状粒子の面と面がある程度接触して堆積している状態を示しており，大きな圧密を受けた地盤にみられる．配向度により完全配向と不完全配向に分けられ，後者は分散構造ともいわれる．不完全配向構造は淡水中をカオリナイトのような不活性粘土が堆積するとき，粒子間の反発力が低いため間隙比の小さい構造となり，地盤の異方性を示すことになる．

この粘土の初期構造が工学的特性に影響することがよくある．例えば同一含水比のもとでは，初期配向構造をなす粘土は，その落下回数がより少なくて液性限界に達する．また，斜面安定の解析では土粒子の配向方向がせん断強度の計算に影響を及ぼす．図 1.15 の斜面をすべり円弧法で解析する場合，もし粘土粒子がすべて水平方向に配向されているものとすると，円弧の上部でのせん断強度は下部よりも大である．それゆえ代表的な試料についての安定解析では，せん断面上の粒子配向から生ずる強度の変化について考慮しなければならない．

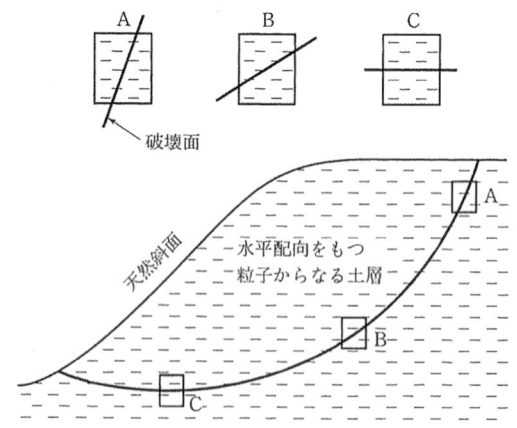

図 1.15　斜面安定解析において土粒子の配向がせん断強度に及ぼす影響

透水性あるいは粘土地盤の圧密排水特性も土の構造により大きな影響を受ける．わが国の沖積粘土層において，水平方向の透水係数および圧密係数が鉛直方向の 2～3 倍になるというのは，配向構造による地盤の異方性が関係している．

1.10 土の工学的分類

a. 分類基準

道路の路床や路盤あるいはアースダムのように土を構造物として利用する場合に，簡単な試験によって分類することが必要となる．このように工学的な目的に応じた分類を工学的分類という．もともと米国の道路局で制定された AASHTO (American Association of State Highway Officials) 法とアースダムやその他一般土木工事に利用されてきた統一土質分類法 (unified soil classification system) から発展し，わが国では火山活動により生じた火山灰土や高有機質土という日本の特殊性を加味した分類として日本統一分類法が使われている．

これらの分類法は粒度分布特性とコンシステンシー限界を分類基準とし，粗粒土の力学的性質を支配するのは粒度分布，細粒土の挙動を判断するのはコンシステンシー限界という考えに基づいている．

b. 統一分類法

わが国の分類法の特徴は，① 石分 (粒径が 75 mm 以上) が質量割合で 50% 以上含まれるものは岩石質材料 (Rm)，0～50% のときは石分まじり土質材料 (Sm-R)，0% のときは土質材料 (Sm) と分類する，② 土質材料のうち 75 μm 以下の構成分を「細粒分」，75 μm から 75 mm の構成分を「粗粒分」とし，礫分と砂分の区分粒径を 2 mm，粘土とシルトの境界を 5 μm とする，③ 塑性図上の液性限界の境界値 (50%) と A 線を境とする粘土とシルトの判別，④ 特殊土として，火山灰質粘性土，高有機質土，人工材料を挙げていること，である．

図 1.16 は 75 mm 以上の石分の割合に応じて土質材料とその他に分け，さらに，土質材料を図 1.17 のように粒径と観察によって，粗粒土，細粒土，高有機質土，人工材料

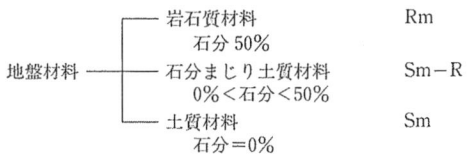

図 1.16 地盤材料の工学的分類体系

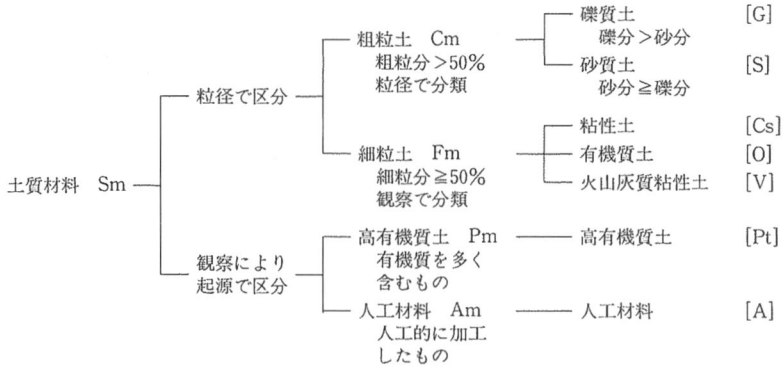

図1.17 土質材料の工学的分類体系（大分類）

に大分類を行う．粗粒土は礫分と砂分の質量割合によって礫質土と砂質土に分類され，細粒土は色，有機臭，地質的背景により粘性土，有機質土，火山灰質粘性土に分類される．

粗粒土と細粒土・高有機質土の分類をそれぞれ図1.18および図1.19に示す．図1.20は細粒土の分類に用いる塑性図である．また，分類記号の意味は表1.8に示す通りであり，副記号中のWは粗粒土中の細粒分が5％未満のものについて「粒径幅の広い」という意味の均等係数 $U_c \geq 10$ を示し，Pは「分級された」という意味の $U_c < 10$ を表す．

図1.18で細粒分を5％以上15％未満含む「細粒分まじり○○」と細粒分を15％以上50％未満含む「細粒分質○○」は，表1.6に従い細粒分の観察によって細分類することができる．この場合，細粒分の記号Fを表1.6のCs，O，Vに置き換える．

細粒土を小分類したもので，粗粒分が5％以上混入しているときは表1.17に従い細分類することができる．この場合，細粒分を表す記号「F」は図1.19で小分類した記号（ML, MH, CL, CH）に置き換える．

〔例題1.3〕 2種類の土で粒度試験を行ったところ，図1.21のような粒径加積曲線が得られた．また，試料Aについてはコンシステンシー試験を行ったところ $w_L = 84\%$, $w_P = 38\%$ であった．

① 試料A, Bの有効径，均等係数を求めよ．
② 試料A, Bはどのような土に分類されるか．

〔解〕
① 試料A： $d_{10} = 0.0012$ mm

1.10 土の工学的分類

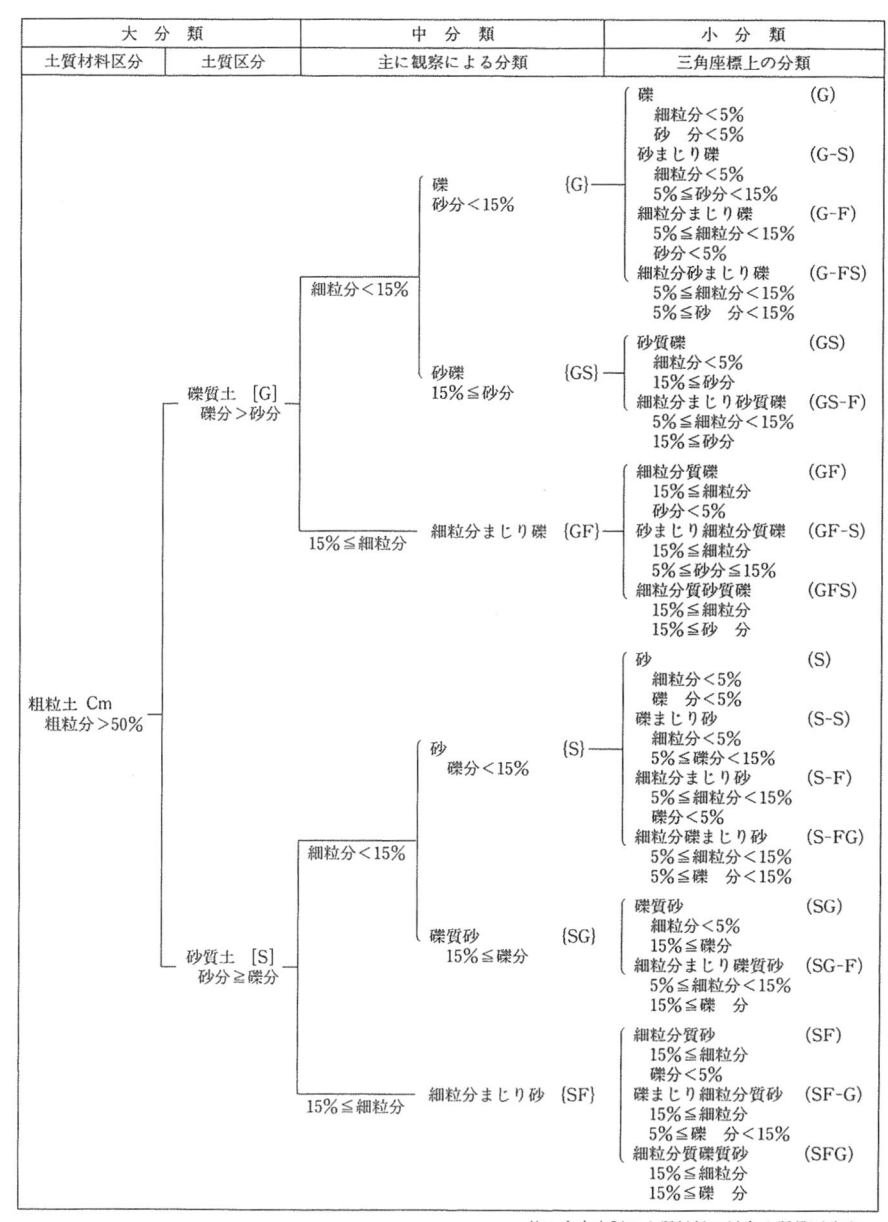

大分類		中分類	小分類
土質材料区分	土質区分	主に観察による分類	三角座標上の分類

```
粗粒土 Cm         礫質土 [G]      細粒分<15%    礫              {G}    礫                        (G)
粗粒分>50%        礫分>砂分                     砂分<15%             細粒分<5%
                                                                    砂 分<5%
                                                                 砂まじり礫                 (G-S)
                                                                    細粒分<5%
                                                                    5%≦砂分<15%
                                                                 細粒分まじり礫             (G-F)
                                                                    5%≦細粒分<15%
                                                                    砂分<5%
                                                                 細粒分砂まじり礫           (G-FS)
                                                                    5%≦細粒分<15%
                                                                    5%≦砂 分<15%
                                              砂礫          {GS}   砂質礫                    (GS)
                                              15%≦砂分              細粒分<5%
                                                                    15%≦砂分
                                                                 細粒分まじり砂質礫         (GS-F)
                                                                    5%≦細粒分<15%
                                                                    15%≦砂分
                                 15%≦細粒分    細粒分まじり礫 {GF}  細粒分質礫                (GF)
                                                                    15%≦細粒分
                                                                    砂分<5%
                                                                 砂まじり細粒分質礫         (GF-S)
                                                                    15%≦細粒分
                                                                    5%≦砂分≦15%
                                                                 細粒分質砂質礫             (GFS)
                                                                    15%≦細粒分
                                                                    15%≦砂 分
                  砂質土 [S]      細粒分<15%    砂              {S}    砂                        (S)
                  砂分≧礫分                    礫分<15%             細粒分<5%
                                                                    礫 分<5%
                                                                 礫まじり砂                 (S-S)
                                                                    細粒分<5%
                                                                    5%≦礫分<15%
                                                                 細粒分まじり砂             (S-F)
                                                                    5%≦細粒分<15%
                                                                    礫分<5%
                                                                 細粒分礫まじり砂           (S-FG)
                                                                    5%≦細粒分<15%
                                                                    5%≦礫 分<15%
                                              礫質砂        {SG}   礫質砂                    (SG)
                                              15%≦礫分              細粒分<5%
                                                                    15%≦礫分
                                                                 細粒分まじり礫質砂         (SG-F)
                                                                    5%≦細粒分<15%
                                                                    15%≦礫 分
                                 15%≦細粒分    細粒分まじり砂 {SF}  細粒分質砂                (SF)
                                                                    15%≦細粒分
                                                                    礫分<5%
                                                                 礫まじり細粒分質砂         (SF-G)
                                                                    15%≦細粒分
                                                                    5%≦礫 分<15%
                                                                 細粒分質礫質砂             (SFG)
                                                                    15%≦細粒分
                                                                    15%≦礫 分
```

注：含有率%は土質材料に対する質量百分率

図1.18 粗粒土の工学的分類

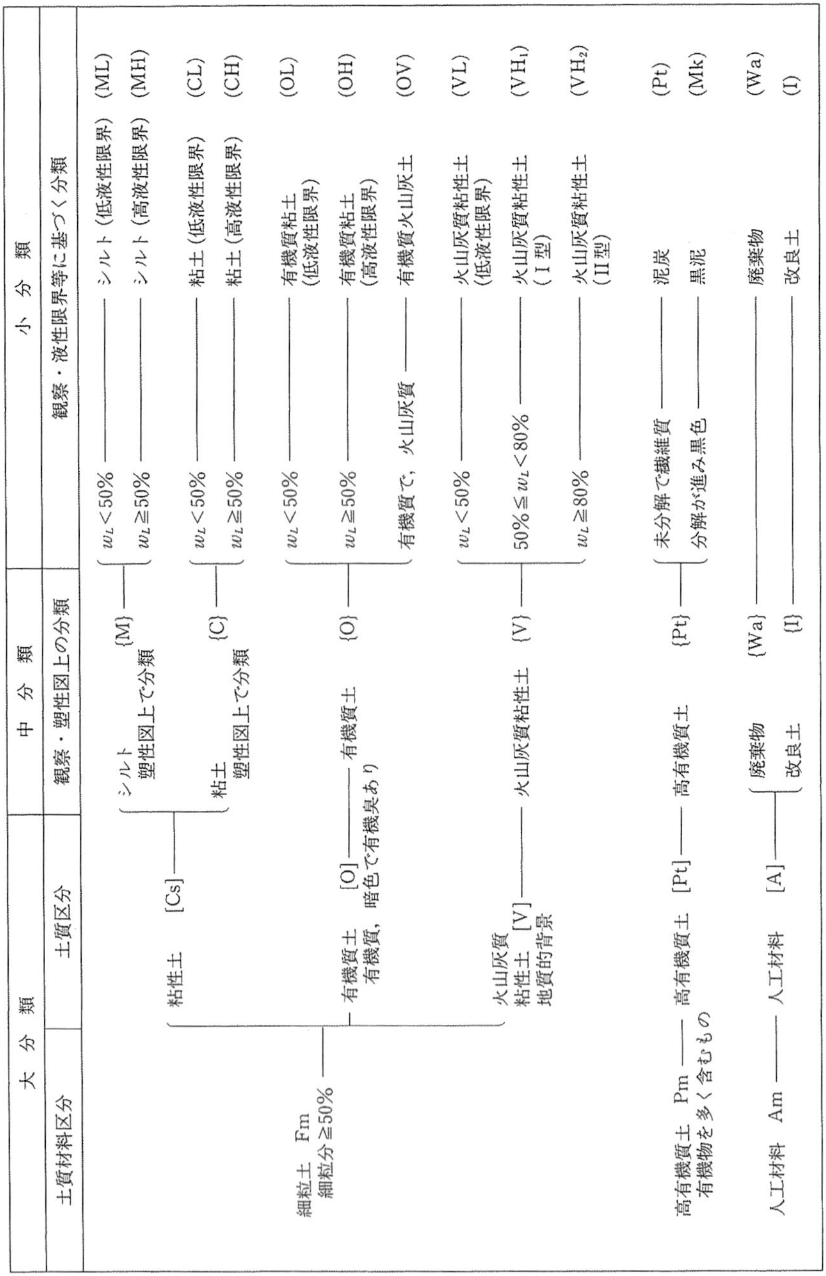

大分類		中分類		小分類	
土質材料区分	土質区分	観察・塑性図上の分類		観察・液性限界等に基づく分類	
細粒土 Fm 細粒分≥50%	粘性土 [Cs]	シルト {M} 塑性図上で分類		シルト(低液性限界) $w_L<50\%$	(ML)
				シルト(高液性限界) $w_L \geq 50\%$	(MH)
		粘土 {C} 塑性図上で分類		粘土(低液性限界) $w_L<50\%$	(CL)
				粘土(高液性限界) $w_L \geq 50\%$	(CH)
	有機質土 [O] 有機質，暗色で有機臭あり	有機質土 {O}	有機質粘土(低液性限界) $w_L<50\%$		(OL)
			有機質粘土(高液性限界) $w_L \geq 50\%$		(OH)
			有機質で，火山灰質		(OV)
	火山灰質粘性土 [V] 地質的背景	火山灰質粘性土 {V}	火山灰質粘性土(低液性限界) $w_L<50\%$		(VL)
			火山灰質粘性土(Ⅰ型) $50\% \leq w_L<80\%$		(VH₁)
			火山灰質粘性土(Ⅱ型) $w_L \geq 80\%$		(VH₂)
高有機質土 Pm 有機物を多く含むもの	高有機質土 [Pt]	高有機質土 {Pt}	泥炭 未分解で繊維質		(Pt)
			黒泥 分解が進み黒色		(Mk)
人工材料 Am	人工材料 [A]	廃棄物 {Wa}			(Wa)
		改良土 {I}			(I)

図1.19 細粒土・高有機質土の工学的分類

1.10 土の工学的分類

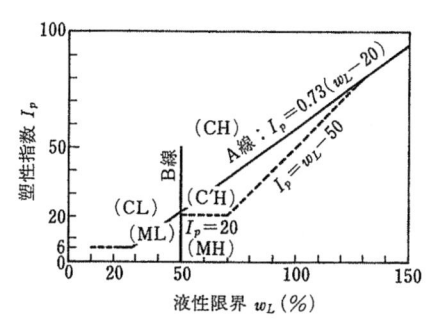

図 1.20 土の塑性図

表 1.6 細粒分 5% 以上の粗粒土の細分類

細粒分の判別	記号	分 類 表 記
粘 性 土	Cs	粘性土まじり○○，粘性土質○○
有 機 質 土	O	有機質土まじり○○，有機質○○
火山灰質土	V	火山灰質土まじり○○，火山灰質○○

表 1.7 粗粒分 5% 以上の細粒土細分類

砂 分	礫 分	土質名称	分類記号
5%未満	5%未満	細粒土	F
	5%以上 15%未満	礫まじり細粒土	F-G
	15%以上	礫質細粒土	FG
5%以上 15%未満	5%未満	砂まじり細粒土	F-S
	5%以上 15%未満	砂礫まじり細粒土	F-SG
	15%以上	砂まじり礫質細粒土	FG-S
15%以上	5%未満	砂質細粒土	FS
	5%以上 15%未満	礫まじり砂質細粒土	FS-G
	15%以上	砂礫質細粒土	FSG

$$U_c = \frac{d_{60}}{d_{10}} = \frac{0.04}{0.012} = 33$$

試料 B：$d_{10} = 0.02$ mm

$$U_c = \frac{d_{60}}{d_{10}} = \frac{3.8}{0.02} = 190$$

② 試料 A は 75 μm 以下が 80% もあり，そのうち粘土分 25%，シルト分 65% で細粒土に分類され，さらに $w_L = 84\%$, $I_P = 46$ から図 1.20 の塑性図よりほぼ A 線上にあり，高圧縮，高塑性のシルト質粘土である．

試料 B は礫分 50%，砂分 38% で細粒分 15% 以下の粒度配合の良い細粒分まじり砂質礫である．

表 1.8 分類記号の意味

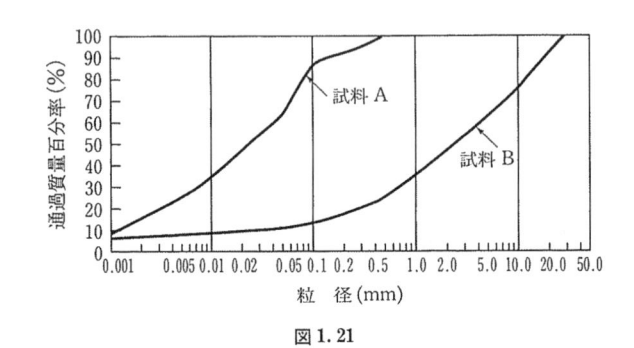

記号		意味	記号		意味
主記号	R	石 (Rock)	副記号	Mk	黒泥 (Muck)
	R_1	巨石 (Boulder)		Wa	廃棄物 (Wastes)
	R_2	粗石 (Cobble)		I	改良土 (I-soil または Improved soil)
	G	礫粒土 (G-soil または Gravel)		W	粒径幅の広い (Well-graded)
	S	砂粒土 (S-soil または Sand)		P	分級された (poorly graded)
	F	細粒土 (Fine soil)		L	低液性限界 ($w_L<50\%$)
	Cs	粘性土 (Cohesive soil)			(Low liquid limit)
	M	シルト (Mo：スウェーデン語のシルト)		H	高液性限界 ($w_L>50\%$)
	C	粘土 (Clay)			(High liquid limit)
	O	有機質土 (Organic soil)		H_1	火山灰質粘性土のI型 ($w_L<80\%$)
	V	火山灰質粘性土 (Volcanic cohesive soil)		H_2	火山灰質粘性土のII型 ($w_L≧80\%$)
	Pt	高有機質土 (Highly organic soil) または泥炭 (Peat)			

図 1.21

演習問題

1.1 風化作用について述べよ．

1.2 粘土，粘土分，粘土鉱物の違いについて説明せよ．

1.3 含水比15%の土が2000gある．含水比を24%にするには何gの水を加えるべきか．

1.4 地下水面下から採取した飽和状態の土試料の含水比が52%，湿潤密度 $\rho_t=1.72\,\mathrm{g/cm^3}$ であった．この試料の間隙比と土粒子密度を求めよ．

1.5 ある土の粒度試験を行った結果，表1.9の値を得た．これから，①粒径加積曲線，②有効径，③均等係数を求め，④曲率係数，⑤日本統一分類法における分類を示せ．ただし，この土の液性限界 $w_L=74.2\%$，塑性限界 $w_P=28.6\%$ であった．

1.6 乾燥密度 $1.64\,\mathrm{t/m^3}$ の地盤から採取した試料の密度試験を行い，最大および最小乾燥密度がそれぞれ $1.82\,\mathrm{t/m^3}$ と $1.44\,\mathrm{t/m^3}$ であった．この地盤の相対密度を求めよ．また，この

表1.9 粒度分析結果

粒径 (mm)	通過質量百分率 (%)	粒径 (mm)	通過質量百分率 (%)
2.00	100	0.032	61.8
0.85	99	0.022	49.0
0.425	98.2	0.012	31.2
0.25	96.8	0.009	29.0
0.106	90.0	0.006	19.8
0.075	87.8	0.003	10.2
0.052	76.2	0.002	5.2

地盤はどの程度締まっているか．

1.7 原地盤から採取した完全飽和状態の粘土試料の体積は 31.25 cm³，質量は 58.66 g であった．これを乾燥したところ，乾燥質量は 42.8 g となった．この試料の採取時の間隙比と土粒子の密度を求めよ．

2. 土の締固め

2.1 概　　説

　転圧，衝撃，振動などの機械的方法で土の密度を増加させ，土の強度，圧縮性，透水性などの工学的諸性質を改善することを締固め (compaction) という．

　道路，鉄道，飛行場滑走路などの路床路盤工事や盛土工事，あるいは河川堤防，フィルダムなどの築堤工事に際しては，材料である土を締め固めることによって，構築後の崩壊や有害な沈下などの少ない安定性の高い土構造物をつくることができるし，また建造物の基礎となる地盤の締固めによって地盤の支持力を適度に高めることもできる．要するに締固めの目標は，土構造物や基礎地盤を構成する土の性質をその土構造物なり基礎地盤に最適なように改良することにある．

　しかし，土の締固め効果や工学的性質は，土質，含水比，締固めエネルギー，締固め方法など種々の要因によって異なってくる．それゆえ，実際の締固め施工にあたっては，最善の方法，条件を見いだす努力が必要となる．この点に関して，プロクター (Proctor, 1933) がアースダム建設の経験に基づいて試験室における締固め試験の方法を考案し，最適含水比の概念を明確にしたことは，土の締固めに1つの指針を与え，締固め施工の合理化を進めるうえで特筆に値する．

　この章では，わが国の基準の試験法を中心に土の締固めに関する基本事項について記述する．

2.2 締め固め試験

　土の締固め試験は，土の乾燥密度-含水比曲線，最大乾燥密度および最適含水比を求めるために行われ，その試験結果は材料としての土の適否の判定，力学試験用供試体（土の透水試験，CBR試験，コーン指数試験などの供試体）の作製，締固め施工管理の基準の決定などのために利用される．室内締固め試験の方法としては，衝撃的荷重，静的荷重，半動的荷重，振動などによる方式があるが，わが国では衝撃荷重方式に属する

2.2 締固め試験

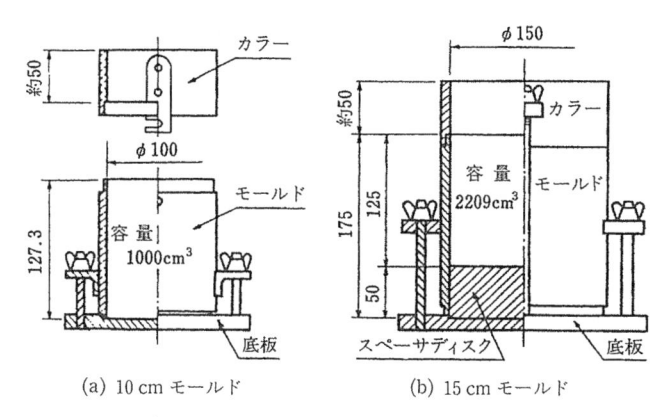

(a) 10 cm モールド　　(b) 15 cm モールド

図2.1　モールド，カラーおよび底板（単位：mm）

「突固めによる土の締固め試験方法（JIS A 1210-1999）」が規格化されている．

この突固め試験の要領は，図2.1に示すモールド内に試料土（対象：37.5 mmふるいを通過した土）を規定の層数に分けて入れ，各層を図2.2に示すランマーを用いて所定の回数だけ突き固める．その際，突固め方法（表2.1）および試料の準備方法，使用方法との組合せ（表2.2）によって試験方法が区分され，土質や試験の利用目的に応じて選択できるようになっている（後述）．突固めが終わったら，モールド内部の土の湿潤密度 ρ_t（g/cm³）と含水比 w（%）を測定し，次式から乾燥密度 ρ_d（g/cm³）を算定する．

$$\rho_d = \frac{\rho_t}{1+\dfrac{w}{100}} \quad (2.1)$$

この突固め試験を，試料の含水比を変えて繰り返すことにより，試料土の乾燥密度と含水比との関係を求めることができる．結果の1例を図2.3に示す．図上の実測点を結ぶ曲線を締固め曲線（compaction curve）

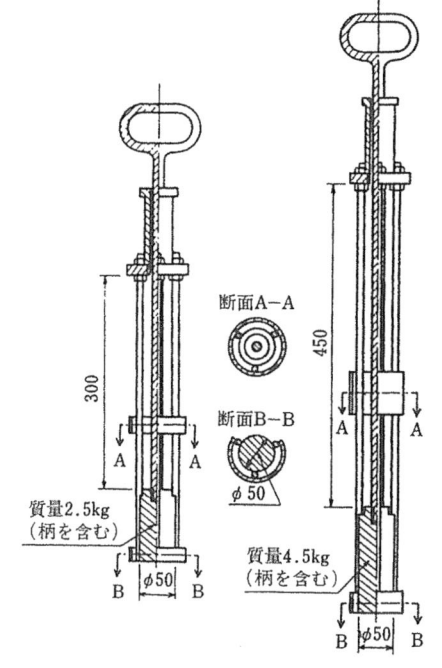

(a) 2.5 kg ランマー　　(b) 4.5 kg ランマー

図2.2　ランマー（単位：mm）

表 2.1 突固め方法の種類

突固め方法の呼び名	ランマー質量 (kg)	モールド内径 (cm)	突固め層数	1層あたりの突固め回数	許容最大粒径 (mm)
A	2.5	10	3	25	19
B	2.5	15	3	55	37.5
C	4.5	10	5	25	19
D	4.5	15	5	55	19
E	4.5	15	3	92	37.5

表 2.2 試料の準備方法および使用方法の組合せと試料の最少必要量

組合せの呼び名	試料の準備方法および使用方法の組合せ	モールドの径 (cm)	許容最大粒径 (mm)	試料の最少必要量
a	乾燥法で繰返し法	10	19	5 kg
		15	19	8 kg
		15	37.5	15 kg
b	乾燥法で非繰返し法	10	19	3 kg ずつ必要組数
		15	37.5	6 kg ずつ必要組数
c	湿潤法で非繰返し法	10	19	3 kg ずつ必要組数
		15	37.5	6 kg ずつ必要組数

とよぶ．締固め曲線の頂点の密度を最大乾燥密度 (maximum dry density)，そのときの含水比を最適含水比 (optimum moisture content) とよぶ．また同図中には，締固め後の土の状態を知るうえで便利なように飽和度一定曲線と空気間隙率一定曲線が描かれている．これらの曲線は，(2.2) 式と (2.3) 式から求められる．

$$\rho_d = \frac{\rho_w}{\frac{\rho_w}{\rho_s} + \frac{w}{S_r}} \quad (2.2)$$

$$\rho_d = \frac{\rho_w\left(1 - \frac{v_a}{100}\right)}{\frac{\rho_w}{\rho_s} + \frac{w}{100}} \quad (2.3)$$

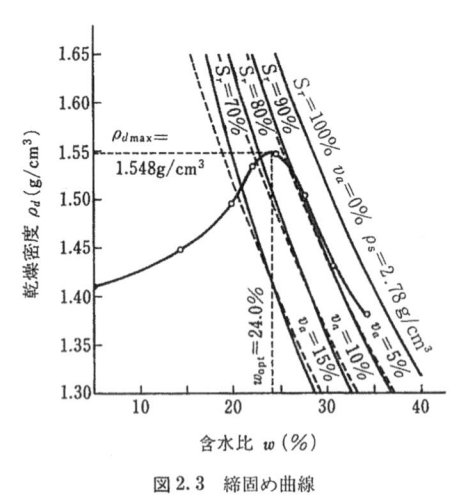

図 2.3 締固め曲線

ここに，ρ_w：水の密度 $\fallingdotseq 1\,\mathrm{g/cm^3}$，$\rho_s$：土粒子の密度 $(\mathrm{g/cm^3})$〔JIS A 1202〕，S_r：土の飽和度 (%)，v_a：土の空気間隙率 (%)．

任意の含水比のとき到達できる理論上の最大乾燥密度 $\rho_{d\text{sat}}$ (g/cm³) は，上式で $S_r=100\%$, $v_a=0\%$ とおくことによって，次式で求められる．

$$\rho_{d\text{sat}}=\frac{\rho_w}{\dfrac{\rho_w}{\rho_s}+\dfrac{w}{100}} \tag{2.4}$$

この曲線をゼロ空気間隙曲線 (zero-air-void curve) と称し，締固め曲線には必ず併記する (図 2.3)．

〔例題 2.1〕 下表は，ある土の締固め試験結果である．

乾燥密度 (g/cm³)	1.409	1.447	1.495	1.533	1.545	1.503	1.430	1.381
含水比 (%)	5.1	14.3	19.9	22.1	24.6	27.7	30.7	34.3

① 締固め曲線を描け．② 最大乾燥密度 $\rho_{d\max}$ と最適含水比 w_{opt} を求めよ．③ ゼロ空気間隙曲線を描け．④ 飽和度一定 ($S_r=90\%$, 80%, 70%) の線と空気間隙率一定 ($v_a=5\%$, 10%, 15%) の線を示せ．ただし，この土の土粒子密度は $\rho_s=2.78$ g/cm³ である．

〔解〕 ① 図 2.3 のような締固め曲線が得られる．② 図 2.3 より，$\rho_{d\max}=1.548$ g/cm³, $w_{\text{opt}}=24.0\%$. ③ (2.4) 式に $\rho_s=2.78$ g/cm³ を代入し，$\rho_{d\text{sat}}$ と w の関係を図示すれば，図 2.3 中の実線 ($S_r=100\%$, $v_a=0\%$) のようになる．④ 図 2.3 中の実線 ((2.2) 式使用) と破線 ((2.3) 式使用) を参照のこと．

最適含水比は一定の試験条件下で土を最も効果的に締め固めることができる含水比であり，最適含水比付近で締め固められた土は構築後の浸水という事態を考えた場合でも力学的に最も安定した状態にあることが一般に認められている．最適含水比で最大乾燥密度に締め固められた土の状態を，飽和度 S_r と空気間隙率 v_a を用いて表せば，土質や締固めエネルギーによらずおおよそ S_r が 85～95%, v_a が 10～2% の範囲に入るといわれている．

土に与える締固めエネルギー（仕事量）の選択は重要である．一般に締固め曲線は，締固め仕事量が増せば，図 2.4 のようにゼロ空気間隙曲線に沿って左上方へ移動し，最大乾燥密度は増加し，最適含水比は減少する．プロクターは締固め仕事量 (compactive effort) を，次のよう

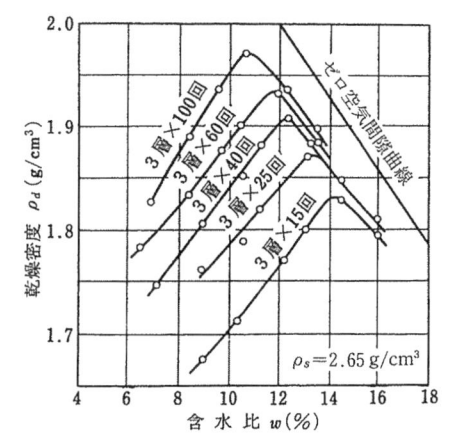

図 2.4 締固め仕事量による締固め曲線の変化
(地盤工学会編, 2000)

に定義している．

$$E_c = \frac{W_R \cdot H \cdot N_B \cdot N_L}{V} \tag{2.5}$$

ここに，E_c：締固め仕事量 (kJ/m³)，W_R：ランマーの重量 (kN)，H：ランマーの落下高 (m)，N_B：層あたりの突固め回数，N_L：層の数，V：モールドの容積 (m³)．

これに基づけば，JIS の突固め方法（表 2.1）のうち A と B は $E_c \fallingdotseq 550\,\mathrm{kJ/m^3}$ ("Standard Proctor" と呼称)となるのに対し，C, D, E は $E_c \fallingdotseq 2500\,\mathrm{kJ/m^3}$ ("Modified Proctor" と呼称)となり前者の約 4.5 倍に相当する．道路施工の管理基準の場合を例にとれば，路体，路床では "Standard Proctor" を，路盤では "Modified Proctor" を用いるのが一般的である．このように締固め仕事量の選択は，各分野で利用目的に応じ適正に行われている．一方，試験方法は土質に応じて選択する必要がある．特に試料の準備方法（乾燥法，湿潤法）と使用方法（繰返し法，非繰返し法）の組合せの選択は，わが国の特殊な土質事情を加味して定められたもので，重要な意味をもっている．たとえば，普通の土では乾燥法と繰返し法の組合せでよいが，まさ土やしらすなどのように突固めによって土粒子が破砕しやすい土に対しては非繰返し法を用い，関東ロームや有機質土などのような高含水比の粘性土に対しては湿潤法と非繰返し法の組合せを用いる．

また，最大粒径の大きい粗粒土を実際に扱うときには，試験時の許容最大粒径（表2.1）よりも粗い粒子の混入率 P に応じて試験結果を補正することが必要となる．種々の方法が提案されているが，現在よく用いられている補正方法は，粗粒子間の間隙が土によって満たされ（ここでいう土とは粗粒子を除いた試料土のことを指す），かつ間隙内の土の密度が土のみを締め固めた場合に得られる乾燥密度 ρ_{d1} に等しいという仮定に基づくもので，粗粒子を含む試料全体の乾燥密度 ρ_d を次式から求めることができる．

$$\rho_d = \frac{\rho_{d1} \cdot \rho_{d2}}{P \cdot \rho_{d1} + (1-P)\rho_{d2}} \tag{2.6}$$

式中，ρ_{d2} は粗粒子のみの場合のゼロ空気間隙状態の乾燥密度に相当する ((2.4) 式)．このとき，粗粒子を含む試料全体の含水比 w は，土の含水比を w_1，粗粒子の含水比を w_2 として次式で表される．

$$w = w_1(1-P) + w_2 \cdot P \tag{2.7}$$

なお，この補正方法の適用範囲は $P < 30 \sim 40\%$ とされている．

〔例題 2.2〕 $\rho_{d1} = 1.250\,\mathrm{g/cm^3}$，$\rho_s = 2.65\,\mathrm{g/cm^3}$，$w_2 = 4\%$ を知って，$P = 25\%$ のときの ρ_d を求めよ．

〔解〕 (2.4) 式より，

$$\rho_{d2} = \frac{1.0 \times 2.65}{1 + 0.04 \times 2.65} = 2.396 \quad (\mathrm{g/cm^3})$$

ゆえに，(2.6) 式より，

$$\rho_d = \frac{1.250 \times 2.396}{0.25 \times 1.250 + (1-0.25) \times 2.396} = 1.420 \quad (\text{g/cm}^3)$$

2.3 土の種類と締固め特性

突固め試験 (JIS A 1210) で求めたわが国の代表的な土の締固め曲線を図 2.5 に，試料土の土性を表 2.3 に示す．これらの結果から，主として次のような一般的傾向が認められる．

① 一般に，最大乾燥密度 $\rho_{d\max}$ が高い土ほど最適含水比 w_{opt} が低い．

② 一般に，粒度のよい砂質土ほど $\rho_{d\max}$ が高く締固め曲線が鋭いのに対し，細粒土ほど $\rho_{d\max}$ が低く締固め曲線はなだらかである．

③ 粒度のわるい砂質土 (試料 d) の場合には，必ずしも $\rho_{d\max}$ が得られるとは限らず，概してなだらかな締固め曲線となる．

④ 火山灰質粘性土 (試料 g, h) は，一般に $\rho_{d\max}$ が非常に低く，w_{opt} が高い特徴をもっている．

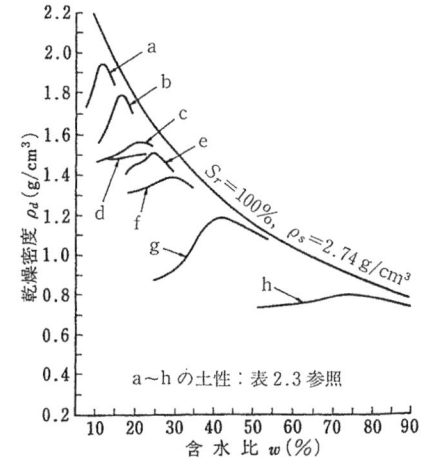

図 2.5 代表的な土の締固め曲線の例 (地盤工学会)

表 2.3 試料の土性 (地盤工学会, 2000)

	a	b	c	d	e	f	g	h
2.0 mm ふるい通過量 (%)	84	35	100	100	100	100	96	100
0.425 mm ふるい通過量 (%)	43	23	99	73	100	100	78	100
0.075 mm ふるい通過量 (%)	17	16	85	1	94	99	33	65
均等係数 (D_{60}/D_{10})	39	850	—	14	14	3.8	10	5
液性限界 w_L	NP	47	60	NP	43	81	60	110
塑性指数 I_p		22	30		12	48	12	24
地盤材料の工学的分類	(SM)	(SC)	(CH)	(SP)	(ML)	(MH)	(SV)	(VH$_2$)
ρ_s (g/cm³)	2.65	2.73	2.68	2.68	2.68	2.72	2.74	2.66
$\rho_{d\max} \, w_{opt}$ における v_a (%)	5.1	9.6	7.5	9.4	6.9	9.4	8.6	8.7
S_r (%)	80.9	74.1	81.8	78.3	84.0	80.8	84.8	87.4

(注) g, h は九州阿蘇地方の火山灰質土
それぞれの自然含水比は，g: $w=65\%$，h: $w=143\%$

わが国の土質のなかには，特異な締固め特性を示すものがある．関東ロームのような火山灰質粘性土や黒ぼくのような有機質土などでは，締固め仕事量が同じでも乾燥させながら試験した場合（乾燥過程）と試験開始時の初期含水比を変え加水しながら行った場合（加水過程）とで締固め曲線の形態が著しく異なったものとなる．また，まさ土など脆い粒子からなる土の場合には，突固め時の粒子破砕の影響が問題となる．いずれにしても，この種の土に対しては，試験法上および試験結果の利用上，土ごとに特別な注意が必要である．

2.4 締固め土の性質

締め固めた土の力学的性質は，締固め時の含水比や締固め仕事量によって異なる．図 2.6 はこれらの関係を，かなり細粒分を含む粒度のよい土質を意識して概念的に描いたものである．図から次のような一般的傾向を知ることができる．

① 締め固めた土の強さ（圧縮強さ，CBR など）は，最適含水比 w_{opt} より少し低い含水比で最大となり，その値は乾燥密度 ρ_d が高い（締固め仕事量が大きい）ほど大きい．しかし，浸水後の強さは w_{opt} 付近で最大値を示す．

② 締め固めた土の圧縮性（定荷重による圧縮ひずみなど）は w_{opt} より少し低い含水比で最小となる．浸水後の圧縮性は浸水前より少し大きくなり，その最小値は w_{opt} 付近にくる．

③ 締め固めた土の透水性（透水係数）は w_{opt} より少し高い含水比で最小値を示し，ρ_d が高いほど小さい．

④ 締固め仕事量 E_c と強さとの関係については，含水比によってその様相が異なり，E_c が増すほど強度が単調に増加する場合（w_1）と最初増加するがある E_c 値に

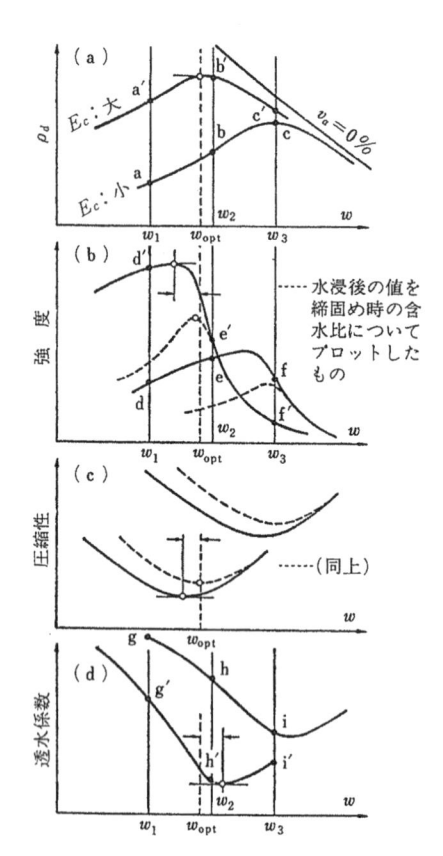

図 2.6 締固めによる土の力学的諸特性の変化
（久野，1974）

達したあと強度低下し始める場合(w_2)，およびE_cの増加とともに強度低下する場合(w_3)の3通りの傾向が認められる．E_cの増加で強度がかえって低下するような状態になる現象は，含水比の高い粘性土においてしばしば見受けられ，一般に過剰締固め（過転圧，over compaction）とよばれている．

砂や礫のような非粘性土の場合には，一般に振動締固めなど適切な方法で乾燥密度を高めれば，それにともなって強度は増加し，圧縮性は減少することが知られている．

現場締固めと室内締固めの対比については，締固め方式や締固め仕事量あるいは土の粒度の制限などにかなりの違いがあるので，締め固めた土の性質を直接関連づけることはむずかしい．またわが国では，自然含水比の高い土を扱う機会が多く，最適含水比付近で施工ができない場合も多い．したがって，重要な締固め工事においては，現場転圧試験を併用し施工方法や施工管理のしかたを決めることが望ましい．

演習問題

2.1 次の用語を説明せよ．
① 締固め曲線，② 最適含水比，③ ゼロ空気間隙曲線，④ 締固め仕事量，⑤ 過転圧
2.2 突固め試験 A-a 法の試験条件を整理して示せ．
2.3 例題〔2.1〕において，最適含水状態のときの飽和度 S_r と空気間隙率 v_a を求めよ．
2.4 例題〔2.1〕において，仕様書で締固め度を95％以上とするよう規定されているとき，施工含水比の範囲を示せ．
2.5 締固めエネルギーの変化にともなって最適含水比はどのように変化するか．
2.6 例題〔2.2〕において，土の含水比 $w_1=10\%$ のとき，粗粒子を含む試料全体の含水比 w はいくらか．
2.7 砂質土と粘性土における締固め特性の差異について述べよ．
2.8 締固め土の強さと透水性は，締固め時の含水比によってどのように変化するか．

3. 土中の水理

3.1 土　中　水

a. 土中水の基本的性質

　地盤内に存在する土中水は，図3.1に示すように分類される．また，これらの土中水が地盤内に存在するときの状況を図3.2に模式的に示した．地下水流の解析の対象となる地下水頭，または地下水位とは，土中水がもつポテンシャルのことをいう．そして，土中水は地下水頭の大きいほうから小さいほうへ移動する．この地下水頭は，位置水頭，圧力水頭，速度水頭，毛管水頭などに区分され，図3.2に示した位置に応じて，重要となる水頭がある．たとえば，地下水面以下では完全飽和の状態と考えられるので，毛管水頭はゼロであり，速度水頭は一般に，位置水頭，圧力水頭に比べて非常に小さくなるので無視できる．したがって，位置水頭と圧力水頭のみを考えればよい．また，地下水面より上の部分では，毛管水頭が問題になる．毛管水頭はサクション (suction) ともよばれ，不飽和状態の土が水を吸引する力と理解できる．サクションの大きさは，毛管水のメニスカスの曲率が大きくなるほど大きくなる．つまり，同じ含水比では，細粒土の方がサクションは大きくなり，同じ土では，飽和度が小さいほどサクションは大きくなる．

b. 液相の土中水

液相の土中水である地下水，重力水，保有水の挙動について以下に述べる．
1) 地下水
　地下水面以下の土の間隙は水で飽和しており，この地下水は，水頭の大きいところか

$$\text{土中水 (soil water)} \begin{cases} \text{地下水 (ground water)} \\ \text{重力水 (gravitational water)} \\ \text{保有水 (held water)} \begin{cases} \text{液相 (liquid phase)} \\ \text{気相 (vapour phase)} \end{cases} \end{cases}$$

図 3.1　土中水の分類 (Taylor, 1948)

ら小さいところへと穏やかに移動する．地下水挙動の定量的な関係は，広い範囲で後述するダルシー（Darcy）の法則が適用できる．

2) **重力水**

重力水の挙動は，地下水の移動と同様に主として重力の作用によるが，一般には不飽和浸透であるため毛管水頭などが関与して飽和地下水に比べてはるかに複雑である．通常は，ダルシーの飽和浸透流の関係式と同形の式を用いて解析する場合が多い．

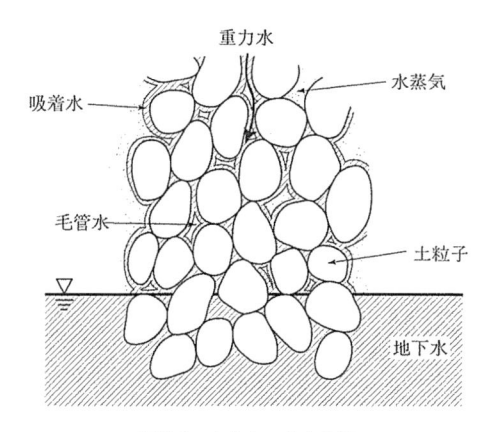

図3.2 土中水の存在状況

3) **保有水**

保有水は，重力の作用のみでは移動できないが，諸条件の変化によってきわめて緩慢に移動し，長時間後にはその量も相当なものとなることがある．保有水の移動は，液相，気相それぞれ単独で行われることもあり，また液相が気相に転換されて行われる場合もある．保有水は，土の強度，地盤の支持力など力学的に重要な役割を有し，地下水や重力水に比べてその性状ははるかに複雑である．保有水は，土粒子との吸着の程度によって，毛管水，吸着水，化学的結合水に分類できる．それらの性質は以下の通りである．

① 毛管水　表面張力によって土粒子間の薄い間隙に保有されている水で，間隙の大きさや形および土粒子表面の性状によって異なる．地下水面の変化・圧力・温度の変化にともなって移動する．

② 吸着水　土粒子表面の吸引力によって吸着されている水で，熱することによって取り除くことができる．土粒子表面に薄層をなしているが，その量は土粒子の表面積や性状および周辺の状態によって異なる．一般に，その最大値は砂で約1%，シルトで約7%，粘土で約17%といわれている．移動は主として気相あるいは毛管水などに転換されて行われる．

③ 化学的結合水　110℃で熱しても取り除くことができない．原則として移動，変化がなく工学的には土粒子と一体として取り扱うことができる．

c. **気相の土中水**

土中の空隙は，十分な蒸発が行われると，最終的に蒸発と凝結の量が等しくなって平衡状態を保つ．この状態の蒸気圧を飽和蒸気圧という．一方，十分な蒸発が行われる前

に水が不足すると不飽和蒸気圧の状態で停止する．飽和蒸気圧に対する蒸気圧の比を相対湿度(relative humidity)という．異なった含水比を有し，他の条件が等しい近接した2点間では，相対湿度の差によって湿潤しているほうでは蒸発が行われ，乾燥しているほうでは凝結が行われて含水比の均一化が起こる．異なった土質，たとえば砂層と粘土層が近接している場合には，図3.3に示すように同一含水比でも相対湿度が異なるので，砂層では乾燥し，粘土層では湿潤が起こり，その結果蒸気が移動して含水比に差を生じる．

また，土中の空隙では，温度が上昇すると蒸発が促進されて蒸気圧は高くなる．温度が低下すると蒸気圧は減少する．温度変化による土中の蒸気圧の変化は，飽和蒸気圧の場合とほとんど同じ割合である．換言すれば，温度による相対湿度の変化は小さい．したがって，隣接する等しい土質の層間で温度差がある場合には蒸気圧に差が生じ，高温の土中では蒸発が，低温の土中では凝結が起こり，土中水の移動が行われる．

さらに，定性的には次のようなことがいわれている．

① 低含水比では蒸気の移動が大きく，塑性限界より大きい含水状態では逆に移動速度は小さくなり，液相の移動が卓越する．

② 等しい含水比でも，ゆるい層よりもよく締め固まった緊密な層のほうが蒸気の移動速度は小さい．

d. 凍上現象

冬季に外気が0℃以下になると地表面が上昇する場合がある．これを凍上(frost

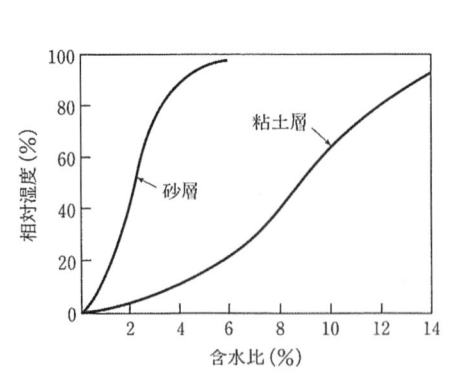

図3.3 含水比と相対温度(Road Research Laboratory, 1952)

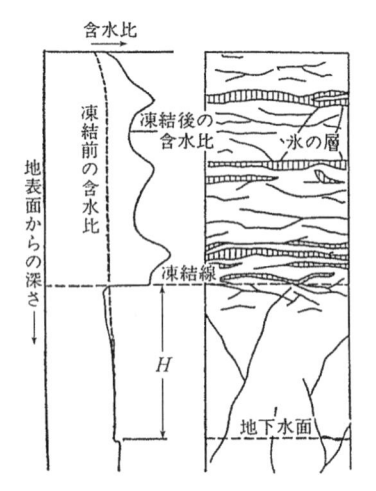

図3.4 土の凍上現象(Tschebotarioff, 1956)

heaving) という．

凍上した地盤の断面図を示したのが図 3.4 である．この図のように，土の中にレンズ状の氷の層 (ice lens) が見られる．すなわち凍上は水の凍結時の体積膨張 (約 9%) によって生じるのみでなく水が地下水面から凍結区間まで毛管作用などでたえず吸い上げられ，氷の結晶が成長してゆくことにより生じるのである．

凍上は，毛管高さ (capilary rise) が大きく，後述する透水係数が大きい土に著しく，毛管高さが小さい砂や透水係数の小さい粘土には生じにくく，中間の土であるシルトに生じやすい．

春期になって外気が 0℃ 以上になると，これらのアイスレンズが融解して水になり，土を軟弱化し，間隙水圧を上昇させ，土のせん断抵抗力を低下させる．

このように凍上およびその融解は，寒冷地における鉄道や道路の土構造物の破壊を生じる原因になる．

e. 地下水の分類

地下水は，水文的循環の一形態であり，図 3.5 に示すように自由地下水 (unconfined groundwater) と被圧地下水 (confined groundwater) に分類できる．自由地下水は不圧地下水ともいい，その水面が実在して自由に上下に変化することができ，土の間隙を通して大気と直接接している．また，被圧地下水は，上限と下限が難透水性の地層 (たと

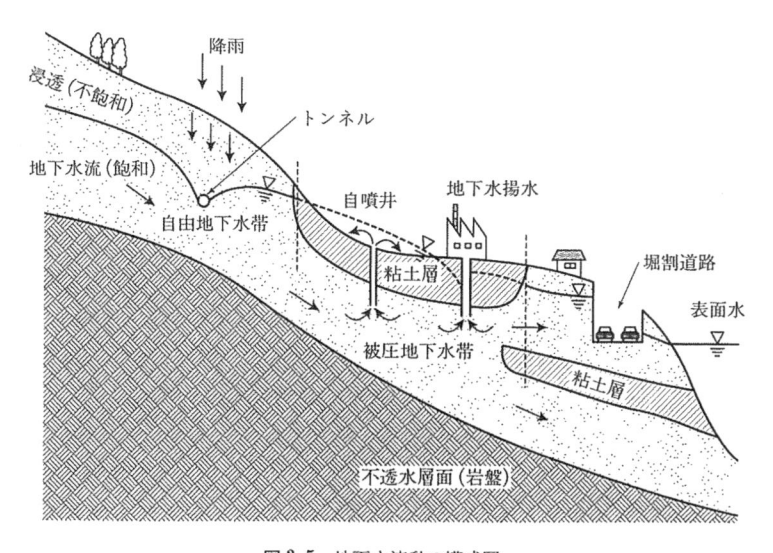

図 3.5 地下水流動の模式図

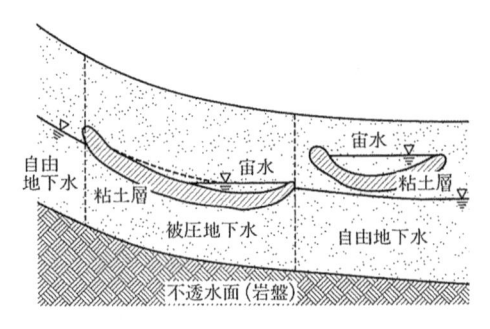

図3.6 宙水の模式図

えば粘土層)で境界となっていて地下水面をもたない．一般には，大気圧以上の圧力を有する地下水である．その他の特殊な地下水として，図3.6に示すような宙水(perched water)があるが，これは自由地下水の特異な形態である．

3.2 ダルシーの法則と水頭

地下水流の解析における基本的法則であるダルシーの法則は，個々の間隙の特性を把握するという立場ではなく，土塊としての透水性を巨視的・実験的に研究した結果得られた法則であり，透水性の大きさを透水係数(coefficient of permeability)で表示している．以下では，ダルシーの法則について説明する．

ダルシー(Darcy, H.)は，長さ l の飽和した土柱に水を流し，土柱内の水頭を一定値 h に保って行った上水道の濾過砂の実験的研究をもとにして，1856年に『Les fontaines publiques de la ville de Dijon』(ディジョン市の公共泉)の中で次のような関係を発表した．

$$v = -k\frac{dh}{dl} = ki \tag{3.1}$$

ここに，v は流量流速であり，単位時間あたりの浸透水量 Q を浸透全断面積 A で割ったものである．

上式は，一般にダルシーの法則とよばれ，水頭勾配 i と流量流速 v が比例することを示している．比例定数 k は透水係数とよばれ，速度 (L/T) の次元をもっている．しかし，地盤内の間隙の中での地下水の挙動は，微視的に見るときわめて複雑であり，厳密に表現することは不可能である．したがって，このダルシーの法則は微分型で書かれているが，透水性媒体内の平均的な流れの状態の統計的表示であることに注意しなければならない．

3.2 ダルシーの法則と水頭

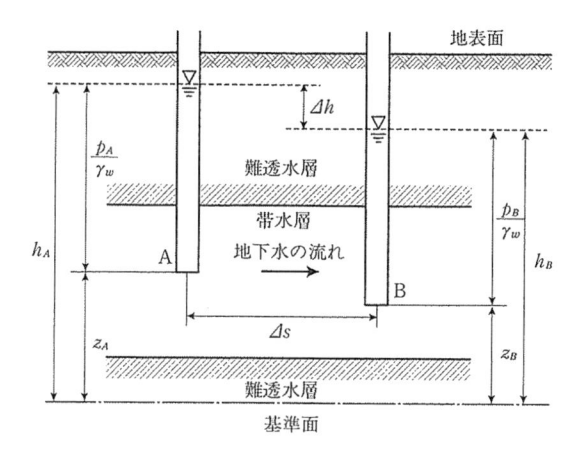

図3.7 地下水流と水頭の説明図

次に，ダルシーの法則で用いられている水頭 h について述べる．非粘性流体の飽和定常流に対するベルヌーイ (Bernoulli) の法則は次式で表される．

$$\frac{p}{\gamma_w}+z+\frac{v^2}{2g}=h \tag{3.2}$$

ここに，p：圧力，γ_w：流体の単位体積重量，v：浸透流速，g：重力加速度，h：全水頭．

地下水流は，微小間隙を流通する粘性流であるから，図3.7に示すように，AB 2点間の粘性抵抗によるエネルギー損失 Δh を考慮して上式を書き直すと，次式が得られる．

$$\frac{p_A}{\gamma_w}+z_A+\frac{v_A^2}{2g}=\frac{p_B}{\gamma_w}+z_B+\frac{v_B^2}{2g}+\Delta h \tag{3.3}$$

ここに，Δh は距離 Δs 間に失われる全水頭であり，換言すれば流体の単位体積質量あたりの水頭損失量を意味している．また，次式で表される i は，動水勾配 (hydraulic gradient) または地下水頭勾配とよばれ，単位長さあたりの水頭差を表している．

$$i=-\lim_{\Delta s \to 0}\frac{\Delta h}{\Delta s}=-\frac{dh}{ds} \tag{3.4}$$

ほとんどの地下水の問題に対しては，速度水頭(運動エネルギー)は非常に小さいのでそれらを無視できることから，(3.3)式は次式のようになる．

$$\frac{p_A}{\gamma_w}+z_A=\frac{p_B}{\gamma_w}+z_B+\Delta h \tag{3.5}$$

したがって，地下水流の解析で用いる全水頭は，長さ(高さ)の単位をもつ次式で表示される．

$$h = \frac{p}{\gamma_w} + z \tag{3.6}$$

飽和浸透流の場合，圧力 p は一般に正の値をとるが，不飽和状態では負圧となる．これを特にサクション h_c とよび，次式のように表示する．

$$h_c = \frac{p}{\gamma_w} \tag{3.7}$$

したがって，サクション h_c が存在する場合には，全水頭は次式のように表される．

$$h = h_c + z \tag{3.8}$$

ここに，h_c の値は負である．

3.3 地下水浸透流の基礎方程式

a. 運動方程式

地下水浸透流の運動方程式はダルシーの式で代表され，一般に次のように表示される．

$$v_x = -k_x \frac{\partial h}{\partial x} \tag{3.9(a)}$$

$$v_y = -k_y \frac{\partial h}{\partial y} \tag{3.9(b)}$$

$$v_z = -k_z \frac{\partial h}{\partial z} \tag{3.9(c)}$$

ここに，v_x, v_y, v_z はそれぞれ x, y, z 方向の流量流速であり，k の添字はそれぞれの方向の透水係数であることを表している．

b. 連続の式

図 3.8 に示すような土の微小要素の容積 $\Delta V = \Delta x \Delta y \Delta z$ に着目すると，Δt 時間中に要素に入る水の質量は，水の密度を ρ とすると，次式で表される．

$$-\left[\frac{\partial(\rho v_x)}{\partial x} + \frac{\partial(\rho v_y)}{\partial y} + \frac{\partial(\rho v_z)}{\partial z}\right]\Delta V \Delta t + q' \Delta V \Delta t \tag{3.10}$$

ここに，q' は要素内に生じる水源で，$(M/L^3/T)$ の次元をもつ．

(3.10)式は，次式で表される Δt 時間に生じる要素内の間隙水量の変化に等しくならなければならない．

$$\frac{\partial(\rho \theta \Delta V)}{\partial t} \Delta t = \left[\rho \frac{\partial \theta}{\partial t} + \frac{\theta}{\Delta V} \frac{\partial(\rho \Delta V)}{\partial t}\right] \Delta V \Delta t \tag{3.11}$$

ここに，θ は体積含水率であり，(3.10)式と(3.11)式を等値として，次式が得られる．

3.3 地下水浸透流の基礎方程式

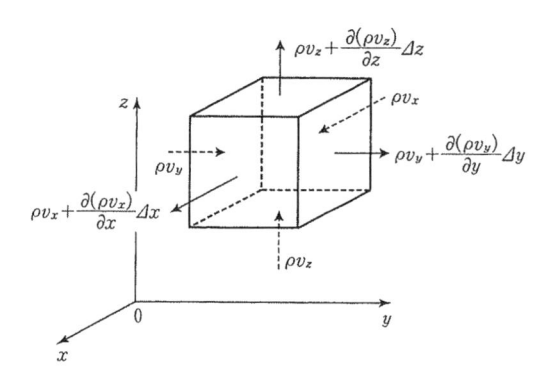

図 3.8 微小要素における水の出入り

$$\rho\frac{\partial \theta}{\partial t}+\frac{\theta}{\Delta V}\frac{\partial (\rho \Delta V)}{\partial t}=-\left[\frac{\partial (\rho v_x)}{\partial x}+\frac{\partial (\rho v_y)}{\partial y}+\frac{\partial (\rho v_z)}{\partial z}\right]+q' \tag{3.12}$$

もし, $d(\Delta V) \fallingdotseq 0$, $\rho \fallingdotseq$ 一定とすると, (3.12) 式は次式のようになる.

$$\frac{\partial \theta}{\partial t}+\frac{\partial v_x}{\partial x}+\frac{\partial v_y}{\partial y}+\frac{\partial v_z}{\partial z}=q \tag{3.13}$$

ここに, $q=q'/\rho$ であり, $(1/T)$ の次元をもつ.

(3.9 (a)~(c)) 式の運動方程式と (3.13) 式の連続の式より, 非定常飽和・不飽和浸透流の基礎式が次式のように得られる.

$$\frac{\partial \theta}{\partial t}=\frac{\partial}{\partial x}\left[k_x\frac{\partial h}{\partial x}\right]+\frac{\partial}{\partial y}\left[k_y\frac{\partial h}{\partial y}\right]+\frac{\partial}{\partial z}\left[k_z\frac{\partial h}{\partial z}\right]+q \tag{3.14}$$

また, (3.12) 式の連続の式において, $\Delta V \neq$ 一定のとき, 土粒子体積の変化はほとんどないとすれば, $d(\Delta V_s)=0$ であるので, 体積変化は間隙体積の変化に等しくなり, $d(\Delta V)=d(\Delta V_v)$ となる. したがって, (3.12) 式の左辺第 2 項は, 次式のようになる.

$$\frac{\theta}{\Delta V}\frac{\partial (\rho \Delta V)}{\partial t}=\theta\frac{\partial \rho}{\partial t}+\frac{\theta \rho}{\Delta V}\frac{\partial (\Delta V_v)}{\partial t}=\theta\left[\frac{\partial \rho}{\partial t}+\rho\frac{\partial n}{\partial t}\right] \tag{3.15}$$

水の圧縮率を κ_w, 土の体積圧縮係数を $m_v(=dn/dp)$ (p:圧力) とすると, $d\rho/\rho=\kappa_w dp$ であるから, 上式は $p/\gamma_w=h_p$ とおくことにより次式となる.

$$\frac{\theta}{\Delta V}\frac{\partial (\rho \Delta V)}{\partial t}=\theta(\rho\kappa_w+\rho m_v)\gamma_w\frac{\partial h_p}{\partial t}=\rho\theta(\kappa_w+m_v)\gamma_w\frac{\partial h_p}{\partial t} \tag{3.16}$$

上式を (3.12) 式に代入すると次式を得る.

$$\frac{\partial \theta}{\partial t}+(\kappa_w+m_v)\gamma_w\theta\frac{\partial h_p}{\partial t}=\frac{1}{\rho}\left[\frac{\partial}{\partial x}\left[\rho k_x\frac{\partial h}{\partial x}\right]+\frac{\partial}{\partial y}\left[\rho k_y\frac{\partial h}{\partial y}\right]+\frac{\partial}{\partial z}\left[\rho k_z\frac{\partial h}{\partial z}\right]\right]+q \tag{3.17}$$

ここに, 体積含水率 θ が圧力水頭 h_p の関数であると仮定して, 次のような定数 C を定義する.

$$C = \frac{\partial \theta(h_p)}{\partial h_p} = \frac{\partial \theta / \partial t}{\partial h_p / \partial t} \tag{3.18}$$

これより，

$$C^* \frac{\partial h_p}{\partial t} = \frac{1}{\rho}\left[\frac{\partial}{\partial x}\left[\rho k_x \frac{\partial h}{\partial x}\right] + \frac{\partial}{\partial y}\left[\rho k_y \frac{\partial h}{\partial y}\right] + \frac{\partial}{\partial z}\left[\rho k_z \frac{\partial h}{\partial z}\right]\right] + q \tag{3.19}$$

ここに，$C^* = C + (\kappa_w + m_v)\gamma_w \theta$．

いま，$\rho=$一定および上式の右辺第2項が無視できると仮定すると，次式が得られる．

$$C \frac{\partial h_p}{\partial t} = \frac{\partial}{\partial x}\left[k_x \frac{\partial h}{\partial x}\right] + \frac{\partial}{\partial y}\left[k_y \frac{\partial h}{\partial y}\right] + \frac{\partial}{\partial z}\left[k_z \frac{\partial h}{\partial z}\right] + q \tag{3.20}$$

あるいは

$$C \frac{\partial h_p}{\partial t} = \frac{\partial}{\partial x}\left[k_x \frac{\partial h_p}{\partial x}\right] + \frac{\partial}{\partial y}\left[k_y \frac{\partial h_p}{\partial y}\right] + \frac{\partial}{\partial z}\left[k_z \frac{\partial h_p}{\partial z} + k_z\right] + q \tag{3.21}$$

ここに，不飽和領域の透水係数は体積含水率 θ の関数であるので，(3.14)式は，次式のように書き直せる．

$$\frac{\partial \theta}{\partial t} = \frac{\partial}{\partial x}\left[k_x(\theta) \frac{\partial h_p}{\partial x}\right] + \frac{\partial}{\partial y}\left[k_y(\theta) \frac{\partial h_p}{\partial y}\right] + \frac{\partial}{\partial z}\left[k_z(\theta) \frac{\partial h_p}{\partial z} + k_z(\theta)\right] + q \tag{3.22}$$

(3.22)式は体積含水率 θ と圧力水頭 h_p の2変数をもつ方程式であるので，さらに，解析を容易にするためには1変数の方程式に直す必要がある．

体積含水率 θ は土の間隙率 n と飽和度 S_r $(0 \leq S_r \leq 1)$ の積であり，

$$\theta = nS_r \tag{3.23}$$

で表される．(3.22)式と(3.23)式を用いて圧力水頭 h_p がただ1つの独立変数となる方程式に書き直すと，次式のようになる．

$$\frac{\partial}{\partial x}\left[k_x(\theta) \frac{\partial h_p}{\partial x}\right] + \frac{\partial}{\partial y}\left[k_y(\theta) \frac{\partial h_p}{\partial y}\right] + \frac{\partial}{\partial z}\left[k_z(\theta) \frac{\partial h_p}{\partial z} + k_z(\theta)\right] + q = \frac{\partial \theta}{\partial \Psi} \frac{\partial h_p}{\partial t}$$

$$= \frac{\partial(nS_r)}{\partial h_p} \frac{\partial h_p}{\partial t} = \left[S_r \frac{\partial n}{\partial h_p} + n \frac{\partial S_r}{\partial h_p}\right]\frac{\partial h_p}{\partial t} \tag{3.24}$$

ここに，(3.24)式の右辺第1項は，圧力水頭の変化による土の間隙率の変化を表す項であり，特に第1項を考慮することにより土の変形と水の相互作用の問題を解くことができる．

(3.24)式において，不飽和領域では圧力水頭変化による間隙率の変化が生じないと仮定すると，次に示す三次元飽和・不飽和浸透流の支配方程式となる．

$$\frac{\partial}{\partial x}\left[k_x(\theta) \frac{\partial h_p}{\partial x}\right] + \frac{\partial}{\partial y}\left[k_y(\theta) \frac{\partial h_p}{\partial y}\right] + \frac{\partial}{\partial z}\left[k_z(\theta) \frac{\partial h_p}{\partial z} + k_z(\theta)\right] + q = (C(h_p) + aS_s)\frac{\partial h_p}{\partial t}$$

$$\tag{3.25}$$

ここに

$$a = \begin{cases} 0 : 不飽和領域 \\ 1 : 飽和領域 \end{cases}$$

また，$S_s = \partial n/\partial h_p$ は比貯留係数，$C(h_p) = \partial \theta/\partial h_p$ は比水分容量である．$C(h_p)$ は圧力水頭の変化に対する体積含水率の変化の割合を表す．したがって，浸透が進行して飽和になると $C=0$ となり，(3.25)式は飽和領域内の浸透の支配方程式となる．なお，不飽和領域の圧力水頭-体積含水率(飽和度)-比透水係数の関係の模式図を図3.9に示す．

なお，$\theta = n$ で飽和状態となり，θ の時間的変化がないと仮定すれば，(3.13)式は次式のようになる．

$$\frac{\partial v_x}{\partial x} + \frac{\partial v_y}{\partial y} + \frac{\partial v_z}{\partial z} = q \tag{3.26}$$

ここに，q は単位体積中に生じる単位時間あたりの湧水量あるいは排水量．

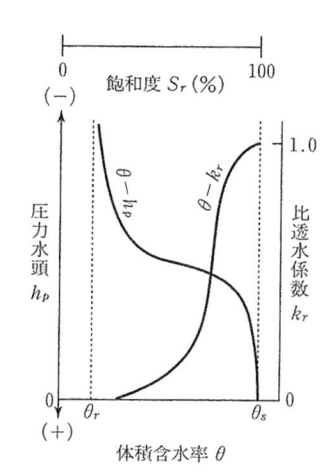

$k(\theta) = k_s k_r(\theta)$. ここに，$k_s$ は飽和透水係数，θ_s は飽和体積含水率，θ_r は残留体積含水率．

図3.9 圧力水頭-体積含水率(飽和度)-比透水係数の説明図

(3.9(a)～(c))式の運動方程式と(3.26)式の連続の式より，定常飽和浸透流の基礎方程式が次式のように得られる．

$$\frac{\partial}{\partial x}\left[k_x\frac{\partial h}{\partial x}\right] + \frac{\partial}{\partial y}\left[k_y\frac{\partial h}{\partial y}\right] + \frac{\partial}{\partial z}\left[k_z\frac{\partial h}{\partial z}\right] + q = 0 \tag{3.27}$$

一様な浸透流のときは通常 $q=0$ であるから，均質等方性の地盤で $k_x = k_y = k_z$ と考えられる場合，上式は次のラプラス(Laplace)の方程式となる．

$$\frac{\partial^2 h}{\partial x^2} + \frac{\partial^2 h}{\partial y^2} + \frac{\partial^2 h}{\partial z^2} = 0 \tag{3.28}$$

3.4 透 水 係 数

土中の水の流れを計算するときに，透水係数が重要な役割を果たしていることを述べてきたが，ここでは，透水係数の物理的意味について説明する．

a. 透水係数に関係する要因

ポワジーユ(Poiseuille)の法則によれば，図3.10に示すような管の中を流れる水が層流の場合の水の流量は次式で示される．

$$Q = \frac{\gamma_w}{8\mu} R^2 i A \qquad (3.29)$$

ここに，γ_w：水の単位体積重量，R：管の半径，i：動水勾配，A：管の有効断面積，μ：水の粘性係数 (coefficient of viscosity)．

水理学では，(3.29) 式の R の代わりに径深 (hydraulic radius) R_H を用いる．径深は水が流れる部分の断面積 A を水がふれている周長 S で除したものである．したがって，管内を水がいっぱいになって流れているときの径深は次式で示される．

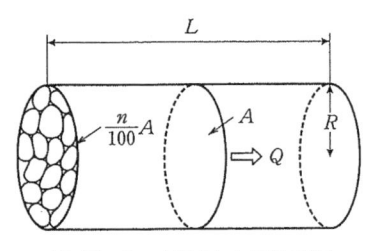

図 3.10 土が充填された管内の流れ

$$R_H = \frac{A}{S} = \frac{\pi R^2}{2\pi R} = \frac{R}{2} \qquad (3.30)$$

また，土の間隙率を n とすれば水が流れる断面積は $\frac{n}{100} A$ であるから，これらを (3.29) 式に代入すると，次式が得られる．

$$Q = \frac{1}{2} \frac{\gamma_w R_H^2}{\mu} i \frac{n}{100} A \qquad (3.31)$$

また，径深は次のようにも表される．

$$R_H = \frac{A}{S} = \frac{AL}{SL} \qquad (3.32)$$

ここに，L：流管の長さ．

(3.32) 式は径深が流管の体積と表面積との比であることを示している．土の中を水が流れるとき，流管の体積は土の間隙の体積であるから，土の間隙比を e，土粒子の体積を V_s とすれば，これは eV_s に等しい．また，流管の全表面積は土粒子の全表面積 A_s に等しいので，径深は次の式で示される．

$$R_H = \frac{eV_s}{A_s} \qquad (3.33)$$

いま，すべての土粒子が粒径 D_s の球形粒子であると仮定すれば，

$$\frac{V_s}{A_s} = \frac{\pi D_s^3/6}{\pi D_s^2} = \frac{D_s}{6} \qquad (3.34)$$

が得られる．(3.34) 式を (3.33) 式に代入すると，

$$R_H = e \frac{D_s}{6} \qquad (3.35)$$

となる．(3.35) 式を (3.31) 式に代入し，かつ，間隙率を間隙比に置き換えると次のようになる．

3.4 透水係数

$$Q = C\frac{\gamma_w D_s^2}{\mu}\frac{e^3}{1+e}iA$$

$$\therefore\quad v = \frac{Q}{A} = C\frac{\gamma_w D_s^2}{\mu}\frac{e}{1+e}iA \tag{3.36}$$

ここに，C は定数で，形状係数 (shape factor) ともいう．
(3.36) 式とダルシーの法則から得られた (3.1) 式とを比較すると，

$$k = C\frac{\gamma_w D_s^2}{\mu}\frac{e^3}{1+e} \tag{3.37}$$

となる．この式から土の透水係数は，土の種類とその構造，浸透水の性質などの要因に関係することがわかる．これらの要因について説明する．

1) 土の粒度

土の透水係数は土粒子の粒径の2乗に比例する．ハーゼン (Hazen) は土粒子の有効径 D_{10} と透水係数 k (cm/s) との間には次の関係があることを示した．

$$k = CD_{10}^2 \tag{3.38}$$

ここに，C：定数，均等な粒度の砂で 150，ゆるい砂で 120，よく締まった細砂で 70．

2) 浸透水の性質

透水係数は水の単位体積重量 γ_w に比例し，水の粘性係数 μ に反比例する．このうち，γ_w は温度が変化してもほとんど変わらないが，粘性係数は変化するので補正が必要である．

3) 土の間隙比

土の透水係数と間隙比との間には一般に次のような関係がある．

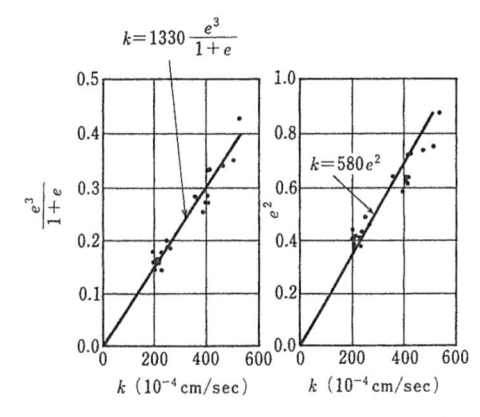

図 3.11　透水係数と間隙比の関係 (Taylor, 1959)

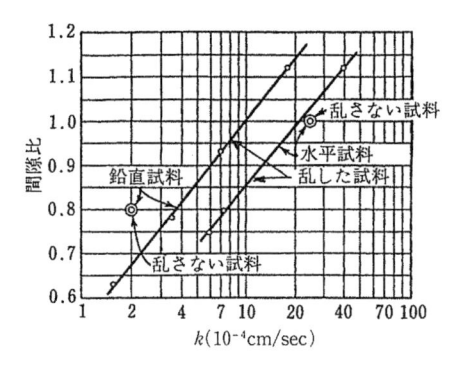

図 3.12 乱さない試料と乱した試料の透水係数と
間隙比の関係 (Taylor, 1959)

$$k = C_1 \frac{e^3}{1+e} \tag{3.39}$$

または,

$$k = C_2 e^2 \tag{3.40}$$

ただし, C_1, C_2 は比例定数である. 具体的な例を図 3.11 に示した.

4) 土の構造

土の中の土粒子の配列のしかたによっても透水係数は変化する. 図 3.12 はアースダムから得られた土の透水係数を調べたもので, 水平方向透水係数が鉛直方向透水係数より大きくなっている.

また, 乱さない土と乱した土とを比べると, 垂直方向透水係数は乱した土のほうが乱さない土の約 2 倍になっているが, 水平方向では両者がほぼ同じになっている.

5) 土の飽和度

図 3.13 は透水係数と飽和度との関係をいろいろな土について求めたものである. 飽和度が低いほど, 透水係数は小さくなっている.

b. 透水係数の求め方

土の透水係数を求める方法には室内透水試験と現場透水試験とがある. 室内透水試験には定水位透水試験 (constant head permeability test) と変水位透水試験 (falling head permeability test) がある. 現場透水試験には揚水試験 (pumping test) などがある.

表 3.1 にはこれらの試験についての地盤工学会の基準を示した. また, JIS A 1218 にも室内透水試験の実施方法が規定されている.

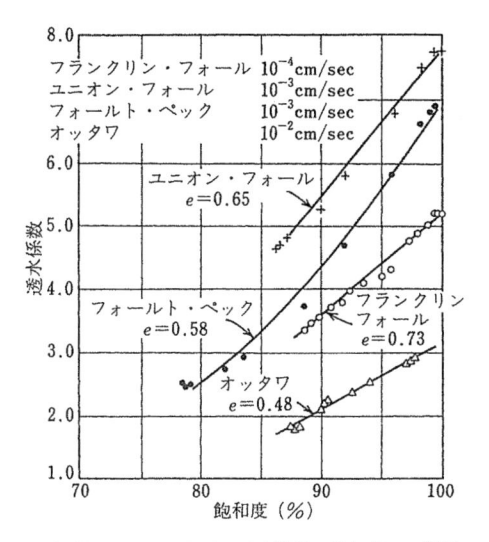

図 3.13 いろいろな砂の透水係数と飽和度との関係 (Lambe, 1969)

表 3.1 透水性と試験方法の適用性（地盤工学会，1990）

透水係数 k (cm/s)

	10^{-9}　10^{-8}	10^{-7}　10^{-6}　10^{-5}　10^{-4}	10^{-3}　10^{-2}　10^{-1}	10^0　10^{+1}　10^{+2}
透水性	実質上不透水	非常に低い　　低　　い	中　位	高　い
対応する土の種類	粘性土 {C}	微細砂，シルト，砂-シルト-粘土混合土 {SF} {S-F} {M}	砂および礫 (GW)(GP)(SW)(SP)(G-M)	清浄な礫 (GW)(GP)
透水係数を直接測定する方法	特殊な変水位透水試験	変水位透水試験	定水位透水試験	特殊な変水位透水試験
透水係数を間接的に推定する方法	圧密試験結果から計算	なし	清浄な砂と礫は粒度と間隙比から計算	

1) **定水位透水試験**

この試験は図 3.14 のような装置を用いるもので，t 時間内に流出した水の量 Q から，ダルシーの法則によって透水係数を求めるものである．

$$k = \frac{Q}{Ait} = \frac{Q}{A(H/L)t} \tag{3.41}$$

2) **変水位透水試験**

この試験は図 3.15 のような装置を用いるもので，この場合の透水係数を求める式は

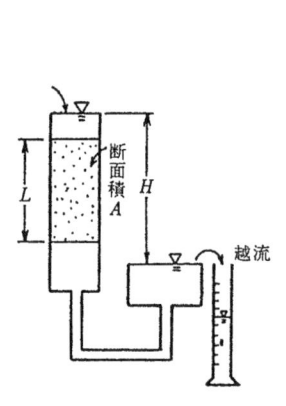

図 3.14 定水位透水試験装置 (山内, 1983)

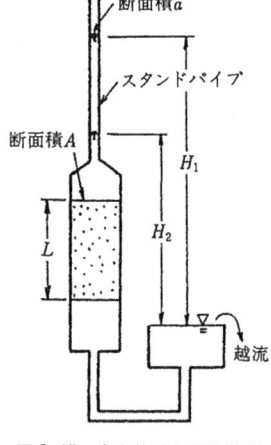

図 3.15 変水位透水試験装置 (山内, 1983)

次のようにして得られる.

図 3.15 において, スタンドパイプの水位が dt 時間内に dh だけ下がったとすれば, これは土の中の水の浸透量に等しいから, ダルシーの法則により次の式が得られる.

$$-adh = Ak\left(\frac{h}{L}\right)dt \qquad (3.42)$$

(3.42)式の左辺を H_1 から H_2 まで, 右辺を 0 から t まで積分すれば透水係数を求める式が得られる.

$$k = \frac{aL}{At}\log_e\frac{H_1}{H_2} \qquad (3.43)$$

3) 現場透水試験

透水係数は室内試験によるものよりも現場試験のほうが実際に近い値が得られる.

図 3.16 揚水式現場透水試験 (山内, 1983)

その理由の 1 つに水の流れは広範囲に及ぶことがあげられる.

一般に行われるのは揚水試験とよばれるものである. 図 3.16 は不圧地下水を対象にした揚水試験を示しており, 不透水層に達するまで井戸を掘り, さらにこの井戸の中心から十分な距離 r_1, r_2 離れたところに水位観測用井戸を掘る. 次に中央の井戸で単位時間内に Q の水を汲み上げたとき, 観測井戸の中の水位が一定になったときのそれぞれ

の値を h_1, h_2 とすれば，観測井戸近傍ではデュピイ (Dupuit) の仮説から地下水面はほぼ水平と考えられるので，次の式がなりたつ．

$$i = +\frac{dh}{dr} \quad (dh \text{ は正})$$

$$\therefore \quad Q = 2\pi rhv = 2\pi rhk\frac{dh}{dr}$$

$$\therefore \quad hdh = \frac{Q}{2\pi k}\frac{dr}{r} \tag{3.44}$$

(3.44) 式の左辺を h_1 から h_2 まで，右辺を r_1 から r_2 まで積分し，整理すると透水係数を求める式が得られる．

$$k = \frac{Q}{\pi(h_2{}^2 - h_1{}^2)} \log_e \frac{r_2}{r_1} \tag{3.45}$$

c. 成層地盤の透水係数

ダルシーの法則を用いると，透水係数の異なる地層が重なっているときの全体の透水係数を次のようにして求めることができる．

1) 流れが層に平行な場合

図 3.17 (a) において，各層に t 時間内に流れる流量をそれぞれ Q_1, Q_2, …, Q_n とし，全体の流量を Q とすれば，単位奥行きについて，次式がなりたつ．

$$Q = Q_1 + Q_2 + \cdots\cdots + Q_n \tag{3.46}$$

一方，ダルシーの法則から水頭差を h とすれば，次式が得られる．

$$Q_1 = k_1 \frac{h}{l} L_1 t, \quad Q_2 = k_2 \frac{h}{l} L_2 t, \quad \cdots\cdots \quad Q_n = k_n \frac{h}{l} L_n t \tag{3.47}$$

同様にして，この地層全体の透水係数を k_h とすれば，次式が得られる．

(a) 流れが地層に平行な場合　　(b) 流れが地層に直交する場合

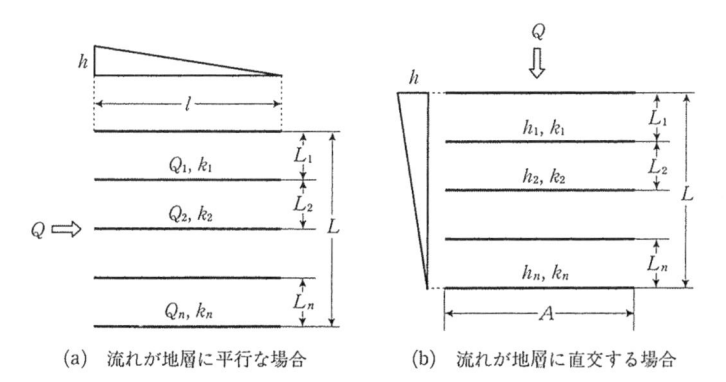

図 3.17　成層地盤の透水係数

$$Q = k_h \frac{h}{l} L t \tag{3.48}$$

(3.47)式と(3.48)式を(3.46)式に代入して整理すると k_h の式は次のようになる．

$$k_h = \frac{\sum_1^n k_i L_i}{L} \tag{3.49}$$

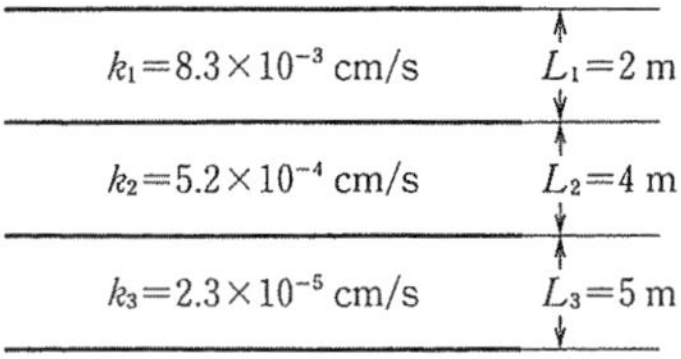

$k_1 = 8.3 \times 10^{-3}$ cm/s	$L_1 = 2$ m
$k_2 = 5.2 \times 10^{-4}$ cm/s	$L_2 = 4$ m
$k_3 = 2.3 \times 10^{-5}$ cm/s	$L_3 = 5$ m

図 3.18　3層地盤の透水係数

2) **流れが層に直交する場合**

図 3.17(b) において地層の断面積を A とし，全体の水頭差を h，各層の水頭差を $h_1, h_2, \cdots, h_n$ とすれば，次式がなりたつ．

$$h = h_1 + h_2 + \cdots\cdots + h_n \tag{3.50}$$

一方，ダルシーの法則から t 時間内の流量を Q とすれば，次式が得られる．

$$Q = A\frac{h_1}{L_1}k_1 t, \quad Q = A\frac{h_2}{L_2}k_2 t, \cdots\cdots, \quad Q = A\frac{h_n}{L_n}k_n t \tag{3.51}$$

同様にして，全体の透水係数を k_v とすれば次式が得られる．

$$Q = A\frac{h}{L}k_v t \tag{3.52}$$

(3.51)式と(3.52)式を h について解き，(3.50)式に代入すれば，k_v の式が次のように求められる．

$$k_v = \frac{L}{\sum_1^n \frac{L_i}{k_i}} \tag{3.53}$$

〔**例題 3.1**〕　図 3.18 に示す3層の地層からなる地盤がある．上から透水係数がそれぞれ $k_1 = 8.3 \times 10^{-3}$ cm/s, $k_2 = 5.2 \times 10^{-4}$ cm/s, $k_3 = 2.3 \times 10^{-5}$ cm/s，層厚が $L_1 = 2$ m, $L_2 = 4$ m, $L_3 = 5$ m である．この地盤の水平方向と垂直方向の透水係数を求めよ．

〔**解**〕　水平方向の透水係数は (3.49) 式を用いて，

$$k_h = \frac{2 \times 8.3 \times 10^{-3} + 4 \times 5.2 \times 10^{-4} + 5 \times 2.3 \times 10^{-5}}{11} = 1.71 \times 10^{-3} \text{ (cm/s)}$$

同様にして，鉛直方向については (3.53) 式から，

$$k_v = \frac{11}{\frac{2}{8.3 \times 10^{-3}} + \frac{4}{5.2 \times 10^{-4}} + \frac{5}{2.3 \times 10^{-5}}} = 4.88 \times 10^{-5} \text{ (cm/s)}$$

3.5　地下水涵養を考慮した一次元浸透流

鉛直断面における降雨浸透を考慮した自由地下水面の挙動は，飽和定常浸透流の基礎方程式である (3.27) 式を z 方向に $0 \sim h$ まで積分し，$dh/dy = 0$, $dh = dz = 0$ とおくことにより得られ，次式によって表される．

3.5 地下水涵養を考慮した一次元浸透流

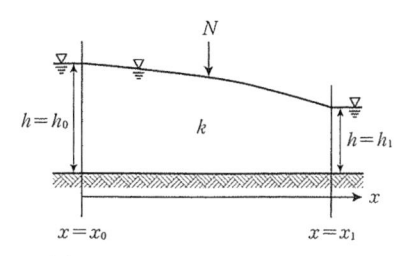

(a) 左右両側の境界水位一定条件で降雨浸透を受ける地盤内の地下水位

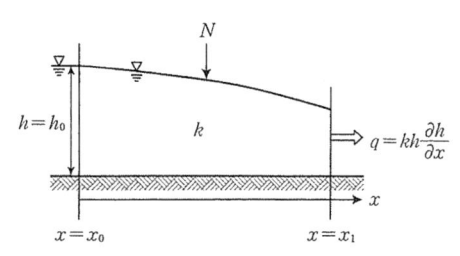

(b) 左側境界の水位一定条件および右側境界の流量一定条件で降雨浸透を受ける地盤内の地下水位

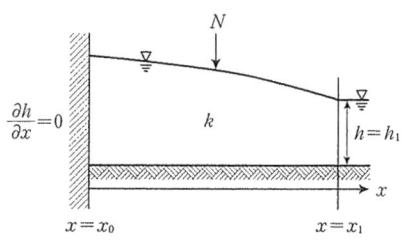

(c) 左側境界の不透水条件および右側境界の水位一定条件で降雨浸透を受ける地盤内の地下水位

図 3.19

$$k\frac{\partial}{\partial x}\left[h\frac{\partial h}{\partial x}\right]+N=0 \tag{3.54}$$

ここに，k は地盤の透水係数，h は地下水位，N は降雨の浸透速度である．

図 3.19 (a)〜(c) に示すような地下水境界条件の下で (3.54) 式を解くと，以下のような自由地下水面を求める解析式が得られる．

① 左右両側境界で水位一定の場合

$$h=\left[\frac{h_0^2(x_1-x)+h_1^2(x-x_0)}{x_1-x_0}+\frac{N}{k}(x-x_0)(x_1-x)\right]^{\frac{1}{2}} \tag{3.55}$$

② 左側境界で水位一定，右側境界で流量一定の場合

$$h=\left[h_0^2-\frac{N}{k}\{x^2-2x_1(x-x_0)-x_0^2\}+\frac{2q}{k}(x-x_0)\right]^{\frac{1}{2}} \tag{3.56}$$

③ 左側境界で不透水，右側境界で水位一定の場合

$$h=\left[h_1^2+\frac{N}{k}\{x_1^2-2x_0(x_1-x)-x^2\}\right]^{\frac{1}{2}} \tag{3.57}$$

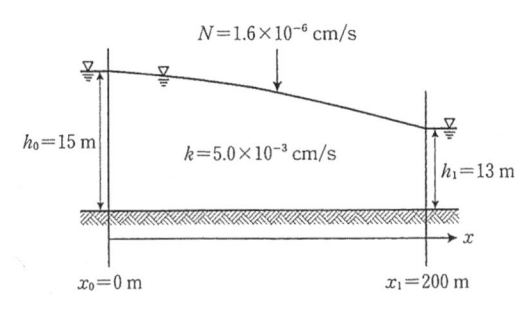

図 3.20 地下水涵養を考慮した一次元浸透流

〔例題 3.2〕 図 3.20 に示すように左右両側の境界で地下水位が与えられている．また，降雨の浸透量は $N=1.6\times 10^{-6}$ cm/s，地盤の透水係数は $k=5.0\times 10^{-3}$ cm/s とする．左側境界から 100 m の位置の地下水位を求めよ．

〔解〕 (3.55) 式に $x_0=0$ m の位置で $h_0=15$ m，$x_1=200$ m の位置で $h_1=13$ m，$N=1.6\times 10^{-6}\times 0.01$ m/s，$k=5.0\times 10^{-3}\times 0.01$ m/s を代入すると次式が得られる．

$$h=\left[\frac{15^2\times(200-x)+13^2\times(x-0)}{200-0}+\frac{1.6\times 10^{-6}\times 0.01}{5.0\times 10^{-3}\times 0.01}\times(x-0)(200-x)\right]^{\frac{1}{2}}$$

上式に $x=100$ m を代入すると，$h=14.14$ m が得られる．

3.6 浸透流と浸透水圧

a. 流線網

図 3.21 のように地盤に止水性の矢板を打ち，矢板の左側にある水が地盤内に浸透し，矢板の右側に浸出してくる現象を考える．なお，この地盤は不透水層の上にのっているものとする．

図 3.21 のような場合は二次元的と考えられるから，前述のラプラスの方程式 (3.28) 式は次のようになる．

$$\frac{\partial^2 h}{\partial x^2}+\frac{\partial^2 h}{\partial z^2}=0 \qquad (3.58)$$

(3.58) 式の解はたがいに直角に交わる 2 組の曲線群であり，多数の正方形をつくることになる．これを流線網 (flow net) という．

これらの曲線群のうち，1 つを流線群 (flow lines)，他の 1 つを等ポテンシャル線群 (equipotential lines) とよぶ．各流線ではさまれた部分の流量は等しく，また，等ポテンシャル線に沿う各点の水頭の値は等しく，地表面からの各地点の深さには関係しな

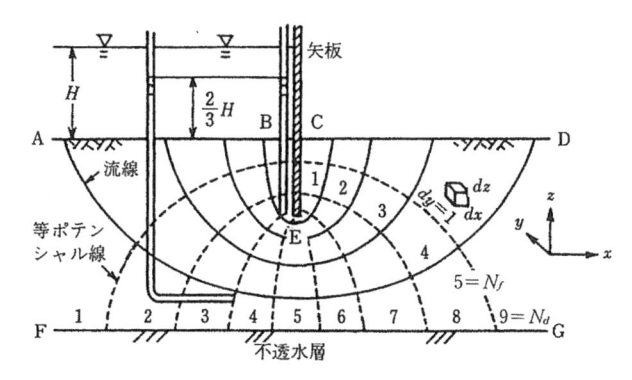

図 3.21 矢板のまわりの流線網 (山内, 1983)

い.

(3.57)式を解いて流線網を求める方法には，① 数学的方法，② 実験による方法 (模型実験，電気的相似法)，③ 図解法などがある．このうち，① と ② については専門の本に譲るとして，ここでは図解法について述べる．

この方法は流線網を試行錯誤的に描いて求めるものであるが，上で述べた流線網の基本的性質を考慮して行う．図 3.21 を例にすると，次のような境界条件の下で作画すると便利である．

① 線 AB は等ポテンシャル線である．
② 線 BEC は流線である．
③ 線 CD は等ポテンシャル線である．
④ 線 FG は流線である．

図 3.21 にはこの境界条件で描いた流線網も描かれている．

流線網を用いると図 3.21 のように不透水性構造物の下を流れる透水量や任意の点の浸透水圧 (seepage pressure) を求めることができる．

いま，図 3.21 において流線で囲まれた水の通路の数を N_f，流線の幅を a，流速を v とすれば，流線間の流量は等しいから，奥行き単位長あたりの総流量 Q は，次式で表される．

$$Q = N_f a v \tag{3.59}$$

一方，水頭差を H，等ポテンシャル線で区切られた部分の数を N_d，地盤の透水係数を k とすれば，等ポテンシャル線間の幅も a であるから，ダルシーの法則により，次式が得られる．

$$v = ki = k\frac{1}{N_d}\frac{H}{a} \qquad (3.60)$$

(3.60)式を(3.59)式に代入すると，Qが得られる．

$$Q = kH\frac{N_f}{N_d} \qquad (3.61)$$

矢板面やダムの揚圧力 (up lift) は浸透圧のことであり，これも等ポテンシャル線から求めることができる．すなわち，上流側と下流側の水頭差が遮水壁に沿って1本の等ポテンシャル線ごとに H/N_d ずつ減少していくことから求められる．

〔例題3.3〕 図3.21で $H=10$ m，$k=5.4\times10^{-5}$ cm/s としたとき，奥行き1mあたりの透水量を求めよ．

〔解〕 図3.21から $N_f=5$，$N_d=9$，したがって(3.60)式から，
$$Q = 5.4\times10^{-5}\times1000\times5/9\times100 = 3.0 \text{ cm}^3/\text{s}$$

b. 浸透水圧と有効応力

有効応力 (effective stress) は粘土の圧密現象やせん断強度などに関連しており，土質力学の中で最も重要な考えの1つである．

図3.22は，砂層，粘土層，砂層の互層地盤をモデル化したものである．上部砂層は地表面に地下水位があり，下部砂層の地下水頭も地表面位置にあるとする．地表面から d_1+z の深さにあるAB線上の応力は，土粒子と土粒子の接触点を通して伝えられる粒子間応力と，間隙を満たしている水に伝えられる水圧の2種類に分けて考えられる．粒子間応力は有効応力 σ' とよばれ，間隙中の水圧は間隙水圧 u または中立応力とよばれる．したがって，このAB線上に作用している全体の応力を全応力 σ とすると，全応力 σ は次式で示される．

$$\sigma = \sigma' + u \qquad (3.62)$$

図3.22(a)に示すように，粘土層の上下面の水位差がなく，水の流れがない場合の地表面から深さ d_1+z のAB線上での全応力 σ，間隙水圧 u，有効応力 σ' は以下のようになる．

$$\sigma = \gamma_{1sat}d_1 + \gamma_{2sat}z \qquad (3.63)$$
$$u = \gamma_w(d_1+z) \qquad (3.64)$$
$$\sigma' = \sigma - u = (\gamma_{1sat}-\gamma_w)d_1 + (\gamma_{2sat}-\gamma_w)z = \gamma_{1sub}d_1 + \gamma_{2sub}z \qquad (3.65)$$

ここに，γ_w は水の単位体積重量，γ_{sat} は水で飽和した土の単位体積重量，γ_{sub} は土の水中単位体積重量である．

粘土層の上下面に水位差が生じたとき，水位の高い方から低い方へ水の流れが生じる．このとき，土粒子は水の流れる方向に圧力を受ける．この水の流れによって土粒子

3.6 浸透流と浸透水圧

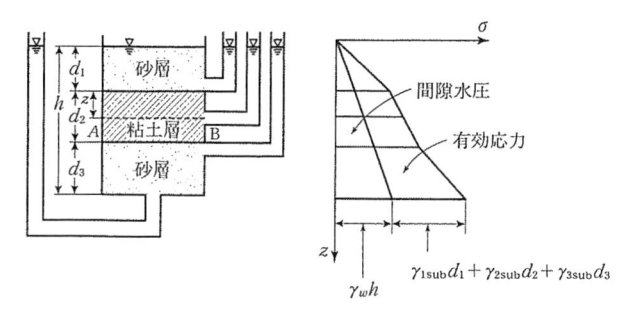

(a) 下部砂層の水頭と上部砂層の水位が等しい場合

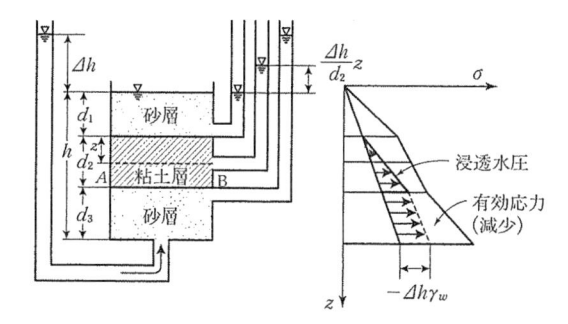

(b) 下部砂層の水頭が上部砂層の水位より高い場合

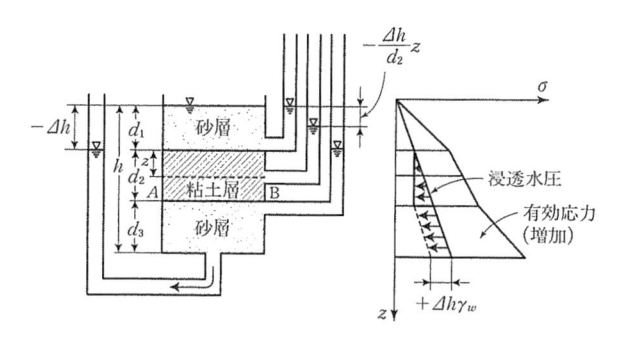

(c) 下部砂層の水頭が上部砂層の水位より低い場合

図 3.22 浸透水圧と有効応力

が受ける圧力を浸透水圧という．そして，その圧力分だけ有効応力が変動する．

図 3.22(b) に示すように，下部砂層の水頭が上昇し，粘土層の上下面に水位差 ($+\Delta h$) が生じた場合，地表面から深さ d_1+z にある AB 線上では浸透水圧が上向きに

作用する．動水勾配は $i=-\Delta h/d_2$ であるから，このときの浸透水圧 U_w は次式で与えられる．

$$U_w = iz\gamma_w = -\frac{\Delta h}{d_2}z\gamma_w \qquad (3.66)$$

したがって，浸透流が底面から上向きに作用する場合の有効応力は次式で与えられる．

$$\sigma' = \gamma_{1\text{sub}}d_1 + \gamma_{2\text{sub}}z - U_w = \gamma_{1\text{sub}}d_1 + \gamma_{2\text{sub}}z - \frac{\Delta h}{d_2}z\gamma_w \qquad (3.67)$$

すなわち，有効応力は図 3.22 (a) の場合より U_w だけ減少する．

図 3.22 (c) に示すように，下部砂層の水頭が低下し，粘土層の上下面に水位差 $(-\Delta h)$ が生じた場合，地表面から深さ d_1+z にある AB 線上では浸透水圧が下向きに作用する．動水勾配は $i=\Delta h/d_2$ であるから，このときの浸透水圧 U_w は次式で与えられる．

$$U_w = iz\gamma_w = \frac{\Delta h}{d_2}z\gamma_w \qquad (3.68)$$

したがって，浸透流が上面から下向きに作用する場合の有効応力は次式で与えられる．

$$\sigma' = \gamma_{1\text{sub}}d_1 + \gamma_{2\text{sub}}z + U_w = \gamma_{1\text{sub}}d_1 + \gamma_{2\text{sub}}z + \frac{\Delta h}{d_2}z\gamma_w \qquad (3.69)$$

すなわち，有効応力は図 3.22 (a) の場合より U_w だけ増加する．

c. クイックサンド

図 3.23 に示すように，砂質地盤に矢板による止水壁を施工した場合に，左側の水位がある値以上になると，間隙水圧 U が砂の水中重量 W' より大きくなって砂が噴出する．これをクイックサンド (quick sand)，またはボイリング (boiling) という．

いま，水位を H，矢板の根入れ深さを d，砂粒子の比重を G_s，砂の飽和単位体積重量を γ_{sat}，砂の間隙比を e とすれば，

$$W' = d(\gamma_{\text{sat}} - \gamma_w) = \frac{G_s - 1}{1+e}\gamma_w d \qquad (3.70)$$

$$U = \frac{1}{2}\gamma_w H \qquad (3.71)$$

また，クイックサンドの生じる条件は，

$$U \geqq W' \qquad (3.72)$$

(3.72) 式に (3.70) 式と (3.71) 式を代入して整理すると，

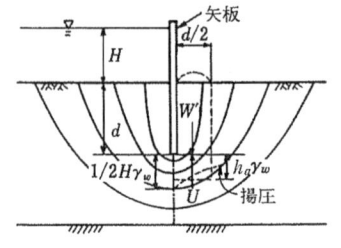

図 3.23 クイックサンド発生時の間隙水圧

$$\frac{H}{d} \geqq \frac{2(G_s-1)}{1+e} \tag{3.73}$$

(3.73)式は動水勾配の式である．右辺の項を限界動水勾配(critical hydraulic gradient)といい，i_c で表す．(3.73)式の不等号はクイックサンドが生じる条件を示している．

また，クイックサンドが生じる幅を図3.23のように幅 $d/2$，クイックサンドが生じる寸前の揚圧の分布は点線のようになることから，その平均値 h_a が求められればクイックサンドが生じる条件は，

$$h_a \frac{d}{2} \geqq W' \frac{d}{2} \tag{3.74}$$

となることから，(3.74)式に(3.70)を代入して整理すると，

$$\frac{h_a}{d} \geqq \frac{G_s-1}{1+e} \tag{3.75}$$

が得られ，(3.75)式で解析することもできる．また，安全率については h_a のかわりに(3.71)式の値を用いることによって1.2以上とする考えがある．これらの詳細については専門書を参考にされたい．

〔例題3.4〕 図3.23で $H=10$ m，$d=3$ m，地盤の砂の単位体積重量が 20.58 kN/m³ であるときの含水重量が 2.94 kN/m³ であった．この矢板のボイリングに対する安全性を検討せよ．

〔解〕 土が水で飽和していて，かつ，水の単位体積重量 γ_w を 9.8 kN/m³ とすれば，土1m³中の間隙の体積は 0.3 m³ である．したがって，

$$e = \frac{V_v}{V_s} = \frac{0.3}{1-0.3} = 0.429$$

$$G_s = \frac{W_s'}{V_s \gamma_w} = \frac{20.58 - 2.94}{(1.0-0.3) \times 9.8} = 2.57$$

したがって，(3.73)式から限界動水勾配 i_c は，

$$i_c = \frac{2(G_s-1)}{1+e} = \frac{2(2.57-1)}{1+0.429} = 2.20$$

一方，(3.73)式の左辺の式から，

$$H/d = 10/3 = 3.33$$

したがって，$H/d > \frac{2(G_s-1)}{1+e}$ となってこの矢板は危険である．

演習問題

3.1 盛土材料の透水試験を行ったところ，間隙比が 0.95 のときの透水係数が 1.45×10^{-2} cm/s

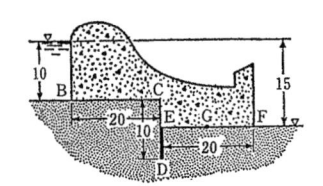

図 3.24 コンクリートダム下部の止水矢板

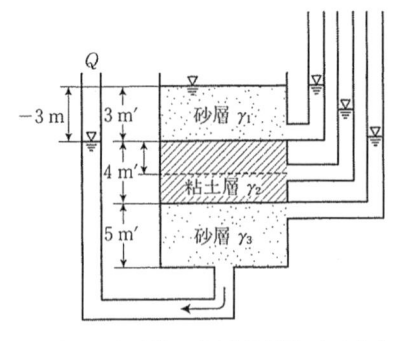

図 3.25 下部砂層の地下水位低下にともなう粘土層内の有効応力変化

であった. 透水係数を 1.0×10^{-2} cm/s にするには間隙比をいくらで締め固めたらよいか.

3.2 定水位透水試験において, 長さが 20 cm, 直径 5 cm の試料を用いた. また, 試料上下端の水位差は試料の長さと一致させた. 透水試験では 400 cm³ の水が流出するのに 63 秒かかった. この試料の透水係数はいくらか.

3.3 変水位透水試験において, 直径が 5 cm, 長さが 10 cm の試料を用いた. また, スタンドパイプの直径は 1 cm であった. 試験開始後 55 秒でスタンドパイプの水位が 150 cm から 130 cm に下がった. この試料の透水係数はいくらか.

3.4 現場透水試験を揚水式で行った. 水位観測井戸 No.1 および No.2 の 2 本を揚水用井戸の中心からそれぞれ 10 m, 40 m のところに設置した. 不透水面が地表面と平行に, ほぼ水平で地表面から深さ 51.3 m のところにある. 揚水井戸から毎秒 1.24 m³ の揚水を行ったところ, 地下水面が変動しなくなり, 地下水面の地表面からの深さが No.1 井戸で 26.8 m, No.2 井戸で 24.2 m となった. この地盤の透水係数はいくらか.

3.5 図 3.24 に示すようなコンクリートダムが透水性地盤の上に設置されている. 寸法の単位は m である. ED 部分は止水矢板である. この止水矢板があるときとないときでのダムの底面 G 点 (EF の中心点) の揚圧力を求めよ.

3.6 図 3.25 に示すような地盤がある. 上部砂層と下部砂層の飽和単位体積重量 γ_{sat} は 19.4 kN/m³, 粘土層の飽和単位体積重量 γ_{sat} は 15.3 kN/m³, 水の単位体積重量は 9.8 kN/m³ である. 下部砂層の地下水頭は, 当初, 上部砂層の地下水位と同じ地表面位置にあったが, 下部砂層の地下水利用にともなって 3 m 低下した. 粘土層中央位置の有効応力は, 下部砂層の地下水頭が低下することによりどのように変化したか求めよ.

4. 圧縮と圧密

4.1 概　　説

　地表面に構造物や盛土などの荷重が作用したときの基礎地盤の圧縮沈下量や圧縮に要する時間を推測することは，工学上重要な問題である．

　土が圧縮応力を受けて圧縮(compression)する場合，通常の応力範囲では，土粒子自体を非圧縮性とみなし，圧縮の大部分は土中の間隙(水，空気)の減少によって生じるものとして取り扱かわれる．土の圧縮は，砂と粘土で状況が異なる．砂地盤の場合，載荷後短時間で圧縮沈下の大部分が終了し，沈下量も比較的小さい．これに対し飽和粘土地盤の場合には，沈下が短時間におさまらず，時間の経過とともに徐々に進行する．これは，粘土の透水性が小さく間隙水の排出に長時間を要し，時間的遅れをともないながら土の圧縮変形が起こるからである．このような時間おくれをともなう圧縮を圧密(consolidation)とよぶ．最近「圧密」なる術語はもっと広い意味に使われ，土質や時間おくれの長短を問わず静的荷重(static load)を受けて土が高密度化(densification)する現象をさすようになっている．

　土の圧密は，一般には三次元的に生じるが，実用上，圧縮変形と間隙水の流れが鉛直方向にのみ生じるような，いわゆる一次元圧密(one-dimensional consolidation)と見なして取り扱かえる場合が多い．たとえば，自然地盤形成時の堆積過程で生じる圧密の場合，その多くが一次元的であるし，また粘土層厚に比べて十分広い範囲に一様な埋立土などがのる場合，あるいは地下水位低下により広範な地盤沈下(ground subsidence)が生じる場合などもこれに該当する．土の圧密特性を調べるための圧密試験(consolidation test)には，側方変形を拘束した一次元圧密試験が採用されている．

　この章では，主として一次元圧密を対象に述べることにする．

4.2 圧縮性の指標

　土が圧縮応力を受けて一次元的に圧密される場合，通常の応力範囲では土粒子自身を

非圧縮性と考えてよいから,土の体積減少はもっぱら間隙(水,空気)の体積減少と見なすことができる.

土の間隙体積の減少量と圧縮応力 p との関係は,状態量である間隙比(void ratio) e,または体積比(volume ratio) f を用いて e-$\log p$ 関係(または f-$\log p$ 関係)として表現されることが多い. f と e との間に次の関係がある(図4.1).

$$f=\frac{V}{V_s}=1+e \tag{4.1}$$

また圧縮ひずみ $\Delta\varepsilon$ は,e または f を用いて次式のように書ける.

$$\Delta\varepsilon=-\frac{\Delta h_v}{h}=-\frac{\Delta f}{f}=-\frac{\Delta e}{1+e} \tag{4.2}$$

土の圧縮性は,弾性係数の逆数に相当する次のような体積圧縮係数(coefficient of volume compressibility),

$$m_v=\frac{d\varepsilon}{dp}=-\frac{1}{f}\frac{df}{dp}=-\frac{1}{1+e}\frac{de}{dp} \tag{4.3}$$

を用いて表すか,もしくは土の e-$\log p$(または f-$\log p$)関係が図4.2(b)のように直線関係を示すものが多いことから,この直線部分の勾配を意味する圧縮指数(compression index),すなわち,

$$C_c=\frac{-df}{d(\log p)}=\frac{-de}{d(\log p)} \tag{4.4}$$

を用いて表す.これらの係数間には次の関係がある.

$$m_v=\frac{0.434 C_c}{f \cdot p}=\frac{0.434 C_c}{(1+e)p} \tag{4.5}$$

m_v は土の密度や圧縮応力の増加にともない大

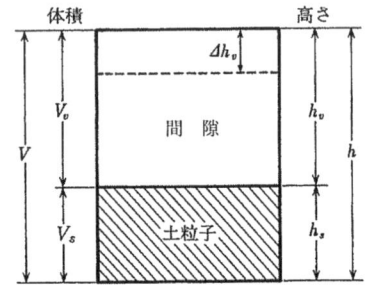

図4.1 間隙比と体積比

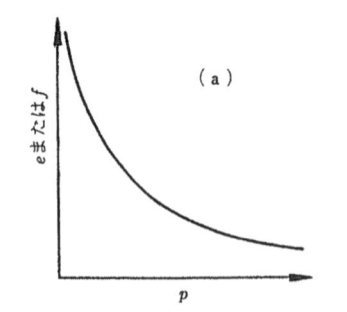

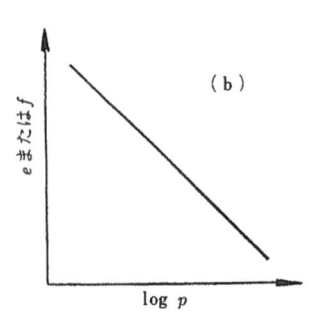

図4.2 圧力と間隙比(体積比)の関係

きく変化する量であるが，C_cは応力レベルにあまり依存しないから，土の圧縮性を示す便利な指標とされている．

4.3 粘土の圧縮性

図4.3は，自然地盤から採取した不かく乱粘土試料に対する側方拘束圧縮試験（後述の段階載荷方式による圧密試験）から得られたe-$\log p$曲線の一例である．この例では，荷重をa点からc点まで段階的に載荷し，その後除荷し（c→d），再び載荷（d→e→f）した場合の圧密過程を示している．b→cは非可逆的で塑性的な圧密過程であり，c→d→eはほぼ可逆的で弾性的な圧密過程である．またa→bは試料採取時の除荷過程を経たのちの再圧密過程に相当し，d→eと同様に弾性的圧密過程であるが，e→fはb→c部分の延長線上にくるかたちとなり，塑性的圧密過程である．

このようにb点やe点のところでは勾配が急変し弾性域から塑性域に移るから，これらの点は土質材料の圧縮変形時の降伏点と見なすことができる．特にb点の応力は，原位置における粘土が過去に受けた最大有効応力に対応するもので，工学的に重要な意味をもつ．このような点の応力を圧密降伏応力（consolidation yield stress）p_cとよび，次のような方法でp_cの値を求める．

図4.4に示すように，e-$\log p$（またはf-$\log p$）曲線と$C_c'=0.1+0.25C_c$なる勾配をもつ直線との接点Aを求める．次に，点Aを通り$C_c''=C_c'/2$なる勾配をもつ直線とe-$\log p$（またはf-$\log p$）曲線下方の直線部の延長線との交点Bを求め，B点の横座標値

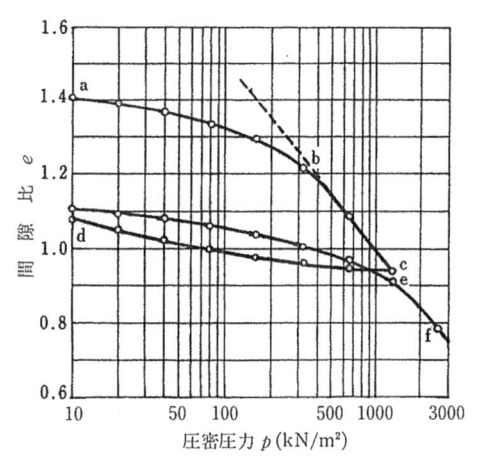

図4.3 粘土のe-$\log p$曲線

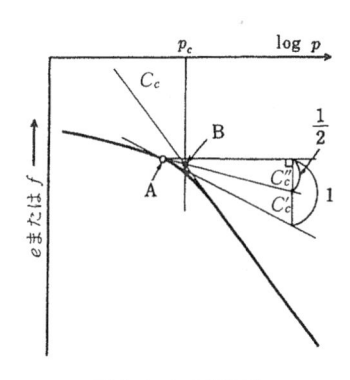

図4.4 p_cの求め方

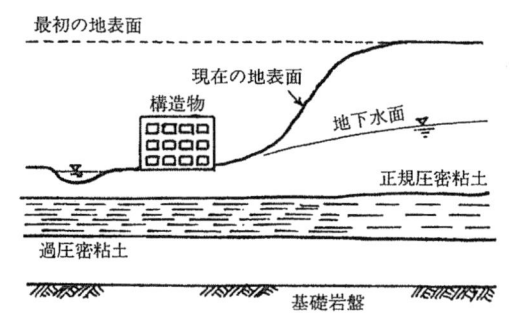

図 4.5　過圧密粘土層の例

を $p_c(kN/m^2)$ とする.

　以上のような方法で求めた原位置の不かく乱試料の圧密降伏応力 p_c が, 試料の採取深さにおける有効土被り応力と比べてほぼ同等の場合, その粘土を正規圧密粘土 (normally consolidated clay) という. わが国の沖積粘土 (alluvial clay) では大部分が正規圧密粘土であって, 比較的軽い構造物荷重でも有害な沈下が生じやすい. 一方, 過去に地層上層部が浸食を受け土被り圧が減じた地盤 (図 4.5), 堆積年代が古くて相当固結した地盤などから採取した粘土試料の場合には, p_c が有効土被り応力よりも大きくなる. このような状態にある粘土を過圧密粘土 (over consolidated clay) という.

　e-$\log p$ (または f-$\log p$) 曲線において圧密降伏応力 p_c 以上の正規圧密域で現れる直線部分の勾配を圧縮指数 C_c とよび ((4.4) 式), 沈下計算などに用いる. この C_c の値についてスケンプトン (Skempton) は, あまり鋭敏でない不かく乱土の場合, 液性限界 (liquid limit) w_L との間に次のような相関関係があることを報告している.

$$C_c = 0.009(w_L - 10) \tag{4.6}$$

大阪粘土の場合, 沖積粘土の C_c はこれに近く洪積粘土ではこれより大きい傾向を示すといわれている.

〔例題 4.1〕　下表は, ある飽和粘土の圧密試験結果である.

圧密圧力 p(kN/m²)	9.8	19.6	39.2	78.5	157	314	628	1256	98
間隙比 e	1.950	1.931	1.874	1.711	1.470	1.230	0.989	0.748	0.966

① e-$\log p$ 曲線を描け. ② 圧縮指数 C_c を求めよ. ③ 圧密降伏応力 p_c を求めよ.

〔解〕　① 図 4.6 のような e-$\log p$ 曲線が得られる. ② 図中に引いた直線部分の 2 点の読みを取り, 定義式 (4.4) より,

$$C_c = \frac{e_1 - e_2}{\log(p_2/p_1)} = \frac{1.63 - 0.83}{\log_{10}(1000/100)} = 0.80$$

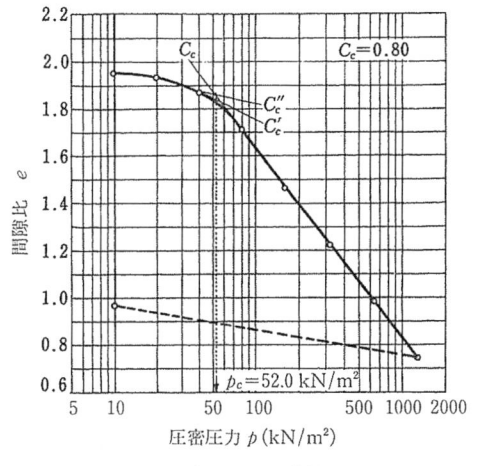

図 4.6　e-$\log p$ 曲線

③ 前述の手順に従えば，$p_c = 52.0\,\mathrm{kN/m^2}$ となる．

4.4　砂の圧縮性

粘土の場合と同様，砂質土に対しても側方拘束圧縮試験を行えば e-$\log p$ 関係が得られる．図 4.7 は，初期間隙比を種々変えて試験した結果の一例である．この図から，砂の初期堆積状態により曲線の位置が大きく異なっており，通常の応力範囲では静的圧縮の手段でゆるい状態から密な状態の曲線へ移行しえないことがわかる．このことは，砂の挙動が静的圧縮下で粒子接点でのすべりもなく弾性的なことを意味する．ゆるい砂地盤を密な状態へ移行させるには，振動によってゆるい骨組構造をかく乱させることが効果的である．それゆえ，バイブロフローテーション工法やバイブロコンパクション工法などが砂地盤の改良原理になっている．

砂質土の場合，粘土と違って不かく乱試料を現位置から採取することは容易でない．そこで，通常の圧密試験に代わり標準貫入試験 (standard penetration test) から求まる N 値 (N-value) などを利用して，砂地盤の圧縮性を推測しようとする試みが種々行われている．

4.5　圧　密　理　論

粘性土では，砂質土と違い排水に長時間を要するため，圧密の進行に時間的要素を考

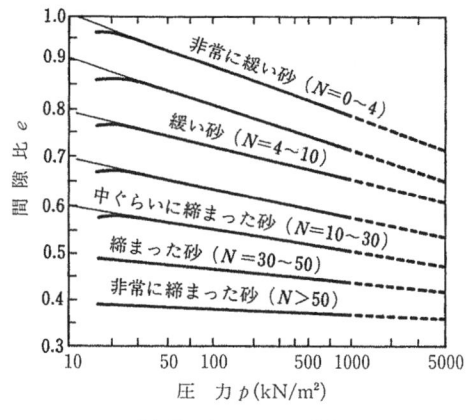

図 4.7 砂の $e\text{-}\log p$ 曲線

えることが特に必要となる．この圧密の時間過程を扱う理論が圧密理論 (consolidation theory) である．

圧密理論は，最初，テルツァーギ (Terzaghi, 1925) によって提案された．図 4.8 に示すような圧密モデルにおいて，ばねは飽和粘土の有効応力を表し，容器内の水圧は粘土の間隙水圧に相当し，ふたの沈下は粘土の間隙体積の減少量に相当する．また，ふたの上のおもりは，応力の増分 Δp に相当する．Δp は，有効応力の変化量 $\Delta\sigma'$ と間隙水圧の変化量 Δu との和として表される．すなわち，

$$\Delta p = \Delta\sigma' + \Delta u \tag{4.7}$$

おもりをのせた直後は，$\Delta\sigma'=0$ で $\Delta u=\Delta p$ の状態にある．圧密の進行とともにばねの応力が次第に増大し，やがて $\Delta u=0$ で $\Delta\sigma'=\Delta p$ の状態になったとき圧密が終了する．

図 4.9 に示すような飽和粘土地盤上に荷重 Δp がのり一次元圧密が行われるとき，厚さ dz の層に対して上述の圧密モデルの考え方を適用し，時間 t にともなう間隙水圧 u の変化を式表示すれば，次式が得られる．

$$\frac{\partial u}{\partial t} = c_v \frac{\partial^2 u}{\partial z^2} \tag{4.8}$$

式中の c_v は，圧密係数 (coefficient of consolidation) とよばれ，圧密の進行の速さを表す係数である．これは，体積圧縮係数 m_v と透水係数 (coefficient of permeability) k を用いて，次のように定義される．

$$c_v = \frac{k}{m_v \cdot \gamma_w} \tag{4.9}$$

(4.9) 式から，k が大きいか圧縮性が小さいと c_v は大きくなり，圧密が早く終わること

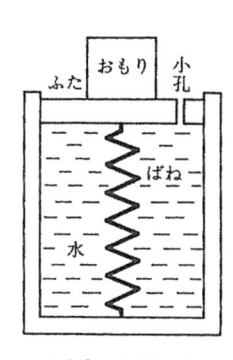

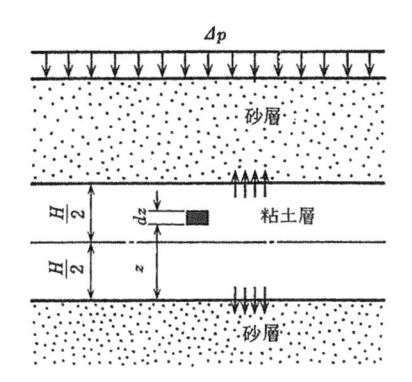

図 4.8 圧密モデル　　図 4.9 粘土層の一次元圧密

がわかる．

〔解説〕（4.8）式の誘導過程：図 4.9 において，粘土層中 z の位置に断面積 dA で厚さ dz なる微小要素を考える．間隙水の z における流速を v とすると $z+dz$ の位置では $v+(\partial v/\partial z)dz$ であるから，微小要素からの排水量 dq は，

$$dq = (\partial v/\partial z)dzdAdt$$

z における動水勾配は，$i = -\dfrac{1}{\gamma_w}\dfrac{\partial u}{\partial z}$ であるから，ダルシー（Darcy）の法則により，

$$v = ki = -\dfrac{k}{\gamma_w}\dfrac{\partial u}{\partial z}$$

これを上式に代入すると次式が得られる．

$$dq = -\dfrac{k}{\gamma_w}\dfrac{\partial^2 u}{\partial z^2}dzdAdt$$

ところで，この式で示される排水量は，この間に微小要素内で生じる体積減少量と一致しなければならない．いま dz 内の土粒子実質部分が $dz_s = \dfrac{dz}{1+e}$ であり一定であることから，

$$\dfrac{\partial(dz)}{\partial t} = \dfrac{dz}{1+e}\dfrac{\partial e}{\partial t}$$

この式は有効応力 σ' と体積圧縮係数 m_v を用いて，$-m_v\dfrac{\partial \sigma'}{\partial t}dz$ と書くことができ，かつ（4.7）式より Δp が時間的に変わらないとして $\dfrac{\partial u}{\partial t} = \dfrac{\partial \sigma'}{\partial t}$ がなりたつから，体積減少量は次式となる．

$$\dfrac{\partial(dz)}{\partial t}dAdt = -m_v\dfrac{\partial u}{\partial t}dzdAdt$$

これと dq を等しいとおいて，次式が得られる．

$$\frac{\partial u}{\partial t} = c_v \frac{\partial^2 u}{\partial z^2}$$

(4.8)式は，テルツァーギの古典的な圧密理論式であり，m_v と k および圧密荷重が圧密中一定という条件下で導かれている．しかし実際には，この仮定がなりたたない場合が多い．そこで，三笠(1963)は間隙水圧 u の代りに圧縮ひずみ ε を用い，次式を導いた．

$$\frac{\partial \varepsilon}{\partial t} = c_v \frac{\partial^2 \varepsilon}{\partial z^2} \tag{4.10}$$

この式は，時間の経過とともに圧縮ひずみ ε が粘土層内部へ伝播してゆく過程を表しており，圧密中 m_v, k，および圧密荷重が変動する場合（ただし，c_v は一定）でもなりたつので適用範囲の広い式といえる．

圧密基本式である(4.8)式と(4.10)式は，熱伝導型の偏微分方程式である．熱伝導型とよばれるのは，熱伝導現象をあつかった数学モデル，つまり熱伝導方程式と類似であるからで，u または ε が温度に c_v が熱拡散係数に対応している．

〔解説〕 圧密方程式の解：(4.8)式と(4.10)式は同形であるから，与えられた初期条件と境界条件の下で(表4.1)，従来の(4.8)式についての計算結果がそのまま利用できる．(4.8)式を解くとき，$T = c_v \cdot t/H^2$, $Z = z/H$ とおいて無次元化し，次式のように直して用いると便利である．そしてこれを変数分離法で解くとよい．

$$\frac{\partial u}{\partial T} = \frac{\partial^2 u}{\partial Z^2}$$

図4.9に示す条件（$Z=0$ と $Z=1$ で $u=0$，$t=0$ のとき $u=u_0=\Delta p=$ 一定）の場合，上式の解は次のように求まる．

$$u = \sum \frac{2u_0}{M}(\sin MZ)\exp(-M^2 T)$$

ここに，$M = (2m+1)\pi/2$，m：正の整数（u/u_0 の値は図4.10を参照のこと）．

粘土層の初期条件 $\varepsilon = 0$，境界条件 $\varepsilon = \varepsilon_f$（$\varepsilon_f$：与えられた圧密圧力下での最終ひずみ）のもとで(4.10)式を解けば，圧縮ひずみ ε の深さ方向の分布が得られる．いま，排

表4.1 初期および境界条件

	(4.8)式	(4.10)式
初期条件	$u = u_0(z)$	$\varepsilon = 0$
境界条件		
排水面	$u = 0$	$\varepsilon = \varepsilon_f$
非排水面	$\frac{\partial u}{\partial z} = 0$	$\frac{\partial \varepsilon}{\partial z} = 0$

4.5 圧密理論

水面から深さ z のところの任意時刻 t における圧密度 (degree of consolidation) を，$U_z = \varepsilon/\varepsilon_f$ と定義し，U_z の深さ方向の分布，すなわち等時曲線 (isochrone) を描くと，図 4.10 のようになる．

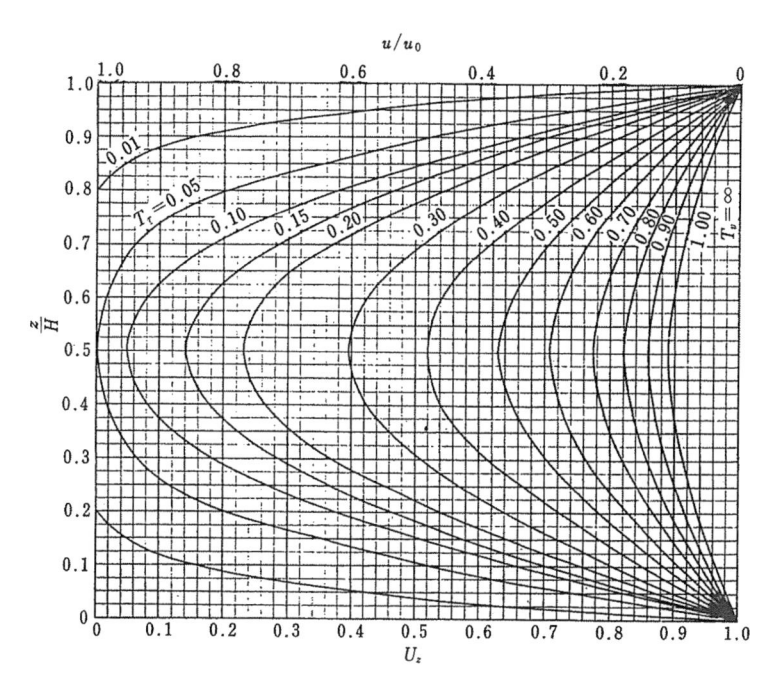

図 4.10 U_z の等時曲線

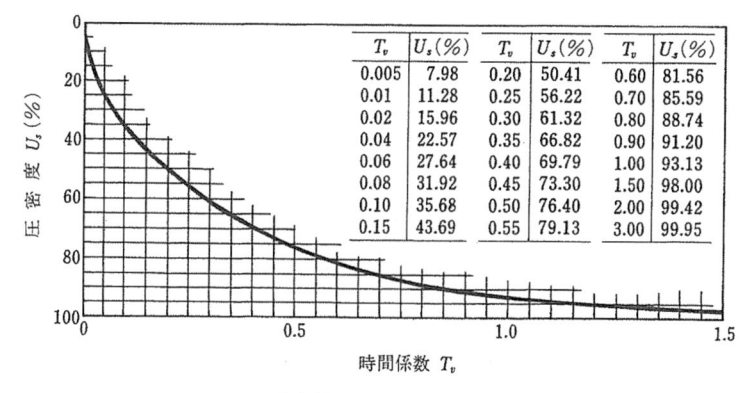

T_v	$U_s(\%)$	T_v	$U_s(\%)$	T_v	$U_s(\%)$
0.005	7.98	0.20	50.41	0.60	81.56
0.01	11.28	0.25	56.22	0.70	85.59
0.02	15.96	0.30	61.32	0.80	88.74
0.04	22.57	0.35	66.82	0.90	91.20
0.06	27.64	0.40	69.79	1.00	93.13
0.08	31.92	0.45	73.30	1.50	98.00
0.10	35.68	0.50	76.40	2.00	99.42
0.15	43.69	0.55	79.13	3.00	99.95

図 4.11 U_s と T_v の関係

粘土層全体の圧密度 U_s は，沈下量 S と最終沈下量 S_f の比として，次式で与えられる．

$$U_s = \frac{S}{S_f} \quad (4.11)$$

圧密試験の場合，U_s は U_z の深さ方向の平均値であり，単に圧密度とよべば平均圧密度 U_s をさす．理論的には，U_s は時間の尺度を無次元表示した時間係数 (time factor) T_v，すなわち，

$$T_v = \frac{c_v t}{\left(\dfrac{H}{2}\right)^2} \quad (4.12)$$

の関数として与えられ，図 4.11 のように図化される．この関係から，粘土層の厚さ H と圧密係数 c_v を知ることにより任意時刻 t の圧密度 U_s が求められる．なお，(4.12) 式は両面排水 (double drainage) の場合であるが，粘土層の片面が岩盤などの不透水層に接しているような，いわゆる片面排水 (single drainage) の場合には分母を H^2 として計算する．

ところで，図 4.11 に示した U_s-T_v 関係は，$U_s < 50\%$ の範囲では次式のように表現できる．

$$U_s = \sqrt{\frac{4T_v}{\pi}} \quad (4.13)$$

この関係は，圧密が全圧密量の 50% 以下の範囲では時間の平方根に比例することを意味しており，後述の圧密試験結果の整理に利用される．

4.6 圧密試験方法

圧密試験は，一次元圧密の場合の地盤沈下量や沈下に要する時間などを知るうえで必要な圧密諸係数，つまり体積圧縮係数 m_v，圧縮指数 C_c，圧密係数 c_v などを求めるために実施される．圧密試験の方法として段階載荷型と連続載荷型の規定があるが，ここでは一般に広く使われている段階載荷による圧密試験方法 (JIS A 1217-2000) について述べる．

供試体は，乱すことなくてぎわよく成形し，図 4.12 に示すような圧密リング（直径 6 cm，高さ 2 cm）に入れ，その上

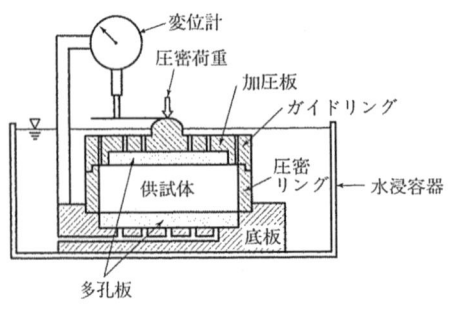

図 4.12 圧密容器

下面を多孔板ではさみ，両面から排水できるようにするとともに，供試体が浸水するよう水浸容器を水で満たす．

圧密荷重は，加圧板を介し段階的に加える．通常，圧密圧力 p の荷重増分比 $\Delta p/p = 1$ とし，9.8, 19.6, 39.2, 78.5, 157, 314, 628, 1256 kN/m² と倍増するようにかける．各荷重段階では，衝撃を与えぬように載荷したのち通常，6, 9, 12, 18, 30, 42 秒，1, 1.5, 2, 3, 5, 7, 10, 15, 20, 30, 40 分，1, 1.5, 2, 3, 6, 12, 24 時間経過後に変位計で圧密量を測定する．

4.7 圧密試験結果の整理

圧密試験の結果は，圧密量-時間の関係と圧密量-圧力の関係に分けて整理する．

a. 圧密量-時間の関係

各荷重段階ごとに測定した圧密量と時間の関係は，次の要領で整理する．

1) $\sqrt{t}$ 法

図 4.13 のように縦軸に変位計の読み d を算術目盛に，横軸に経過時間 t を平方根目盛にとって d-$\sqrt{t}$ 曲線を描く．この曲線の初期部分に現れる直線部を延長し，縦軸との交点を初期補正値 d_0 (mm) とする．d_0 を通り初期直線の 1.15 倍の横距をもつ直線を引き，d-$\sqrt{t}$ 曲線との交点を理論圧密度 90% の点とし，この点の変位計の読みを d_{90} (mm)，時間を t_{90} (min) とする．各荷重段階の理論圧密度 100% にあたる変位計の読み d_{100} (mm) は，次式によって算出する．

$$d_{100} = \frac{10}{9}(d_{90} - d_0) + d_0 \tag{4.14}$$

2) 曲線定規法

上記 1) の方法で初期部分に直線部が求められない場合，この方法を用いる．縦軸に

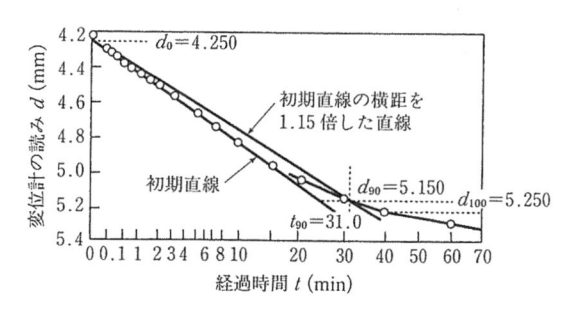

図 4.13 $\sqrt{t}$ 法による整理の例

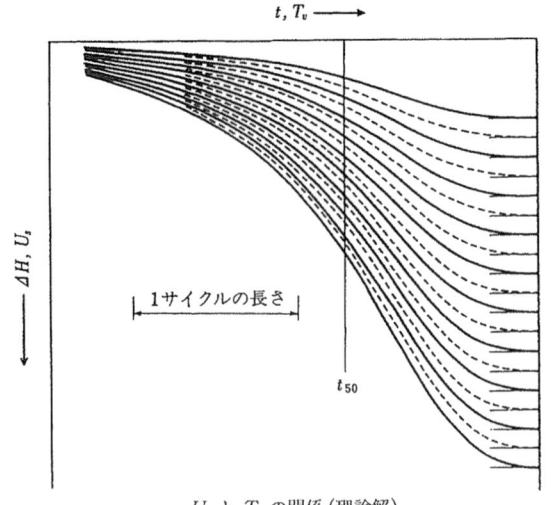

U_s と T_v の関係(理論解)

U_s (%)	10	20	30	40	50	60	70	80	90	95	98
T_v	0.008	0.031	0.071	0.126	0.197	0.287	0.403	0.567	0.848	1.15	1.50

参考 曲線定規は,縦軸に理論圧密度 U_s, 横軸に時間係数 T_v の対数をとり, U_s のスケールを変えて描いた理論圧密曲線群である.

図 4.14 曲線定規

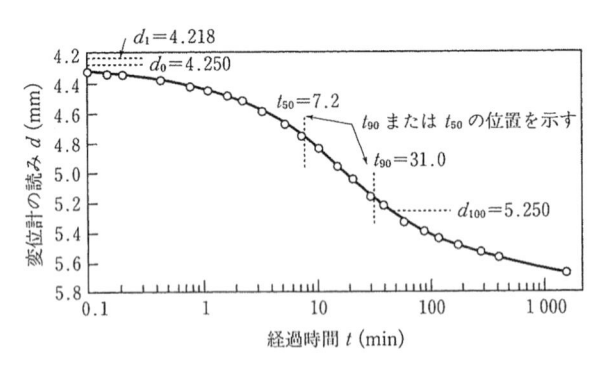

図 4.15 曲線定規法による整理の例

変位計の読み d を算術目盛に,横軸に時間 t を対数目盛にとって d-$\log t$ 曲線を描く.この曲線上に,これと同じ長さの log サイクルに描いた曲線定規(図 4.14)を重ねて上下左右に平行移動させ,曲線の初期部分を含み最も長い範囲で一致する曲線を選ぶ.そ

して曲線定規の理論圧密度0%にあたる点を初期補正値 d_0 (mm) とし，理論圧密度50%にあたる時間を t_{50} (min)，理論圧密度100%にあたる変位計の読みを d_{100} (mm) とする (図4.15)．

3) 各載荷段階の圧密係数 c_v の算定

各載荷段階の圧密量 ΔH (cm) は，この載荷段階における変位計の最終読み d_f (mm) から最初の読み d_1 (mm) を差し引いた値で，次式から求まる．

$$\Delta H = \frac{d_f - d_1}{10} \tag{4.15}$$

また，各載荷段階の圧密終了時の供試体高さ H (cm) と平均供試体高さ $\bar{H}$ (cm) は，1つ前の載荷段階における圧密終了時の供試体高さを H' (cm) として，次式から求まる．

$$H = H' - \Delta H \tag{4.16}$$

$$\bar{H} = \frac{H + H'}{2} \tag{4.17}$$

各載荷段階の圧密係数 c_v (cm²/d) は，次式で算定する．

$\sqrt{t}$ 法による場合，

$$c_v = 0.848 \left(\frac{\bar{H}}{2}\right)^2 \frac{1440}{t_{90}} \tag{4.18}$$

曲線定規による場合，

$$c_v = 0.197 \left(\frac{\bar{H}}{2}\right)^2 \frac{1440}{t_{50}} \tag{4.19}$$

〔例題 4.2〕 表4.2は，ある飽和粘土に対し圧密圧力 $p = 314$ kN/m² のときの変位計

表4.2

経過時間	変位計の読み (mm)	経過時間	変位計の読み (mm)
0	3.86	10 min	4.47
6 s	3.92	15	4.59
9	3.94	20	4.67
15	3.97	30	4.79
30	4.00	40	4.86
1 min	4.06	1 h	4.94
1.5	4.11	1.5	5.01
2	4.15	2	5.06
3	4.21	3	5.11
5	4.30	6	5.19
7	4.38	24	5.30

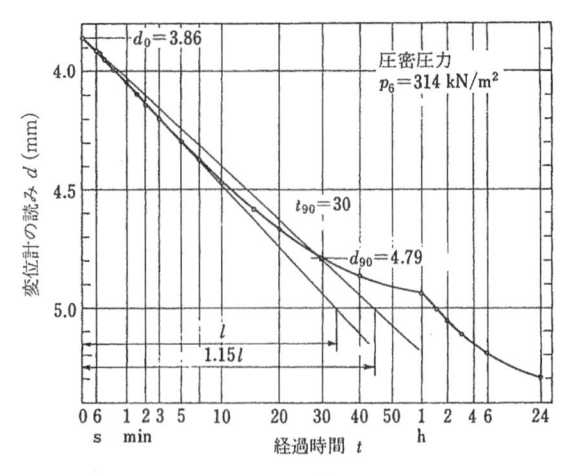

図 4.16 d-$\sqrt{t}$ 曲線

の読み d と時間 t の関係を測定した結果である．$\sqrt{t}$ 法によって圧密係数 c_v を求めよ．なお，この荷重段階 $(n=6)$ における平均供試体高さは $\bar{H}_6=1.550\,\mathrm{cm}$ である．

〔解〕 d-$\sqrt{t}$ 曲線は図 4.16 のようになり，$d_{90}=4.79\,\mathrm{(mm)}$，$t_{90}=30.0\,\mathrm{(min)}$ となる．ゆえに，c_v は (4.18) 式により，

$$c_v = 0.848 \left(\frac{\bar{H}_6}{2}\right)^2 \frac{1440}{t_{90}} = \frac{0.848 \times (0.775)^2 \times 1440}{30.0} = 24.4\,\mathrm{(cm^2/d)}$$

b. 圧密量-圧力の関係

圧密量と圧力の関係は e-$\log p$（または f-$\log p$）曲線として整理し，4.3 節で述べた方法で圧縮指数 C_c や圧密降伏応力 p_c を求める．ここでは，変位計の読みより e または $f=(1+e)$ を求める方法と体積圧縮係数 m_v の算定法について説明する．

1) e の算定

供試体の初期高さ $H_0\,\mathrm{(cm)}$ と実質高さ $H_s\,\mathrm{(cm)}$ より，初期の間隙比 e_0 を次式で算定する．

$$e_0 = \frac{H_0}{H_s} - 1 \tag{4.20}$$

ただし，H_s は次式より求める．

$$H_s = \frac{m_s}{\rho_s A} = \frac{m_s}{\rho_s (\pi D^2/4)} \tag{4.21}$$

式中，m_s は供試体の炉乾燥質量 (g)，A は供試体の断面積 $(\mathrm{cm^2})$，D は供試体の直径 (cm)，そして ρ_s は土粒子の密度 $(\mathrm{g/cm^3})$ (JIS A 1202) である．

各載荷段階の圧密終了時の間隙比 e を次式で算定する．

$$e = \frac{H}{H_s} - 1 \tag{4.22}$$

2) m_v の決定

各載荷段階の体積圧縮係数 m_v (m²/kN) は，次式より算出する．

$$m_v = \frac{\Delta H}{\bar{H} \Delta p} \tag{4.23}$$

式中，Δp は各載荷段階の圧密圧力の増分 $(p-p')$ (kN/m²)，$\bar{H}$ は各載荷段階の圧密終了時の平均供試体高さ (cm) である．

4.8 圧密沈下予測

a. 最終沈下量

粘土地盤の圧密沈下量の算定には，次のような方法がある．

有効土被り応力 p_1 を受ける厚さ H の粘土層に増加応力 Δp が作用した場合，この粘土層の圧密沈下量 S_f は次式より計算できる．

$$S_f = \frac{e_1 - e_2}{1 + e_1} H \tag{4.24}$$

ここに，e_1 と e_2 は圧密層の初期間隙比と圧密後の間隙比であって，圧密試験結果の $e\text{-}\log p$ 曲線からそれぞれ p_1 と $p_1+\Delta p$ に対応する間隙比として求まる．層厚が大きいときなど圧密層をいくつかに層区分して計算する必要のあるときには，各層ごとに (4.24) 式を適用して圧密量を求め，それらを加算して全沈下量とする．

また圧密沈下量 S_f は，圧縮指数 C_c を用いて次式のように書くことができる．

$$S_f = \frac{C_c}{1+e_1} H \log_{10} \frac{p_1 + \Delta p}{p_1} \tag{4.25}$$

さらに，体積圧縮係数 m_v を用いて次式から求めることもできる．

$$S_f = m_v \Delta p H \tag{4.26}$$

〔例題 4.3〕 図 4.17 に示すように，$\Delta p = 39.2$ kN/m² の盛土荷重がのったときの粘土層の最終沈下量 S_f を計算せよ．

〔解〕 載荷前の粘土層中心深さにおける有効土被り応力 p_1 は，

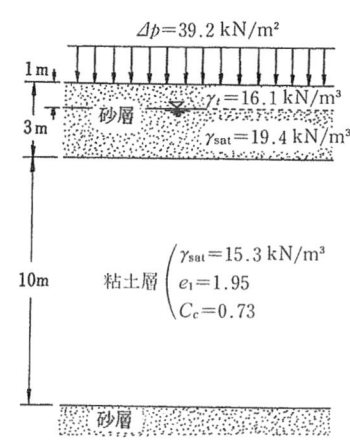

図 4.17 計算例

$p_1 = 16.1 \times 1 + (19.4 - 9.8) \times 2$
　　$+ (15.3 - 9.8) \times 5$
　　$= 62.8$ (kN/m²)

ゆえに，S_f は (4.25) 式より，

$$S_f = \frac{C_c}{1+e_1} H \log_{10} \frac{p_1 + \Delta p}{p_1}$$

$$= \frac{0.73 \times 1000}{1 + 1.95} \log_{10} \frac{102.0}{62.8} = 52.1 \text{ (cm)}$$

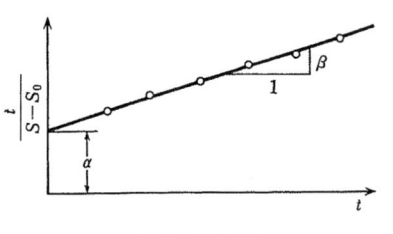

図 4.18 双曲線法

一方，現地の実測沈下曲線の傾向から将来の沈下量を予測する方法がある．その1つに実用的近似として，実測沈下曲線に次式のような双曲線を用いる方法がある．

$$S = S_0 + \frac{t}{\alpha + \beta t} \tag{4.27}$$

式中，S は時間 t における沈下量，S_0 は計算開始時における沈下量，そして α と β は双曲線の形を決める係数である．(4.27) 式を変形すると，

$$\frac{t}{S - S_0} = \alpha + \beta t \tag{4.28}$$

となるから $\frac{t}{S-S_0}$ (d/cm) を縦軸に，t (day) を横軸にとって測定値をプロットすれば図 4.18 のように直線となる．この直線の切片と勾配から α, β が定まる．したがって最終沈下量は，

$$S_f = \lim_{t \to \infty} S = S_0 + \frac{1}{\beta} \tag{4.29}$$

として推測される．

b. 圧密沈下曲線

前述の方法で最終沈下量 S_f が求まると，それに圧密度を乗じることによって載荷後の任意時刻 t における圧密沈下量 S を求めることができる．すなわち，

$$S = S_f U_s \tag{4.30}$$

式中，時刻 t における圧密度 U_s と時間係数 T_v との間に図 4.11 に示したような関係があるから，U_s を指定すれば T_v が求まる．したがって所定の圧密度に達するまでの圧密時間 t は，

$$t = T_v \left(\frac{H}{2}\right)^2 \bigg/ c_v \tag{4.31}$$

として求まる．その際，圧密係数 c_v を的確に見積もる必要がある．このようにして，時間 t を種々変えて沈下量 S を算定すると，圧密沈下曲線を描くことができる．

〔例題 4.4〕 〔例題 4.3〕において，盛土載荷前の粘土層の圧密係数が $c_v = 116.5$ cm²/

dであったとすれば，最終沈下量の半分まで沈下するのに何日必要か．また，載荷後5年経た時点での粘土層の圧密度 U_s は何%か．

〔解〕 $U_s=50\%$ のときの時間係数 T_v は，図 4.11 より 0.197 である．したがって，圧密時間 t は (4.31) 式より，

$$t=\frac{T_v(H/2)^2}{c_v}=\frac{0.197\times(500)^2}{116.5}=423 \quad (日)$$

一方，$t=1825$ 日 $(=5$ 年$)$ に対する T_v は，

$$T_v=\frac{c_v t}{(H/2)^2}=\frac{116.5\times1825}{(500)^2}=0.850$$

であるから，図 4.11 より，

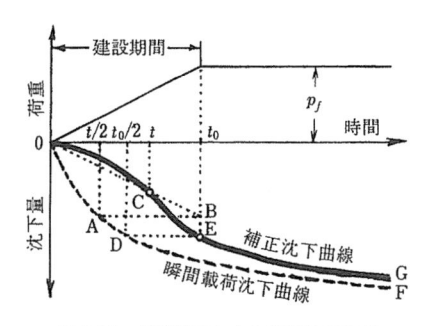

$$U_s \fallingdotseq 90\%$$

図 4.19 漸増荷重による圧密沈下曲線

上記の手順で理論的に求まる圧密沈下曲線は，全荷重が瞬間的に載荷される，いわゆる瞬時載荷 (instant loading) の場合に該当する．実際の建設工事においては，瞬間載荷の場合よりもむしろ荷重が徐々に増加し，最終荷重 p_f に達する場合のほうが普通である．一定速度で荷重が増加する定率漸増荷重 (constant rate loading) の場合，次のような近似図解法がよく用いられる．図 4.19 において，まず $t=0$ のとき定荷重 p_f が瞬間載荷された場合の圧密沈下曲線 ADF を描く．次に建設期間 t_0 の 1/2 のところから鉛直線を引き，瞬間載荷沈下曲線と交点 D を求める．D から水平線を引き，t_0 を通る鉛直線との交点 E を求める．任意の時間 $t(t<t_0)$ に対しては，$t/2$ のときの瞬間載荷曲線上の点 A より水平線を引き，t_0 の鉛直線との交点 B を求めると，直線 $\overline{OB}$ と t を通る鉛直線との交点 C が補正された沈下量となる．このような操作を t を変えて行えば，建設期間中の沈下曲線 OCE が得られる．また $t \geqq t_0$ の期間の沈下曲線については，DF 線を $t_0/2$ だけ水平移動して EG 線のように描けばよい．この図解法は，実用的に十分高い近似性をもつことが確かめられている．

4.9 二 次 圧 密

圧密沈下量と時間との関係は，4.5 節で述べた圧密理論に従えば，図 4.20 中の弾性圧密理論曲線のように時間とともに一定の沈下量に落ち着くが，実際には一定値に落ち着かず，実験曲線のように圧密経過の後半部において徐々に沈下が進行するのが普通である．このように圧密過程において弾性圧密理論に従う部分を一次圧密 (primary consolidation)，圧密理論で説明できない部分を二次圧密 (secondary consolidation) とよ

図4.20 一次圧密と二次圧密

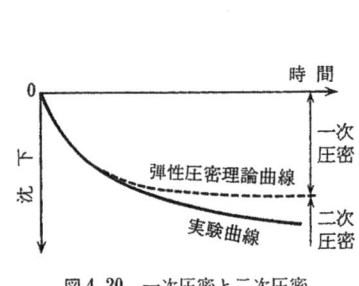

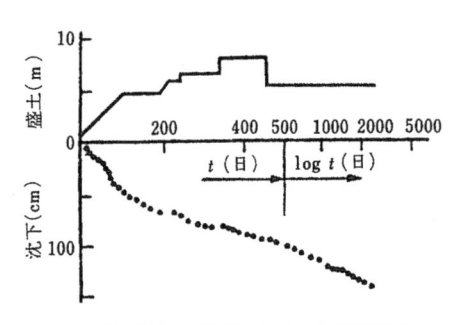

図4.21 東名高速道路の盛土の沈下観測例

び両者を区別する．二次圧密現象は，実際の粘土の圧縮変形特性が非弾性的なことに起因するもので，土質によっては長期にわたり相当大きな二次圧密量を示すことがある．軟弱地盤の二次圧密は東名高速道路盛土の20年にわたる沈下観測データ(図4.21)のように時間 t の対数に対してほぼ直線的に進むものが多い．またその沈下速度 $de/d\log t$ (または $d\varepsilon/d\log t$) が圧縮指数 C_c に比例して増大することなど種々の事柄が判明しつつある．しかし，二次圧密による沈下量を的確に予測することは，現状ではむずかしく，今後の研究に待たなければならない．

4.10 サンドドレーンによる圧密

圧密に要する時間が，最大排水距離の2乗に比例するから((4.31)式)，厚い粘土層の圧密には長時間要することになる．そこで，このような場合，粘土層中に一定間隔で砂柱を鉛直に打設して排水距離を短くし(図4.22)，圧密排水の促進と同時に地盤の強度増加を図る地盤改良工法，すなわちサンドドレーン工法(sand drain method)がよく用いられる．

いま，図4.22のように直径 d_w のサンドドレーンを間隔 d で正三角形か正方形に配置した地盤において，各ドレーンの平面的な受持ち範囲を同一面積の円で置き換えたときの直径を有効径 d_e とし，かつ間隙水がサンドドレーン方向にのみ流れるものとすれば，この場合の圧密時間 t は次式で表される．

$$t=\frac{T_h}{c_h}d_e^2 \tag{4.32}$$

式中，c_h と T_h はそれぞれ水平方向の圧密係数(m²/d)と時間係数(無次元)であり，有効径 d_e は正三角形配置のとき $1.05d$，正方形配置のとき $1.13d$ として与えられる．また水平方向の圧密度 U_h と時間係数 T_h との関係は，図4.23に示すように有効径 d_e と

4.10 サンドドレーンによる圧密

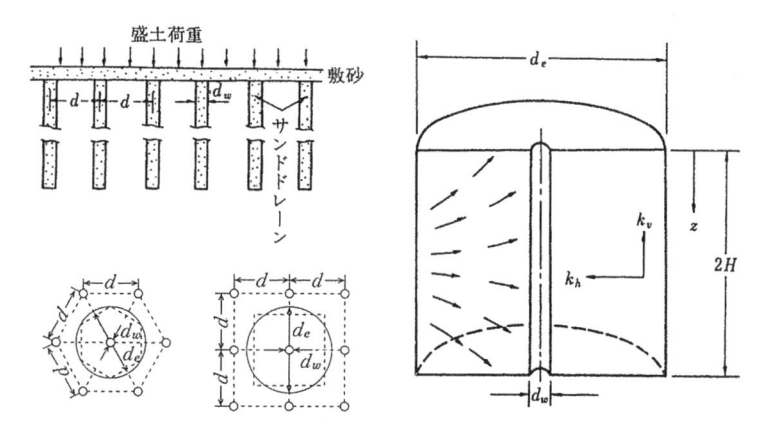

図 4.22 サンドドレーンの配置と圧密（日本道路協会編, 1986）

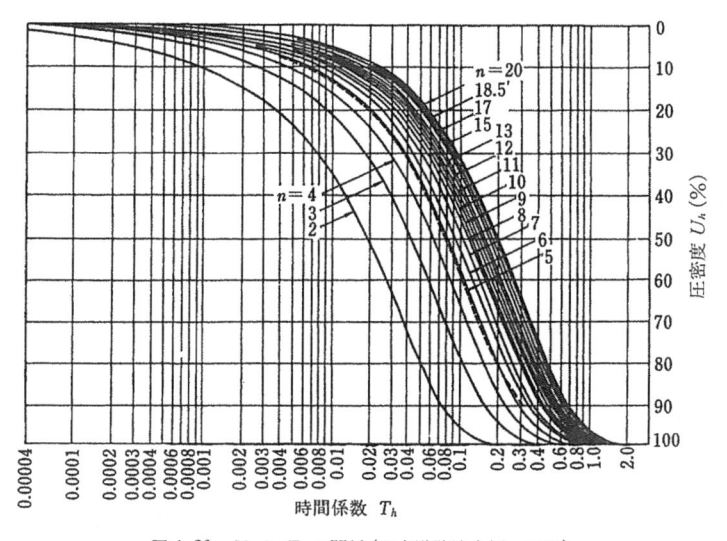

図 4.23 U_h と T_h の関係（日本道路協会編, 1986）

砂柱径 d_w の比 $n=d_e/d_w$ によって異なる．なお，計算に用いる c_h は，わが国の場合，c_v と等しくとって良い結果を得ている事例が多い．

　一般には鉛直方向の排水距離に比べ d_e が非常に小さいので鉛直排水を無視することが多いが，鉛直方向の排水を考慮したほうがよい場合には，次式によって粘土層全体の圧密度 U を求める．

$$U = 1 - (1 - U_h)(1 - U_v) \tag{4.33}$$

式中，U_v は鉛直方向の圧密度である．

〔例題4.5〕 厚さ10 m の粘土層に，直径 $d_w=40$ cm，間隔 $d=2$ m，正三角形配置でサンドドレーンを打設した場合，圧密度 $U_h=90$% のときの圧密時間 t を求めよ．
ただし，粘土の圧密係数は $c_h \fallingdotseq c_v=116.5$ cm²/d とする．

〔解〕 有効径 d_e は，
$$d_e=1.05d=1.05\times200=210 \text{ (cm)}$$
であるから，
$$n=\frac{d_e}{d_w}=\frac{210}{40}=5.25$$
ゆえに，図4.23から $U_h=90$%，$n=5.25$ のときの T_h を求め，(4.32)式に代入すれば，
$$t=\frac{T_h}{c_h}d_e^2=\frac{0.28\times(210)^2}{116.5}=106 \text{ (日)}$$

演習問題

4.1 次の用語を説明せよ．
体積圧縮係数，圧密降伏応力，圧密係数，圧密度，曲線定規，二次圧密，サンドドレーン工法

4.2 体積圧縮係数 m_v と圧縮指数 C_c との間になりたつ (4.5) 式を証明せよ．

4.3 図4.3の場合の圧縮指数 C_c と圧密降伏応力 p_c を求めよ．

4.4 正規圧密粘土と過圧密粘土の違いについて述べよ．

4.5 飽和粘土の圧密機構を模型により説明せよ．

4.6 ある粘土の e-$\log p$ 曲線から，圧密圧力が $p_1=78.5$ kN/m² から $p_2=157.0$ kN/m² へ増せば，間隙比が $e_1=1.71$ から $e_2=1.47$ に減ずることがわかった．この粘土の体積圧縮係数 m_v を求めよ．

4.7 前間において，粘土の層厚が8 m のときの最終沈下量 S_f を推定せよ．

4.8 〔例題4.1〕において，この粘土層の厚さが8 m で層中心の土被り圧が 98.1 kN/m² である場合，最終沈下量を10 cm に止めるには，どれくらいの上載荷重まで許容されるか．

4.9 〔例題4.3〕において，粘土層下部の砂層が不透水層で，いわゆる片面排水の状態である場合，盛土載荷前の粘土の圧密係数を $c_v=116.5$ cm²/d とし，載荷後5年経過時点での粘土層の圧密度 U_s を求めよ．

4.10 $c_h=86.4$ cm²/d の軟弱粘土地盤に，直径 $d_w=40$ cm のサンドドレーンを打設し，圧密度 $U_h=90$% を半年で達成させたい．必要なドレーン間隔 d を求めよ．

5. 土のせん断強さ

5.1 地盤内の応力と変形

a. 応力の成分とモールの応力円

　地盤に外力が作用すると，その外力に応じて地盤内の応力 (stress) が変化する．そしてこの応力の変化にともなって地盤が変形し，やがて破壊が引き起こされることがある．地盤の破壊は主として地盤内のある面に沿ってすべるような形態であり，これをせん断破壊 (shear failure) とよび，せん断破壊が生じる面をすべり面 (slip surface) とよぶ．土のせん断破壊は，すべり面上の応力が限界状態に達したときに発生すると考えられている．したがって，地盤上に構造物を安全に築造するためには，構造物の築造によって発生する応力と地盤の破壊の関係をよく知っておく必要がある．

　図5.1は地盤内の微小な土の要素に作用する応力を示したものである．応力とは，簡単にいえば，物体内の任意の面に作用する単位面積あたりの力の成分で，これを面に垂直な方向に作用する垂直応力 (normal stress) σ と，面に沿う方向のせん断応力 (shear stress) τ の2つの成分に分けて考える．土質力学では要素を圧縮するように作用する垂直応力を正と定義するのが普通である．また，直交する2つの面に作用するせん断応力は互いに要素を反対向きに回転させるように作用し，その大きさは等しい (図5.1において，$\tau_{xz} = \tau_{zx}$)．地盤内の応力は，実際には，三次元的に作用する．しかし，地盤の変形や破壊の問題は二次元的に取り扱われることが多いので，本書でも主に二次元的な応力状態を考えることにする．

　応力は面に垂直な成分と面に沿う成分で表されるから，面のとり方によってその値が変化する．そして，適当に面を選ぶと，せん断応力 τ がゼロとなるような面が得られる．このような面を主応力面 (principal plane) とよび，主応力面に作用する垂直応力を主応力 (principal stress) とよぶ．主応力面

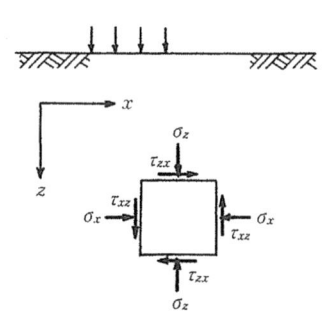

図 5.1　応力の成分

は3つ存在し，それらは互いに直交する（図5.2(a)）．3つの主応力面に作用する主応力を大きい順に，最大主応力 σ_1，中間主応力 σ_2，最小主応力 σ_3 とよぶが，一般には二次元的な応力状態として最大主応力と最小主応力を考える（図5.2(b)）．

地盤内において主応力面の方向と主応力の値がわかっていれば，任意の方向の面上の応力を求めることができる．たとえば，図5.2(b)に示すように最大主応力面と θ の角をなす面上の応力 σ_θ と τ_θ は次のように求めることができる．

$$\sigma_\theta = \frac{1}{2}(\sigma_1 + \sigma_3) + \frac{1}{2}(\sigma_1 - \sigma_3)\cos 2\theta$$
$$\tau_\theta = \frac{1}{2}(\sigma_1 - \sigma_3)\sin 2\theta \tag{5.1}$$

主応力面と任意の角 θ をなす面上の応力は式(5.1)によって与えられるが，この関係を図で表すと図5.3のようになる．横軸に垂直応力 σ，縦軸にせん断応力 τ をとり，σ は圧縮応力を正，τ は要素を反時計回りに回転させるように作用するせん断応力を正と

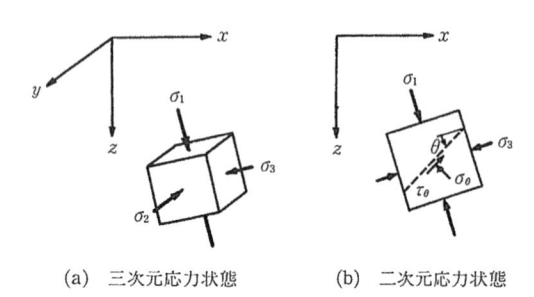

(a) 三次元応力状態　　(b) 二次元応力状態

図5.2　主応力面と主応力

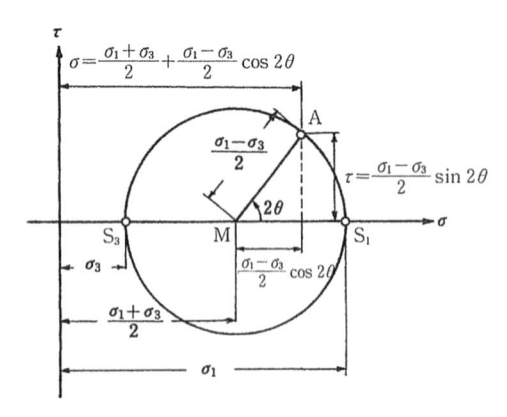

図5.3　モールの応力円

する(たとえば,図5.1のτ_{xz}は正,τ_{zx}は負とみなされる).この図において,最大主応力σ_1と最小主応力σ_3は,σ軸上の点S_1, S_3のようにプロットされる.そして,これらの点S_1, S_3を直径の両端とする円を描くとき,この円をモール(Mohr)の応力円とよぶ.ここで,最大主応力を表す点S_1から,円の中心Mのまわりに2θだけ回転させた点Aを考えると,この点のσ, τは式(5.1)の関係を満たしていることがわかる.すなわち,土中のある一点において,任意の方向の面上の応力はすべて1つのモールの応力円上の点で示される.たとえば,せん断応力が最大となるのは$\theta = \pm 45°$のとき,すなわち,最大主応力面と$\pm 45°$の角度をなす面上で,その値は,

$$\tau_{max} = \frac{1}{2}(\sigma_1 - \sigma_3) \tag{5.2}$$

であることがわかる.このように,モールの応力円は,土中の応力状態を理解するうえで非常に有用である.

〔**例題 5.1**〕 土の要素に,図5.4に示すような主応力が作用するとき,最大主応力面と$\theta = 30°$の角をなす面のσ, τをモールの応力円を用いて求めよ.

〔**解**〕 モールの応力円は図5.5に示すようになる(ここでは応力円の上半分のみ示している).σ_1の点から円の中心回りに$2\theta = 60°$となる点の応力を求めれば,

$$\sigma = 400 \text{ kN/m}^2, \quad \tau = 173 \text{ kN/m}^2$$

が得られる.

〔**例題 5.2**〕 図5.6(a)に示すように,最大主応力面と水平のなす角がαであるとき,鉛直面と水平面における応力成分$\sigma_x, \sigma_z, \tau_{xz}$と最大・最小主応力の関係を求めよ.

〔**解**〕 最大主応力面が水平面および鉛直面となす角をそれぞれα, βとすれば,水平面と鉛直面における応力成分は図5.6(b)の点Z,Xのように表される.図(b)より,応力円の中心と半径はそれぞれ,

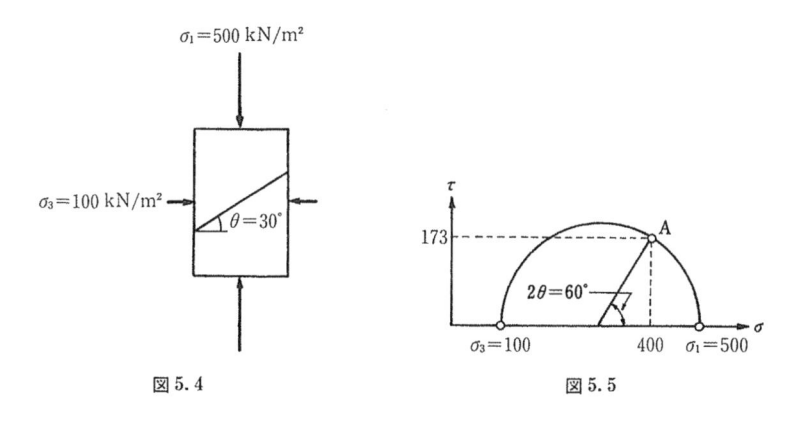

図5.4

図5.5

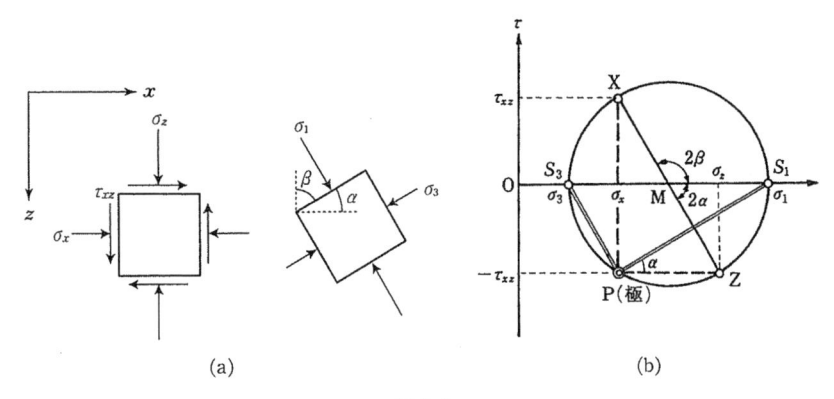

図 5.6

で与えられるから，最大，最小主応力は

$$\left.\begin{array}{c}\sigma_1\\ \sigma_3\end{array}\right\} = \frac{\sigma_z+\sigma_x}{2} \pm \sqrt{\left(\frac{\sigma_z-\sigma_x}{2}\right)^2 + \tau_{xz}^2}$$

$$OM = \frac{\sigma_z+\sigma_x}{2}, \quad MX(MZ) = \sqrt{\left(\frac{\sigma_z-\sigma_x}{2}\right)^2 + \tau_{xz}^2}$$

と表される．また，最大主応力面が水平面となす角は，

$$\tan 2\alpha = \frac{2\tau_{xz}}{\sigma_z - \sigma_x}$$

である．

　ある面上の応力がわかっているとき，応力円上のその応力を表す点からその面の方向に直線を引いて得られる応力円との交点を極 (pole) とよぶ．たとえば，図 5.6(b) において，点 Z は水平面上の応力を表しているから，この Z から水平方向に直線を引けば極 P が得られる．いま，この極 P から最大主応力点 S_1 に直線を引けば，$\angle ZPS_1 = \angle ZMS_1/2 = \alpha$ であるから，この直線の方向は最大主応力面の方向を表していることがわかる．また，極から，たとえば鉛直方向に直線を引けば，応力円との交点 X は鉛直面上の応力を表している．このように，極を用いて，ある応力が作用する面の方向や，任意の方向の面上の応力を求める方法を用極法 (pole method) とよぶ．

b. 土の変形とひずみ

　物体に応力が作用すると変形が生じるが，その変形を表す量としてひずみ (strain) が定義される．物体要素の変形は，図 5.7 に示すように，垂直応力による圧縮変形と，せん断応力によるせん断変形に分けて考えることができる．変形前の辺長が L_x, L_z で

(a) 圧縮変形　　　　　(b) せん断変形

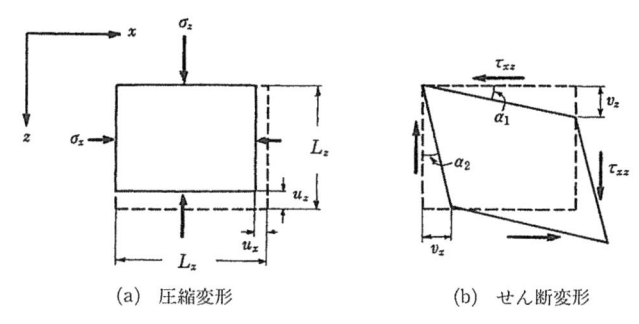

図 5.7　物体要素の変形

あった要素が x 軸と z 軸方向にそれぞれ u_x, u_z だけ圧縮したとき，

$$\varepsilon_x = \frac{u_x}{L_x}, \quad \varepsilon_z = \frac{u_z}{L_z} \tag{5.3}$$

で定義される量を垂直ひずみ (normal strain) とよび，圧縮を正，伸びを負と定義する．せん断変形では，図 (b) に示すように，x 軸と z 軸方向のズレを v_x, v_z とするとき，

$$\gamma_{xz} = \frac{1}{2}\left(\frac{v_z}{L_x} + \frac{v_x}{L_z}\right) \tag{5.4}$$

で定義される量をせん断ひずみ (shear strain) とよぶ．せん断ひずみは直角であった辺の交角の変化量 ($\alpha_1 + \alpha_2$) の 1/2 にほぼ等しい．地盤の変形が大きくなると，地盤内の一部にせん断変形が集中し，やがてせん断帯とよばれる帯状のせん断領域が形成されるようになる．このせん断帯がさらに進展するとすべり面となって破壊が生じる．

　主応力面ではせん断応力はゼロであるから，主応力の方向には圧縮（あるいは伸び）しか生じない．このように，垂直ひずみだけが生じるような方向を主ひずみ方向とよび，その垂直ひずみを主ひずみ (principal strain) という．主ひずみは主応力に対応して 3 つ存在するが，そのうち 1 方向の主ひずみが 0 であるような変形を平面ひずみ変形 (plane strain deformation) という．たとえば地盤の上に堤防や道路盛土のような帯状の長い構造物をつくる場合，帯の延びる方向の変形は生じにくいため，この方向のひずみが 0 となるような平面ひずみ変形が生じる．平面ひずみ変形では，中間主応力 σ_2 方向の主ひずみが 0 となるため，最大・最小主応力方向の変形を考えればよい．

c. 土の応力とひずみの関係

　物体に作用する応力と変形（ひずみ）の間にはそれぞれの物質に固有の関係がある．応力を加えると変形するが，応力を除くと変形が回復する性質を弾性 (elasticity) とよび，なかでも，ゴムやバネのように，ひずみが応力に比例する場合は線形弾性 (linear elasticity) とよぶ．一方，土の応力とひずみ関係は図 5.8 のようであり，応力を除いて

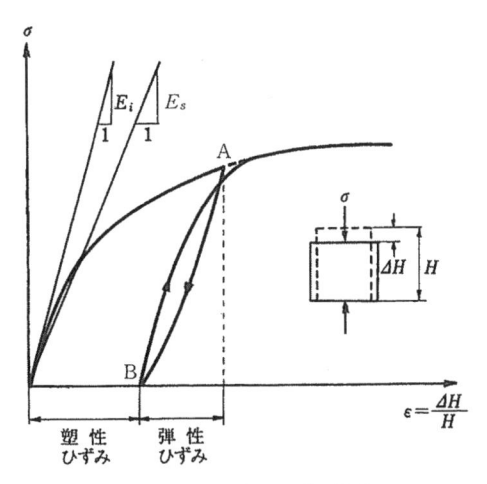

図5.8 土の応力-ひずみ関係

も，図のA→Bのように，変形が完全には回復しない．このように応力を除いても変形が残る性質を塑性(plasticity)とよび，残留したひずみを塑性ひずみという．土の変形は弾性と塑性の両方を合わせもつもので，このような性質を弾塑性(elasto-plasticity)とよぶ．また，粘土の場合，応力-ひずみ関係が時間にも関係する粘性(viscocity)とよばれる性質も示す．このように土の変形特性は弾性物質に比べて非常に複雑であるが，1960年代よりカムクレイモデル(Cam Clay model)をはじめとして，土の応力-ひずみ関係に関する研究が急速に進み，コンピュータを用いた地盤の変形解析も行われるようになってきた．

土は非弾性的性質を示すが，取扱いが容易であることから土を近似的に線形弾性物質として取り扱うことがある．この場合，土の弾性係数に相当するものとして，初期接線係数 E_i あるいは割線弾性係数 E_s が用いられることが多い(図5.8参照)．これらの値は地盤に外力が作用した直後の即時沈下の計算や地震時の地盤解析などに用いられることがあるが，ひずみの測定精度やひずみレベルによって大きく変化するので注意が必要である．

d. 土の体積変化とダイレイタンシー

一般に，固体にせん断応力が作用してもせん断変形が生じるだけで，体積はほとんど変化しない．ところが，土の場合，せん断応力が作用するとせん断変形とともにかなり大きな体積変化が生じることが知られている．このせん断応力によって体積変化が生じる現象をダイレイタンシー(dilatancy)とよび，土のような粒状体に特有の現象であ

る．ダイレイタンシーとはもともと体積の膨張を意味し，体積が収縮する場合には負のダイレイタンシーとよぶ．

土の粒子は固くてほとんど圧縮しないから，土の体積変化は土粒子間の間隙の容積変化と考えてよい．したがって，せん断にともなって体積が収縮するか膨張

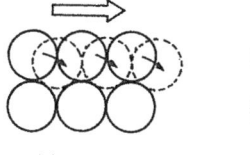

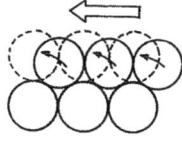

(a) ゆるい砂　　(b) 密な砂

図5.9　ダイレイタンシーの説明図

するかは粒子の詰まり方すなわち間隙比に関係する．たとえば，図5.9は砂の構造を球の集まりでモデル化したもので，(a)のようにゆるい状態の砂にせん断応力が作用すれば，粒子は粒子と粒子の隙間に落込み，間隙は減少して密な状態になる．逆に，密な状態の砂をせん断すると，粒子が他の粒子の上を乗り越えるため間隙が膨張する．このように，ゆるい砂や正規圧密粘土はせん断にともなって体積収縮（負のダイレイタンシー）を示し，密な砂や強く過圧密された粘土は体積膨張（正のダイレイタンシー）を示す．このように，土の状態によってダイレイタンシー特性が異なり，結果として土の変形や強度に大きく影響するので，その特性をよく理解しておくことが重要である．

e.　土の間隙水圧と有効応力

自然地盤において，地下水面以下の土の内部には静水圧に等しい間隙水圧が作用している．このような地盤に外力が作用すれば，土の変形とともに間隙が圧縮あるいは膨張して，間隙水圧が変化する．この外力の作用によってあらたに発生する間隙水圧を過剰間隙水圧 (excess pore water pressure) とよび，静水圧など自然の状態で存在する間隙水圧と区別している．すなわち，地盤内の間隙水圧は次のように考えられる．

$$u = u_s + u_e \tag{5.5}$$

ここに，u_s は静水圧，u_e は過剰間隙水圧．

このように土の内部に間隙水が存在する場合，外力の作用によって発生する垂直応力を土粒子骨格と間隙水のそれぞれが分担して受け持つ．すなわち，垂直応力に関して次の関係がなりたつ．

$$\sigma = \sigma' + u \tag{5.6}$$

ここに，σ' は土粒子骨格に直接作用する垂直応力で有効応力 (effective stress) とよばれる．これに対して，σ は全応力 (total stress) とよばれる．土の変形や破壊は有効応力によって決まるが，その有効応力は間隙水圧によって変化する．したがって，外力の作用によって引き起こされる間隙水圧の変化を知ることは地盤の変形や破壊を予測するうえで非常に重要である．

間隙水圧の変化は土（間隙）の体積変化に関係する．すなわち間隙が圧縮される場合

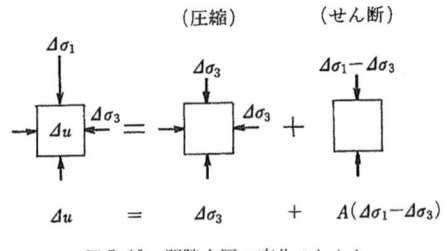

図5.10 間隙水圧の変化のしかた

表5.1 破壊時の間隙圧係数 A (Skempton, 1954)

飽和粘土	
ごく鋭敏なもの	1.5~3.0
正規圧密粘土	0.7~1.3
過圧密粘土	0.3~0.7
ごく過圧密された粘土	−0.5~0
飽和シルト（中位の密度）	0~0.5
細砂（ごくゆるい）	1~5

には間隙水圧は上昇し，間隙が膨張しようとする場合には間隙水圧は減少する．そこで，スケンプトン(Skempton)は，土に応力が作用したときの間隙水圧の変化を次のように表した(図5.10)．

$$\Delta u = B[\Delta\sigma_3 + A(\Delta\sigma_1 - \Delta\sigma_3)] \tag{5.7}$$

ここに，$\Delta\sigma_1, \Delta\sigma_3$ は最大，最小主応力(全応力)の変化，Δu は間隙水圧の変化である．また，A, B はスケンプトンの間隙圧係数とよばれる．(5.7)式の右辺 [ ] 内の第1項は等方的な圧縮によって生じる間隙水圧の変化，第2項はダイレイタンシーによって生じる間隙水圧の変化を表している．これは，主応力差の変化 $\Delta\sigma_1 - \Delta\sigma_3$ によってせん断応力が変化するからである((5.1)式参照)．A は土のダイレイタンシー特性を表す係数で，土の種類や状態によって異なり，また，一定値ではなくせん断にともなって変化する．表5.1はいくつかの土の破壊時の A の値を示したものである．係数 B は間隙の飽和度に関係する係数で，飽和土の場合には $B=1$，不飽和土では $0 \leq B < 1$ の値をとる．

なお，$\Delta\sigma_1, \Delta\sigma_2, \Delta\sigma_3$ なる三次元的な応力変化に対しては，ヘンケル(Henkel)が次式を与えている．

$$\Delta u = B\left[\frac{1}{3}(\Delta\sigma_1 + \Delta\sigma_2 + \Delta\sigma_3) + a\sqrt{(\Delta\sigma_1 - \Delta\sigma_2)^2 + (\Delta\sigma_2 - \Delta\sigma_3)^2 + (\Delta\sigma_3 - \Delta\sigma_1)^2}\right] \tag{5.8}$$

ここに，a はヘンケルの間隙圧係数とよばれ，スケンプトンの間隙圧係数と，$A = \sqrt{2}a + 1/3$ の関係がある．

5.2 地盤の破壊と土のせん断強さ

a. 土の破壊とモール-クーロンの破壊基準

土のせん断破壊は，土中のある面におけるせん断応力が限界値に達したときその面がすべり面となって生じると考えられている．このすべり面におけるせん断応力の限界値をせん断強さ (shear strength) とよぶ(図5.11(a))．土のせん断強さ τ_f はすべり面に作

5.2 地盤の破壊と土のせん断強さ

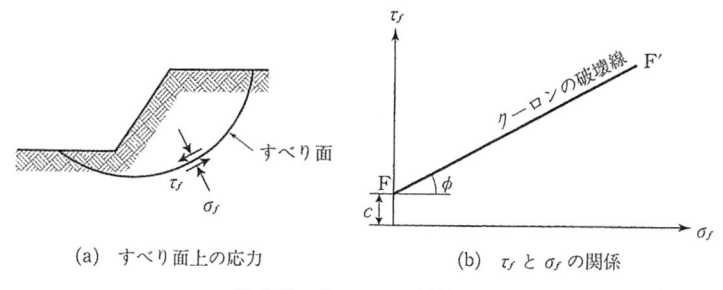

(a) すべり面上の応力

(b) τ_f と σ_f の関係

図 5.11 クーロンの破壊基準

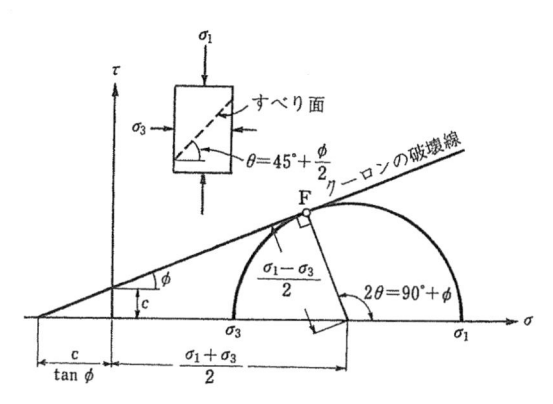

図 5.12 破壊時のモールの応力円

用する垂直応力に関係し，その関係をクーロン (Coulomb) は次のように表した．

$$\tau_f = c + \sigma_f \tan \phi \tag{5.9}$$

これをクーロンの破壊基準という．クーロンの破壊基準を図で示すと，図 5.11 (b) の直線 FF′ のように表され，この直線を破壊線 (failure line) とよぶ．(5.9) 式の c は破壊線の切片を表しており粘着力 (cohesion) とよばれる．また，ϕ は破壊線の傾角であり，せん断抵抗角 (angle of shear resistance) あるいは内部摩擦角 (angle of internal friction) とよばれる．なお，(5.9) 式およびこれ以降において，下添字 f は破壊時の値であることを意味する．

一方，モール (Mohr) は，物体の破壊は主応力の組合せによって決まると考えた．そこで，図 5.12 に示すように，土に主応力 σ_1, σ_3 を加えて圧縮する場合を考えよう．たとえば，σ_3 を一定にしたままで σ_1 を増加させると，モールの応力円は次第に大きくなり，ついには破壊線に接する．このとき，接点 F の応力は最大主応力面と $45° + \phi/2$ の角をなす面上の応力を表しているが，この面上の応力はクーロンの破壊基準の式 (5.9)

を満たしているから，この面がすべり面となって土が破壊することになる．この破壊時の主応力の関係は図5.12より次のように表される．

$$\frac{\sigma_{1f}-\sigma_{3f}}{2}=c\cos\phi+\frac{\sigma_{1f}+\sigma_{3f}}{2}\sin\phi \tag{5.10}$$

(5.10)式はクーロンの破壊基準の式(5.9)を主応力で表したものであるから，これらを合わせてモール-クーロンの破壊規準(Mohr-Coulomb's failure criterion)とよんでいる．

先に述べたように，土の変形や破壊は有効応力によって決まる．したがって，間隙水圧が存在する場合には，クーロンの破壊基準の式(5.9)は有効応力を用いて次のように表される．

$$\tau_f=c'+\sigma'_f\tan\phi' \tag{5.11}$$

ここに，c', ϕ'は有効応力に関する粘着力とせん断抵抗角とよばれる．また，(5.10)式も同様に有効応力 σ'_{1f}, σ'_{3f} で表される．

b. 地盤の排水条件と載荷にともなう有効応力の変化

外力の作用によって地盤内に過剰間隙水圧が発生するが，時間の経過とともに消散減少して，最終的にはゼロとなる．そして間隙水圧の変化とともに有効応力も時間的に変化する．過剰間隙水圧の発生や消散のしかたは土の種類や状態によって異なるが，一般には，土の透水性によって，排水状態(drained condition)と非排水状態(undrained condition)に分けて考えることが多い．砂質土のように透水性の高い土では，発生した過剰間隙水圧は排水によってすぐに消散してゼロとなる．砂質土ではこのような排水状態での土の特性が問題となる．一方，粘土のように透水性の低い土では排水に時間がかかるため，発生した過剰間隙水圧は容易に消散しない．過剰間隙水圧が消散するのに要する時間は，地盤に構造物を築造する時間に比べてはるかに長いのが普通であり，したがって，構造物を築造中あるいは築造直後の粘性土地盤においては，非排水状態での土の特性が問題となる．

さて，ここでは，飽和した地盤に外力が作用するとき，地盤内の有効応力が排水条件によってどのように変化するか考えよう．いま，飽和した地盤に外力が作用して，ついには図5.13(a)に示すようなすべり面に沿って破壊が生じたとする．このとき，すべり面上の点Aの応力の変化を模式的に表すと図5.13(b)に示すようになる．自然の地盤内の土要素には自重による応力(初期応力)が作用しており，外力が作用する前の全応力と有効応力は点IとI'のようになる．点Aではすべり面が水平なので，せん断応力はゼロである．また，地下水位以下では静水圧が存在しているため，垂直有効応力は静水圧分だけ垂直全応力より小さい．

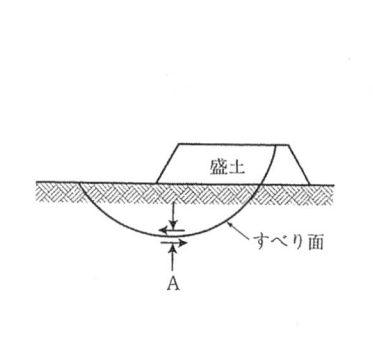

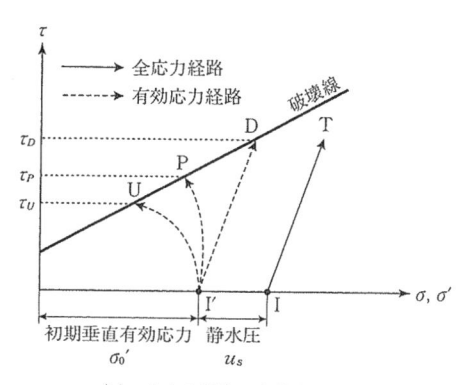

(a) 盛土時の破壊

(b) 全応力経路と有効応力経路

図 5.13 排水条件による有効応力経路の違い(盛土の場合)

外力の作用によって垂直応力とせん断応力が増加すると，点 A の全応力は I→T のように変化する．ここで，図の I→T のように応力の変化を表す経路を応力経路 (stress path) とよぶ．さて，排水状態の地盤では発生した過剰間隙水圧はすぐに消散してゼロとなるので，間隙水圧は静水圧だけである．したがって，排水状態では常に，垂直有効応力＝(垂直全応力−静水圧) となるので，有効経路は I′→D のようになる．一方，非排水状態の地盤において，全応力の変化によって発生する過剰間隙水圧は，スケンプトンの式と同様に，

$$\Delta u = \Delta \sigma + \alpha \Delta \tau \tag{5.12}$$

と表される．ここに，α はスケンプトンの間隙圧係数 A に相当する係数である．この式を用いると，非排水状態での有効応力の変化は，

$$\Delta \sigma' = \Delta \sigma - \Delta u = -\alpha \Delta \tau \tag{5.13}$$

で与えられるから，載荷後の有効応力は，

$$\sigma' = \sigma'_0 + \Delta \sigma' = \sigma'_0 - \alpha \Delta \tau \tag{5.14}$$

となる．ここで，σ'_0 は初期の垂直有効応力である．したがって，非排水状態での有効応力の変化は I′→U のように表される．ここで，有効応力経路が曲線となるのは，間隙圧係数 α がせん断とともに変化するためである．また，透水性がある程度高い地盤では，過剰間隙水圧が部分的に消散した状態(部分排水状態)でせん断されるため，I′→P のような経路となる．

c. 土の非排水強さと排水強さ

地盤に外力が作用するとき，排水条件の違いによってそれぞれ図 5.13(b) に示すよ

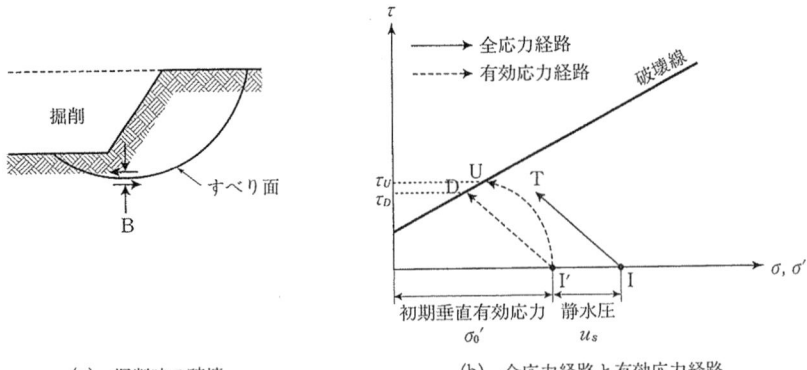

(a) 掘削時の破壊　　　　(b) 全応力経路と有効応力経路

図5.14 排水条件による有効応力経路の違い(掘削の場合)

うな経路をたどって有効応力が変化する．そして有効応力経路がクーロンの破壊線に到達すればその時点で土が破壊することになる．つまり図5.13(b)において，クーロンの破壊線上の各点D, P, Uにおけるせん断応力，τ_D, τ_P, τ_U がそれぞれ排水状態，部分排水状態，非排水状態におけるせん断強さである．図5.13の例は，地盤上に盛土などの構造物を築造する場合で，このような場合には，

$$\tau_D (排水強さ) > \tau_P (部分排水強さ) > \tau_U (非排水強さ) \tag{5.15}$$

の関係になる．

一方，地盤を掘削するような場合を考えよう(図5.14(a))．この場合は垂直応力が減少するので，全応力経路は図5.14(b)のI→Tのようになる．このとき，排水状態の有効応力経路はI′→Dである．これに対して，非排水状態での有効応力経路は盛土の場合(図5.13(b))と同じI′→Uとなる．これは，(5.14)式からわかるように，有効応力の変化が掘削や盛土といったσの変化の違いに全く関係しないからである．つまり，非排水状態では，σの変化はすべて間隙水圧が受け持つ．したがって，過剰間隙水圧の発生のしかたは，盛土のように地盤が圧縮される場合は正，掘削のように地盤が膨張しようとする場合は負と，全く逆であることに留意する．

部分排水状態の有効応力経路は図に示していないが，排水状態と非排水状態の有効応力経路の間にある．したがって，掘削の場合は，

$$\tau_U (非排水強さ) > \tau_P (部分排水強さ) > \tau_D (排水強さ) \tag{5.16}$$

の順になる．このように，外力の作用のしかたや地盤の排水条件によって，強度の大小関係が異なるので設計段階でどの強度を用いるか的確に判断する必要がある．砂地盤のように透水性の高い地盤の解析には排水強さが用いられる．ただし，排水強さは外力の

作用のしかたによって変化するので，破壊時の有効垂直応力を用いて，

$$\tau_d = c_d + \sigma'_f \tan \phi_d \tag{5.17}$$

で求める．ここに，c_d, ϕ_d は排水状態における粘着力とせん断抵抗角である．このように，排水状態での解析や設計には強度定数 c, ϕ が用いられるので $c\text{-}\phi$ 法とよばれることもある．

粘性土地盤のように透水性の低い地盤では，過剰間隙水圧の発生のしかたや消散の程度によって排水強さと非排水強さのうち小さいほうを用いる．たとえば，地盤に盛土する場合（図5.13の例）は築造中から築造直後にかけての非排水状態が最も危険で，その解析には非排水強さが用いられる．これを短期安定問題とよぶ．また後述のように，非排水状態では全応力表示の ϕ がゼロとなるので，非排水状態の地盤の解析や設計は $\phi=0$ 法とよばれることがある．

一方，地盤を掘削する場合など（図5.14の例）では排水状態のほうが危険である．つまり，掘削のように負の間隙水圧が発生する場合は，時間の経過とともに吸水膨張して強度が低下するので，長期間経過後の地盤の安定を検討する必要がある．これを長期安定問題とよび，その解析では排水強さを考えなければならない．

5.3 土のせん断試験

a. 直接せん断試験と圧縮試験

土の変形特性やせん断強さを求めるためのせん断試験には，せん断応力の加え方によって図5.15に示す2通りの形式がある．1つは，土試料に直接せん断応力を加える方法で，この形式の試験を直接せん断試験 (direct shear test) とよぶ．この試験の代表

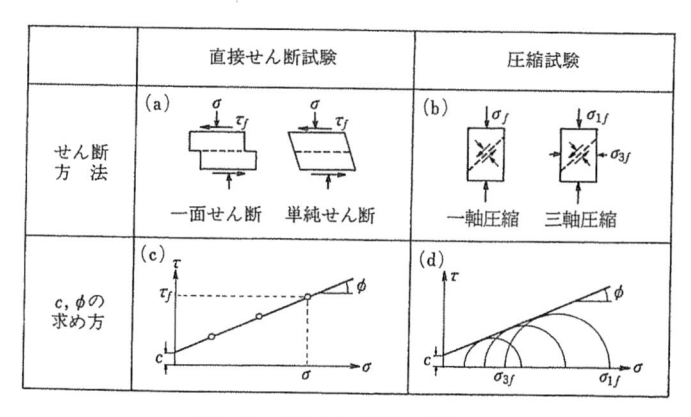

	直接せん断試験	圧縮試験
せん断方法	(a) 一面せん断　単純せん断	(b) 一軸圧縮　三軸圧縮
c, ϕ の求め方	(c)	(d)

図5.15 直接せん断試験と圧縮試験

的なものに一面せん断試験がある．もう一つの方法は，大きさの異なる主応力を加えて土を圧縮する方法で，その主応力差 ($\sigma_1-\sigma_3$) によって土の内部にせん断応力を発生させる．この形式の試験を圧縮試験 (compression test) とよび，その代表的なものに三軸圧縮試験と一軸圧縮試験がある．

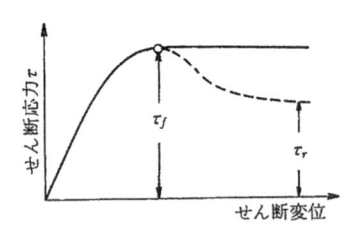

図 5.16　土の応力-ひずみ関係とせん断強さ

　直接せん断試験におけるせん断応力とせん断変位の関係は図 5.16 のようになり，せん断応力がある値になるとせん断変位が急激に増加して土が破壊する．せん断応力は破壊時において最大値を示したのち，ほぼ一定となるかあるいは図の点線のように低下してほぼ一定値に落ち着く．このせん断応力の最大値 τ_f をピーク強さ，低下して落ち着いたときの値 τ_r を残留強さとよび，通常はピーク強さをせん断強さとする．また，圧縮試験では通常主応力差が最大となる点をもって破壊と定義する．

　直接せん断試験では，垂直応力を変えていくつかの試験を行い，せん断強さを垂直応力に対してプロットすれば，それらの点を通る直線の切片と傾きから c, ϕ を求めることができる（図 5.15 (c)）．一方，5.2 節 a で述べたように，圧縮試験における破壊時のモールの応力円は破壊線に接するから，破壊時のモールの応力円をいくつか求めれば，それらの共通接線を破壊線として，その切片と傾きから c, ϕ を求めることができる（図 5.15 (d)）．

　〔例題 5.3〕　直接せん断試験を行い，垂直応力 σ とそのときのせん断強さ τ_f について表 5.2 のような結果を得た．この土の c, ϕ を求めよ．また，$\sigma=100\,\mathrm{kN/m^2}$ であるとき，破壊時の最大，最小主応力と主応力面の方向を求めよ．

表 5.2　（単位：$\mathrm{kN/m^2}$）

σ	τ
50	44
100	77
150	112
200	145

　〔解〕　表 5.2 の結果を図 5.17 のようにプロットし，これらの点を通る直線を引けば，$c=10\,\mathrm{kN/m^2}$，$\phi=34°$ を得る．

　$\sigma=100\,\mathrm{kN/m^2}$ とすると，破壊時のモールの応力円は図の点 A で破壊線に接する．この応力円より，$\sigma_1=246\,\mathrm{kN/m^2}$，$\sigma_3=59\,\mathrm{kN/m^2}$ を読み取ることができる．また，最

図5.17

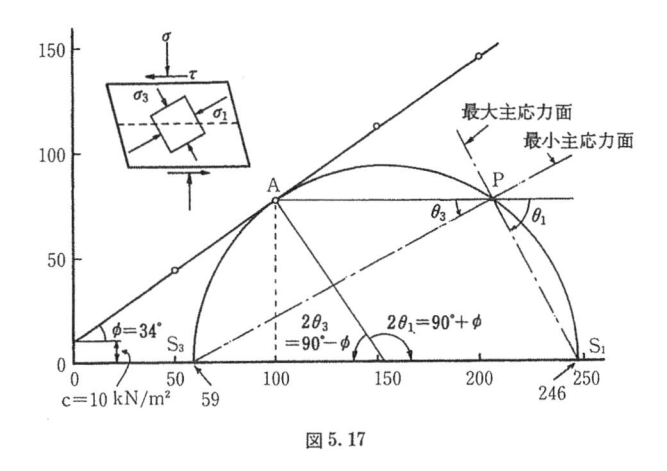

大主応力面は水平面（すべり面）から時計回りに $\theta_1=45°+\phi/2=62°$，最小主応力面は反時計回りに $\theta_3=45°-\phi/2=28°$ の角をなす．

最大，最小主応力面の方向を直接求めるには極を利用するのが便利である（例題5.2参照）．点Aは水平面上の応力を表しているから，Aから水平線を引けば，応力円との交点Pが極となり，最大，最小主応力面の方向は，それぞれ図の直線 PS_1, PS_3 の方向で示される．

b. せん断試験における排水条件

5.2節cで述べたように，飽和土では排水のしかたによって土のせん断強さが異なるため，飽和土のせん断試験においては試験中の排水の制御が重要となる．ここでは三軸圧縮試験の場合を例に，せん断試験における排水条件について考えよう．

三軸圧縮試験では，図5.18に示すように，土に水圧を介して等方的な応力 σ_3 を加えて圧縮したのち，載荷軸を介して鉛直方向にさらに応力を加えてせん断する．直接せん断試験においても最初に垂直応力を加えて圧縮したのち，せん断応力を加えてせん断する．このように，せん断試験は圧縮過程とせん断過程の2段階で行われるが，それぞれの過程における排水の制御によって以下のような試験法が考えられている．

1) **圧密排水せん断試験** (consolidated-drained test，略号CD試験)

この試験は排水強さを求めるための試験で，圧縮過程，せん断過程とも間隙水圧が発生しないよう完全な排水状態で行われる．圧縮過程で側圧 σ_3 を変えて実験を行うと，図5.19に示すように，破壊時の応力円がいくつか得られる．この試験では，間隙水圧はつねにゼロであるから，破壊時の有効応力円は全応力円に等しい．これらの応力円に

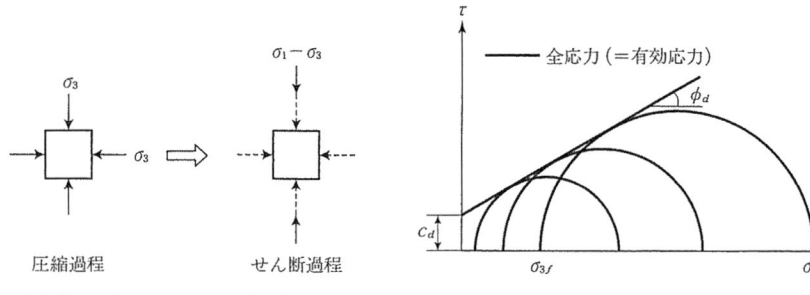

図 5.18 三軸圧縮試験における載荷過程

図 5.19 圧密排水試験の結果

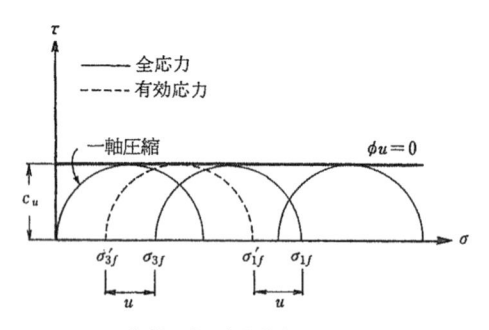

図 5.20 非圧密非排水試験の結果

接するように引いた破壊線から，排水状態における強度定数 c_d, ϕ_d が求められる．この試験は主として砂質土を対象として行われる．

2) **非圧密非排水せん断試験** (unconsolidated-undrained test，略号 UU 試験)

この試験は非排水強さを求めるための試験で，圧縮過程，せん断過程とも非排水状態で行うものである．5.2 節 c で述べたように，非排水状態では，全応力の変化に無関係に，有効応力経路および非排水強さは唯一に決まる．つまり，地盤から採取した土試料を完全に非排水の状態でせん断すれば，採取から試験に至るまでの応力変化にかかわらず，地盤での非排水強さがそのまま得られることになる．

三軸圧縮試験で，c, ϕ を求めるために側圧 σ_3 を変えていくつか実験を行ったときの結果は図 5.20 に示すようになる．側圧 σ_3 を変えることにより，破壊時の全応力円はいくつか得られるが，それらの大きさはすべて等しくなる．なぜならば，破壊時の有効応力円はただ 1 つであり，全応力円は発生した間隙水圧分だけ有効応力円を平行移動させたものとなっているからである．この全応力に関する破壊線から求められる c, ϕ を c_u，ϕ_u とすれば，クーロンの破壊基準は，

5.3 土のせん断試験

$$\tau_u = c_u + \sigma_f \tan \phi_u \tag{5.18}$$

と表されるが，図より $\phi_u=0$ であるから，非排水状態でのせん断強さは c_u に等しい．このことから，土の非排水強さを c_u で表記することが多い．また，非排水強さは破壊時の主応力差の半分，

$$c_u = \frac{1}{2}(\sigma_{1f} - \sigma_{3f}) \tag{5.19}$$

で求められる．

3) **圧密非排水せん断試験** (consolidated-undrained test, 略号 CU 試験, $\overline{\text{CU}}$ 試験)

この試験は，圧縮過程を排水状態，せん断過程を非排水状態で行うものである．圧縮過程で試料は圧密されるので，圧密による非排水強さの増加や有効応力に関する強度定数 c', ϕ' を求めることができる．

図 5.21 は側圧 σ_3 を 2 通りに変えて試験を行ったときの結果を示したものである．圧縮過程で側圧 σ_3 を変えて圧密すると，それぞれの σ_3 に応じて図のⅠ，Ⅱのように大きさの異なる破壊時の全応力円が得られる．破壊時の主応力差 $(\sigma_{1f}-\sigma_{3f})$ の1/2 として非排水強さを求めれば，圧密応力 σ_3 と非排水強さの関係を求めることができる．また，せん断過程で発生する間隙水圧の測定を行えば，Ⅰ′，Ⅱ′のように破壊時の有効応力円を描くことができ，その共通接線から，有効応力に関する強度定数 c', ϕ' を求めることができる (図 5.21)．このように，間隙水圧を測定しながら行う試験を $\overline{\text{CU}}$ 試験とよぶ．

このように，試験中の排水条件によって得られる強度定数が異なるため，地盤の状態，構造物の築造条件などに合わせて適切な試験法，強度定数を選ぶことが重要である．砂質地盤の設計や解析には CD 試験から得られる c_d, ϕ_d が用いられる．粘性土地盤の短期安定解析には UU 試験あるいは CU 試験から得られる非排水強さ c_u を用いる．また，$\overline{\text{CU}}$ 試験によって求められる c_u と圧密応力の関係は，地盤内のいろいろな

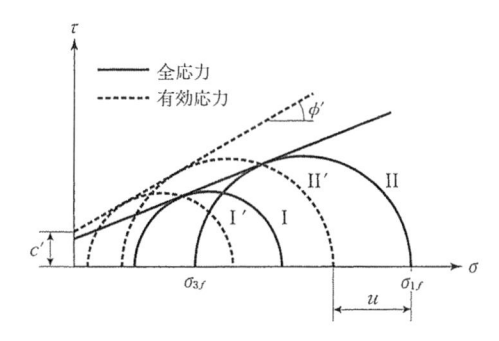

図 5.21 圧密非排水試験の結果

深さにおける非排水強さを推測する場合や，段階施工などにおいて施工中の圧密による強度の増加を予測する場合に利用される．また粘性土地盤の長期安定問題には排水強さが用いられるが，粘性土の排水試験には長い時間を要するので，$\overline{CU}$ 試験から得られる c', ϕ' が用いられる．

〔例題 5.4〕 飽和した正規圧密粘土を用いて $\overline{CU}$ 試験を行い，表 5.3 のような結果を得た．この粘土の有効応力に関する強度定数 c', ϕ' および非排水強さ c_u と圧密応力 σ_3 の関係を調べよ．

表 5.3 (単位：kN/m²)

圧密圧力 $\sigma_c(=\sigma_3)$	最大主応力差 $(\sigma_1-\sigma_3)_f$	間隙水圧 u
100	76.5	68.0
200	153.9	135.5
300	233.0	202.5

〔解〕 破壊時の全応力と有効応力は表 5.4 のようになり，全応力と有効応力に関するモールの応力円は図 5.22 のように表される．有効応力円に接する直線 ① を引けば，$c'=0$ kN/m², $\phi'=33°$ と求められる．

表 5.4 (単位：kN/m²)

$\sigma_{3f}(=\sigma_c)$	σ_{1f}	σ'_{3f}	σ'_{1f}
100	176.5	32.0	108.5
200	353.9	64.5	218.4
200	533.0	97.5	330.5

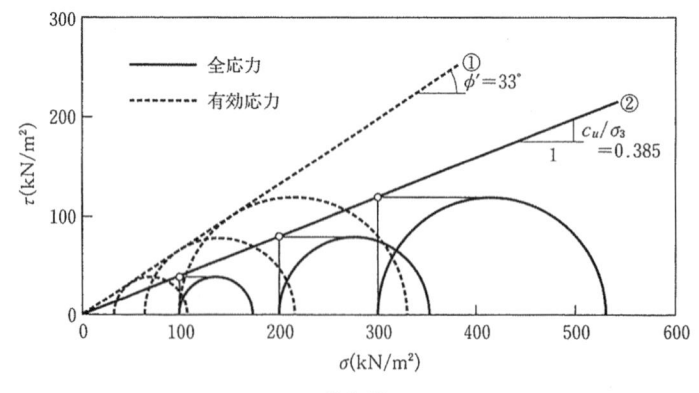

図 5.22

非排水強さ $c_u=(\sigma_1-\sigma_3)_f/2$ を σ_3 に対してプロットすれば，図の直線②のようになる．すなわち，$c'=0$ のとき c_u は σ_3 に比例し，その比 c_u/σ_3 は一定値となる．この例では，$c_u/\sigma_3=0.385$ である．

c. せん断試験機

1) 一面せん断試験 (shear box test)

直接せん断試験のなかで，取扱いの容易さから最もよく用いられているのが一面せん断試験である．この試験は，図5.23に示すように，上下に分かれたせん断箱に試料を入れ，垂直力 N を加えて試料を圧密したのち，水平方向にせん断力 T を加えせん断す

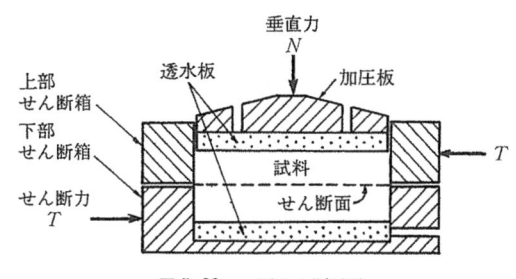

図5.23 一面せん断試験

表5.5 従来型の試験機における試験方法

試験の種類	試験方法
非圧密急速試験 (Q 試験)	試料に垂直応力を加えたあとすぐに，急速でせん断する(せん断速度1~2 mm/min)．UU 試験に近い．
圧密急速試験 (Q_c 試験)	試料に垂直応力を加えて圧密したあと，急速でせん断する(せん断速度1~2 mm/min)．CU 試験に近い．
緩速試験 (S 試験)	試料に垂直応力を加えて圧密したあと，ゆっくりせん断する(せん断速度0.05 mm/min 以下)．CD 試験に相当．

表5.6 改良型の試験機における試験方法

試験の種類	試験方法
圧密定体積せん断試験 (一面 CU 試験)	試料に垂直応力を加えて圧密したあと，試料の体積が変化しないよう垂直応力を制御しながらせん断する．間隙の体積変化がないから水の出入りがなく(非排水)，また間隙水圧も発生しない．したがって，せん断中の垂直応力は有効応力に等しい．
圧密定圧せん断試験 (一面 CD 試験)	試料に垂直応力を加えて圧密したあと，垂直応力を一定にしてせん断する．せん断時に体積変化とともに排水が生じる．

るものである．このとき，すべり面上の応力は，次式によって直接求めることができる．

$$\tau = \frac{T}{A}, \quad \sigma = \frac{N}{A} \tag{5.20}$$

ここに，A は試料の断面積である．試料は直径6cm，厚さ2cm前後の円板形のものが標準としてよく用いられる．せん断方法は通常，上下いずれかの箱を固定し，もう一方の箱を一定速度で移動させるひずみ制御 (strain control) で行われる．試験機には，垂直応力一定でせん断する従来型試験機と定体積せん断が可能な改良型試験機の2種類があり，排水の制御のしかたによって，それぞれ表5.5，表5.6のような試験の種類がある．

2) **三軸圧縮試験** (triaxial compression test)

三軸圧縮試験は円柱形の試料の上下面と側面に垂直応力を加えて圧縮するもので，圧縮試験の代表的なものである．実験に用いる試料は直径3.5cmあるいは5.0cm，高さは直径の1.8～2.5倍のものを標準とする．図5.24に示すように，試料を圧力室とよばれる円筒形の容器の中にセットし，薄いゴム膜で包む．圧力室を水で満たし，液圧または空気圧によって圧力室内の水に圧力を加えると，試料はすべての方向から等しい垂直応力 σ_3 を受ける．その後，圧力室内の水圧 (σ_3) を一定にしたままで，試料の上部にピストンを介して垂直力を加える．この垂直力を試料の断面積で割った値は主応力差 ($\sigma_1 - \sigma_3$) となる．せん断試験は，試料を一定速度で圧縮するひずみ制御式あるいは垂直力を一定速度で増加させる応力制御式で行われる．

排水の制御のしかたによって先に述べた UU，CU ($\overline{\text{CU}}$)，CD の各試験があり，非排

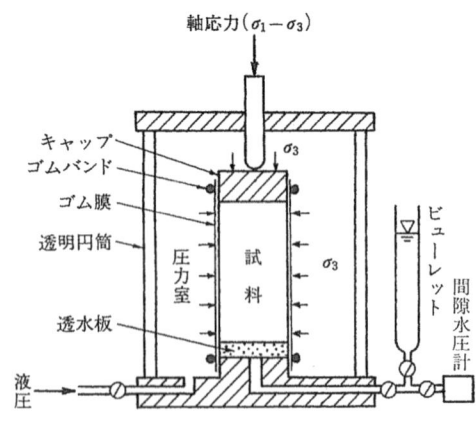

図 5.24 三軸圧縮試験

水試験で発生する間隙水圧や排水試験における試料の体積変化は外部の間隙水圧計やビューレットによって測定される．なお，試料を完全な飽和状態に保つために，その試料が地盤内で受けていた程度の間隙水圧を外部から与えることもある．これを背圧(back pressure)という．三軸圧縮試験は，試料全体としてほぼ一様な変形が生じるので，土の応力-ひずみ関係を調べるのに適している．

3) **一軸圧縮試験** (unconfined compression test)

この試験は，三軸試験と同様の円柱形試料に鉛直方向の垂直応力を加えて圧縮するものである．一軸圧縮試験は，三軸圧縮試験の側圧 (σ_3) がゼロの場合に相当し，側圧を与えなくても試料の形がくずれない粘性土にかぎって適用される．また，土を非排水に近い状態に保つため，1%/min のひずみ速度で急速せん断が行われる．一軸圧縮試験は，採取した試料を圧密しないでそのまま急速でせん断するため，UU 試験の一種と考えることができる．

圧縮応力の最大値を一軸圧縮強さとよび q_u で表す．破壊時に作用している主応力は，$\sigma_1=q_u$, $\sigma_3=0$ であるから，破壊時のモールの応力円は図 5.20 に示すように原点を通る円となる．一軸圧縮試験では応力円が 1 つしか得られないので，三軸圧縮試験のように c, ϕ を求めることができない．しかし，

$$c_u = q_u/2 \tag{5.21}$$

として土の非排水強さ c_u を求めることができ，また試験が簡単であることから，一軸圧縮試験は広く用いられている．

一軸圧縮試験では，必要に応じて鋭敏比 (sensitivity ratio) を求めることが行われる．鋭敏比は，乱さない土の一軸圧縮強さ q_u とその土を練り返して乱した試料の一軸圧縮強さ q_{ur} を用いて次のように定義される．

$$S_t = q_u/q_{ur} \tag{5.22}$$

鋭敏比は乱れによる強度低下の程度を表す指標で，S_t が 4 以上の粘土を鋭敏な粘土とよび，特に綿毛構造をもつような粘土では鋭敏比が高くなる．また，北欧ではクイッククレイとよばれる鋭敏比が 100 を超えるような粘土も見られる．

4) **ベーンせん断試験** (vane shear test)

この試験は原位置で行われるせん断試験の代表的なもので，図 5.25 に示すような 4 枚の直交した羽根をつけた軸を地盤内に押し込み，羽根を回転させるに要する最大回転モーメントを測定する．ベーン試験は地盤の非排水強さを求める試験であり，非排水状態でせん断するために，通常は 0.1°/s の急速で羽根を回転させる．羽根の回転により，地盤内の土は円筒形の側面と上下の水平面でせん断されるが，この側面と上下面におけるせん断強さが

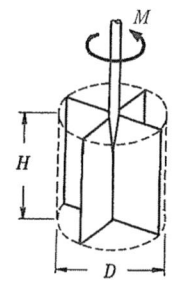

図 5.25 ベーン試験

等しいと仮定すれば，羽根の回転に要する最大回転モーメント $M_{\max}$ より，非排水強さが次のように求められる．

$$c_u = \frac{M_{\max}}{\pi\left(\dfrac{HD^2}{2} + \dfrac{D^3}{6}\right)} \tag{5.23}$$

ここに，H, D はベーンの高さと直径である．ベーン試験は，試料の採取や成形の困難な軟弱な粘性土地盤のせん断強さを求めるのに適している．

5.4 砂質土のせん断特性

砂質土の排水せん断特性

砂質土は透水性が高いので排水状態でのせん断特性が問題となる．地震時の液状化現象のように非排水状態でのせん断特性が問題となることもあるが，動的な問題であるので，9章において述べる．

図5.26は，密な状態とゆるい状態の砂の排水せん断試験の結果を示したものである．密な砂のせん断応力はひずみが比較的小さいうちにピークを示したのち低下する傾向を示す．ゆるい砂では，せん断応力はゆるやかに増加してピーク後の低下はあまり見られない．また，5.1節dで述べたように，せん断にともなって，密な砂では体積膨張，ゆるい砂では体積の収縮が生じる．

砂質土では粘着力 c_d はゼロと考えてよく，したがって，砂質土のせん断強さとしてはせん断抵抗角 ϕ_d が問題とされる．表5.7は砂の代表的なせん断抵抗角の値を示したものである．ϕ_d はインターロッキングとよばれる粒子のかみ合わせの程度や砂のダイレイタンシーの影響を受け，角ばった粒子で平均粒径が大きいほど，そして密な砂ほど

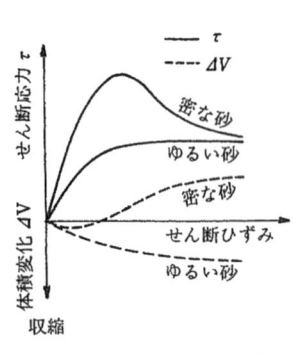

図5.26　砂の排水せん断試験結果

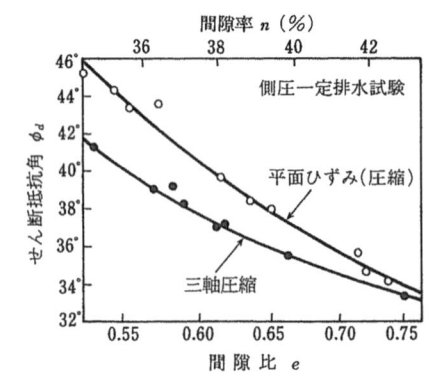

図5.27　砂の ϕ_d と間隙比の関係 (Cornforth, 1964)

表 5.7 砂質土の代表的な ϕ の値
(Terzaghi and Peck, 1969)

砂の種類	ゆるい	密な
砂, 丸い粒子, 一様な	27.5	34
砂, 角ばった粒子, 粒度分布のよい	33	45
砂質砂利	35	50
シルト質砂	27～33	30～34

表 5.8 a, b の値 (地盤調査法, 1995)

砂の種類	a	b
Dunham (1954)		
粒度が一様の丸い粒子	12	15
粒度分布のよい角ばった粒子	12	25
粒度分布がよく丸い粒子	12	20
粒土が一様で角ばった粒子		
大崎 (1959)		
東京周辺の砂質地盤	20	15
道路橋示方書	15	15

せん断抵抗角が大きくなる. また, 図 5.27 はせん断抵抗角とせん断前の初期間隙比の関係の一例であり, 初期間隙比が大きく (ゆるく) なるとともに, せん断抵抗角が小さくなることがわかる. なお, 乾燥した砂を一定量ずつ落下させると円錐形の山ができるが, その傾きは安息角とよばれ, ゆるい砂のせん断抵抗角にほぼ等しいといわれている. また, 図 5.27 には, 平面ひずみ状態 (5.1 節 b) で圧縮した場合の ϕ_d も示しているが, 図のように変形の拘束条件によっても ϕ_d の値は異なる.

砂地盤においては, 標準貫入試験の N 値を用いて砂のせん断抵抗角を推定することもしばしば行われ, たとえば次のような関係式が提案されている.

$$\phi_d = \sqrt{aN} + b \tag{5.24}$$

ここに, a, b は表 5.8 に示すような値が用いられる.

5.5 飽和粘性土のせん断特性

a. 飽和粘性土の非排水強さ

粘性土地盤では, 主として非排水強さが問題となるが, 自然粘土地盤の非排水強さは多くの要因の影響を受けるため, その特性をよく理解しておくことが重要である.

1) 圧密履歴の影響

図5.28は, 正規圧密粘土と強く過圧密された粘土の非排水試験 (CU試験) の結果を示したものである. 正規圧密粘土はせん断とともに体積収縮, 強く過圧密された粘土は体積膨張をしようとする傾向を示す. したがって非排水試験では, 正規圧密粘土で正, 強く過圧密された粘土で負の間隙水圧が発生する. このように粘土のダイレイタンシーは過圧密の程度に関係し, たとえば, スケンプトンの(5.7)式における間隙圧係数 A は過圧密比に対して図5.29のようになる.

図5.30(a)は粘土の圧密応力と間隙比の関係を示したもので, 図の点 a, b, c は正規

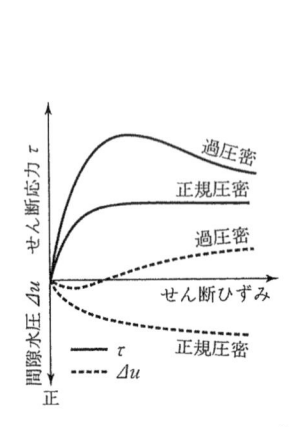

図5.28 粘土の非排水せん断試験結果 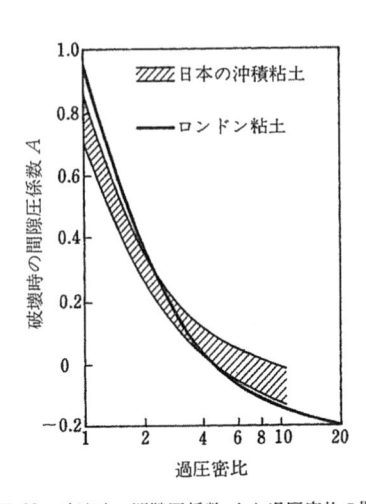　　図5.29 破壊時の間隙圧係数 A と過圧密比の関係

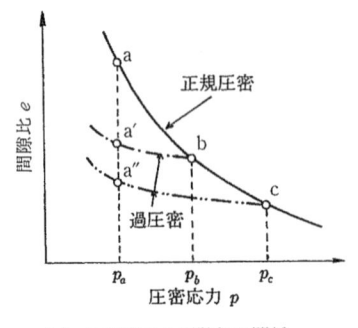

(a) 圧密応力と間隙比の関係　　(b) c_u と圧密応力の関係

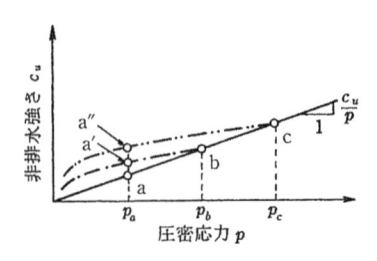

図5.30　過圧密粘土の非排水強さ

圧密状態，点 a′, a″ はそれぞれ点 b, c まで圧密したのち点 a と等しい応力まで吸水膨潤して過圧密状態にしたものである．このような圧密状態にある土の非排水強さを圧密応力に対してプロットすると図(b)のようになる．正規圧密粘土では，非排水強さは圧密応力に比例し，その比 c_u/p は一定値となる(例題5.4参照)．c_u/p は圧密による非排水強さの増加の程度を表すものであるから強度増加率とよばれることがある．

同じ圧密応力に対して，過圧密粘土の非排水強さは，正規圧密粘土より大きく，また過圧密比によって異なる．これは，図5.30(a)からわかるように，同じ圧密応力に対して，過圧密比の大きい粘土ほど間隙比が小さく密な構造となっているためである．したがって，過圧密粘土の c_u/p は過圧密比 OCR に関係し，一般に次のような関係がなりたつといわれている．

$$\left(\frac{c_u}{p}\right)_{OC} = \left(\frac{c_u}{p}\right)_{NC} OCR^m \tag{5.25}$$

ここに，$(c_u/p)_{OC}$，$(c_u/p)_{NC}$ はそれぞれ過圧密粘土と正規圧密粘土の c_u/p，OCR は過圧密比であり，m としては 0.8 前後の値が報告されている．

2) 非排水強さの異方性

自然地盤の土は一般に鉛直方向と水平方向の圧密応力が異なる，いわゆる異方圧密状態にある．自然地盤における水平方向の圧密応力 σ'_{h0} と鉛直方向の圧密応力 σ'_{v0} の比 $K_0 = \sigma'_{h0}/\sigma'_{v0}$ は土によって決まった値となり，この比を静止土圧係数 (coefficient of earth pressure at rest) とよぶ．K_0 の値は過圧密比によって変化するが，正規圧密地盤では一般に $K_0 = 0.4 \sim 0.8$ の範囲にあり，また，

$$K_0 = 1 - \sin \phi' \tag{5.26}$$

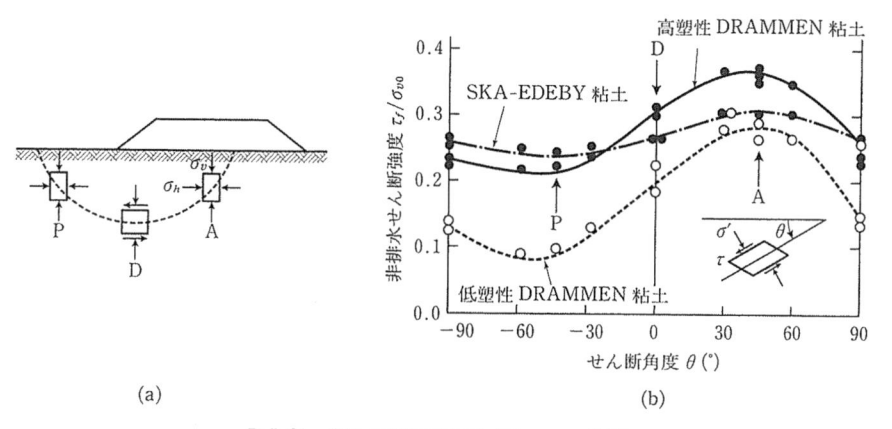

図 5.31　非排水強度の異方性 (Bjerrum, 1973)

の関係が近似的になりたつといわれている．

このように異方的な応力で圧密された粘土の非排水強さは，せん断方向（すべり面の方向）やせん断試験によって異なることが知られている．図5.31 はすべり面の向きと非排水強さの関係を示したものである．鉛直方向に圧縮されるすべり面上の点Aで c_u は最大，また水平方向に圧縮される点Pで c_u は最小となる．また点Dは一面せん断状態で，点A，Pの中間の値となる．このように土の強さがせん断方向によって異なる現象を強度異方性とよび，地盤の安定解析において問題となる．

3) 非排水強さの速度依存性

粘土の非排水強さはせん断速度によって変化する．図5.32 は日本の沖積粘土について三軸試験におけるひずみ速度の影響を示したもので，縦軸は通常の三軸UU試験あるいはCU試験で用いられているひずみ速度 1%/min のときの強度に対する強度比を表している．地盤が破壊するときのひずみ速度は室内試験に比べて遅く，0.01～0.001%/min 程度と考えられているので，原位置での強度は通常の試験で得られる強度より小さいと考えなければならない．

4) 時間経過にともなう強度低下

構造物の築造後，時間とともに強度が低下する場合がある．この典型的な例としては，大規模な掘削斜面での吸水膨張による強度低下とクリープ現象による強度低下があげられる．

掘削によって有効土被り圧が減少すると粘土は吸水膨張して過圧密状態になる．図5.33 は日本の港湾粘土について膨張前（c_{u1}）と膨張後（c_{un}）の c_u の比と過圧密比（掘削前後の有効土被り圧の比）の関係を求めたもので，かなりの強度低下が見られる．

非排水状態で一定荷重を長時間作用させておくと，変形の進行とともに間隙水圧が増加して，ついには破壊にいたることがある．この現象を非排水クリープとよぶ．図

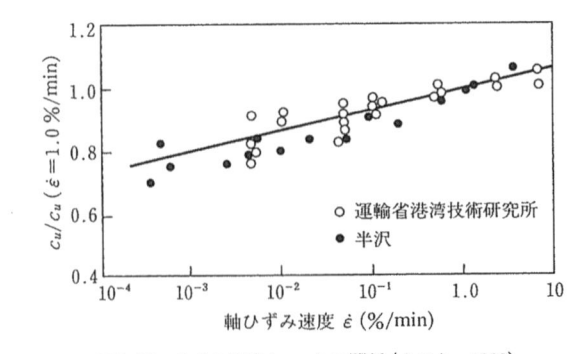

図5.32 ひずみ速度と c_u との関係（土田ら，1989）

5.34 はクリープ試験の結果から 10 分間で破壊したときの強度を基準にとって，破壊までの時間と強度の関係を示したものである．このクリープ破壊における時間効果はひずみ速度の影響と基本的に同じもので，図 5.32 の結果 (同図中の点線) で，仮に破壊時のひずみを 10% として破壊時間と強度の関係を求めると，図 5.34 の直線のようになりクリープ試験の結果とよく対応する．

いずれのケースにしても，時間とともに地盤の安全性が低下するため，長期間経過した時点での安定を検討しておくことが必要である．このようなケースでは c_u の低下を考慮した場合と排水状態での強度定数 (c', ϕ') を用いた場合を比較して危険側となる強度定数を用いればよい．

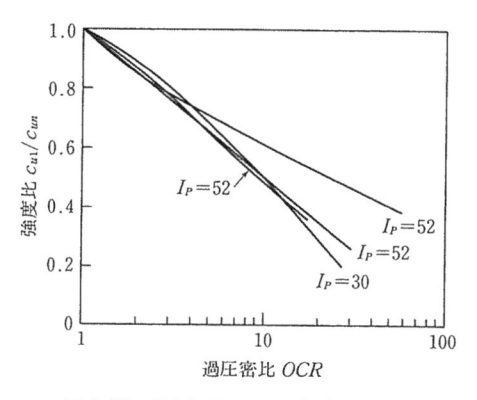

図 5.33 吸水膨張による強度低下
(中瀬ら (1969) の図に一部加筆)

b. 飽和粘性土の c, ϕ

粘性土地盤では，主として非排水強さが問題とされるが，長期安定問題などのように粘土の排水強さが問題となることもある．この場合，排水試験による強度定数 c_d, ϕ_d が必要となるが，粘土の場合，排水強さを CD 試験によって求めるには非常に長時間を

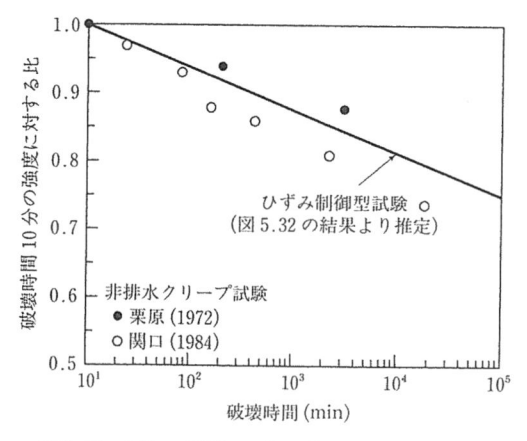

図 5.34 クリープ試験における破壊時間と強度の関係

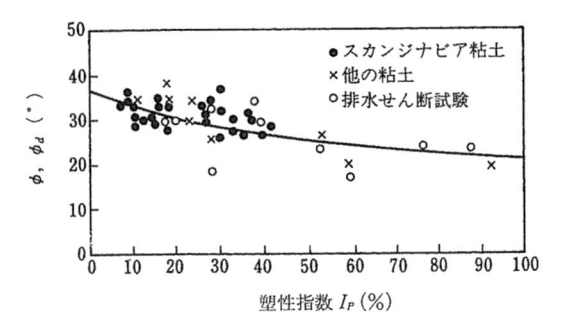

図 5.35 正規圧密粘土の ϕ', ϕ_d と塑性指数の関係 (Bjerrum ら, 1960)

要するので，CU 試験における c', ϕ' を用いるのが普通である．しかし土によっては，排水試験と非排水試験による強度定数が異なる場合があり，この相違は主に排水試験におけるダイレイタンシーの影響と考えられている．つまり，強く過圧密された粘土などの排水試験ではせん断応力の一部がダイレイタンシーによる体積膨張に費やされるからである．しかし，ダイレイタンシーの影響に関して補正すれば，ϕ_d の値は非排水試験における ϕ' の値に近くなるといわれている．図 5.35 は正規圧密粘性土の ϕ' と塑性指数との関係を示したもので，塑性指数が大きくなるとともにせん断抵抗角が小さくなる傾向が見られる．

演習問題

5.1 砂の三軸 CD 試験を行ったところ，$\sigma_3=100 \text{ kN/m}^2$ に対して $\sigma_1=300 \text{ kN/m}^2$ のとき破壊し，すべり面の方向は水平面と $\theta=60°$ をなしていた．このすべり面上の σ, τ を求めよ．また，この砂の c_d, ϕ_d はいくらか．

5.2 地盤内のある深さにおいて，鉛直面と水平面における応力成分が $\sigma_x=100 \text{ kN/m}^2$, $\sigma_z=200 \text{ kN/m}^2$, $\tau_{xz}=50 \text{ kN/m}^2$ であった．この点における最大・最小主応力と主応力面の方向を求めよ．

5.3 地盤内で $\sigma_o=200 \text{ kN/m}^2$ の等方的な応力を受けている飽和粘土があるとする．またこのときの有効応力は $\sigma'_o=100 \text{ kN/m}^2$ ($u_o=100 \text{ kN/m}^2$) であったとする．この粘土を乱さないように採取して三軸 UU, CU, CD の各試験を行った．以下の問に答えよ．ただし，この土の間隙圧係数 $B=1$ (飽和)，$A=0.5$ であるとする．

① 土の採取および試料作成中この土がつねに非排水状態に保たれていたとすれば，三軸圧縮試験を行う前に試料内部に発生している間隙水圧および有効応力を求めよ．

〔ヒント：試料を採取すれば，試料に作用する全応力は 0 となり，$\Delta\sigma_3=-\sigma_o$ の応力変化を受けることになる．〕

② この試料に，圧縮過程で $\Delta\sigma_3=200 \text{ kN/m}^2$，せん断過程で $\Delta\sigma_1-\Delta\sigma_3=100 \text{ kN/m}^2$ の応

力を加えるとき，UU, CU, CD のそれぞれの試験における圧縮後およびせん断後の有効応力を求めよ．

5.4 粘土地盤上に盛土を築造する．図5.13(a)の点Aにおいて，盛土前の垂直有効応力は σ'_0 =100 kN/m² であった．盛土築造により，$\Delta\tau$=1.5 $\Delta\sigma$ の応力変化があるとき，点Aにおける排水強度と非排水強度を求めよ．ただし，この土の $c'=0$, $\phi'=35°$ および (5.12) 式における間隙圧係数 $a=1.2$ とする．

5.5 粘土地盤に盛土する場合と掘削する場合において，地盤の安定計算にはどのせん断試験の結果を用いればよいか．〔ヒント：強度異方性を考慮する．〕

6. 土　　圧

6.1　概　　　説

　土と構造物の境界面，あるいは地盤の内部に作用する応力を総称して土圧とよび，前者を壁面土圧，後者を土中土圧という．土圧がよく問題となるのは，擁壁や地下壁の設計に際しての壁面付近の土が壁面に及ぼす土圧力と，その合力の作用位置である．この土圧は土の種類，構造，粒度，飽和度，締固めの程度などと，さらに壁体の変位のしかたによっても大きく変化する．このような複雑な要因が関係するので，土圧を正確に求めることははなはだ困難である．

　図 6.1 は壁体の変位と土圧の大きさの関係を示した説明図である．壁体が変位せず，背面の土が静止状態で平衡している場合の土圧を静止土圧 (earth pressure at rest) という．土を支える壁面がわずか外側に変位して，背面の土が横方向にゆるみ，ある限界に達すると背面の土塊が1つのすべり面に沿ってすべり落ちようとする．このとき土圧は最小値を示し，このときの土圧を主働土圧 (active earth pressure) という．主働という

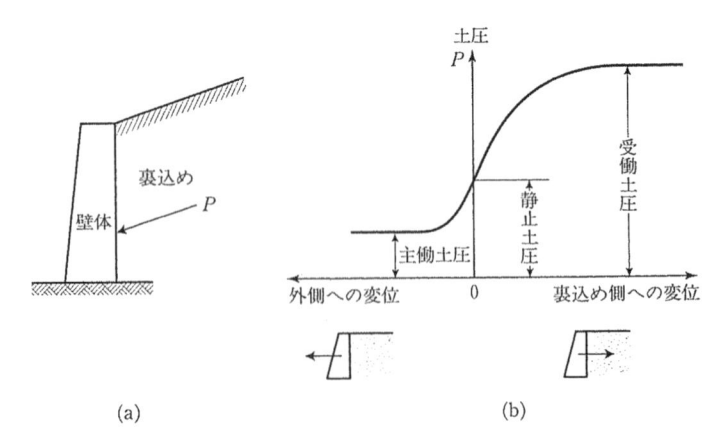

図 6.1　壁体の移動による土圧の変化

言葉は，地盤が主働的(active)に構造物を押すということからつけられた名称である．反対に壁面がなんらかの原因で地山側に変位して，背面の土が横方向に圧縮され，ある限界に達すると，背面の土塊が1つのすべり面に沿って，上方に抜け上がろうとする．このとき土圧は最大値を示し，このときの土圧を受働土圧(passive earth pressure)という．受働は，地盤が構造物に押されて受働的(passive)に抵抗することからつけられた．静止土圧は主働土圧と受働土圧の中間にある．

図6.1に示したように主働土圧，受働土圧は最終的には一定値に収れんしてくるが，このときの壁体の変位量は土質，壁体の高さなどによって変わってくる．一般に主働土圧が発揮される状態に対応する壁体変位は，受働土圧が発揮される場合に比べて相対的にかなり小さいことが知られている．

剛な壁に作用する主働土圧，受働土圧に関しては，壁体背面の土塊の限界釣合いに基づくクーロン土圧論，塑性理論に基づくランキン土圧論などの理論式による評価が一般的であるが，土留め壁のようなたわみ性の壁では土圧分布の形状や大きさが掘削の進行とともに変化するため，経験的に定めた土圧分布を用いて計算しているのが実情である．ただし，最近の計算技術と測定技術の進歩により，土や壁体の変形を考慮した土圧解析が可能となってきており，重要な構造物に対しては適用事例も増えてきている．

本章は，剛な壁体に対するランキン土圧およびクーロン土圧理論の理解を念頭において記述しており，土留め壁，矢板などのたわみ性の壁体や埋設管に作用する土圧など，実務面では重要な土圧問題については紹介していない．これらの点については他の成書を参照されたい．

6.2 ランキン土圧

1) 粘着力 $c=0$ の場合

ランキン(Rankine)は，19世紀にイギリスを中心に活躍した応用力学の大家である．重力だけが作用する半無限に広がった均質な地盤内の各点が塑性平衡状態にある場合の応力の条件から土圧を算定した．塑性平衡状態とは，土がまさに破壊しようとするときの状態で，モールの応力円が破壊線に接する状態をいう．

図6.2に示すように，半無限に広がる地盤内の深さ z における土要素の応力状態を考える．地盤の強度は内部摩擦角 ϕ のみによって表され，

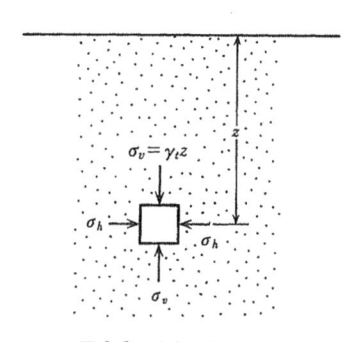

図6.2 地中の応力状態

粘着力 c をもたないものとする．土要素の鉛直応力 σ_v は

$$\sigma_v = \gamma_t \cdot z \tag{6.1}$$

である．ここに γ_t は土の単位体積重量である．σ_v はこの要素に鉛直方向に作用する主応力であり，また同様に水平に働く応力 σ_h も主応力であるが，その大きさは土の種類や状態(応力履歴など)によって異なる．

地盤が静止土圧状態にあるときの σ_v と σ_h の比

$$K_0 = \frac{\sigma_h}{\sigma_v} \tag{6.2}$$

を静止土圧係数とよぶ．図 6.3 に静止土圧状態に対応するモールの応力円 C_0 を示す．静止土圧状態における応力状態は，最大主応力 $\sigma_1 = \sigma_v$，最小主応力 $\sigma_3 = \sigma_h = K_0 \sigma_v$ を両端とするモールの応力円で表現できる．K_0 値を正確に求めることは困難であるが，正規圧密粘土地盤ではおおむね 0.5 前後，過圧密粘土地盤についてはそれより大きく，場合によっては 1 を超えることが知られている．K_0 値を概略でも求めたい場合は，ヤーキー(Jâkey)の式

$$K_0 = 1 - \sin \phi'$$

が用いられることが多い．ここに，ϕ'：有効応力に基づく内部摩擦角である．静止土圧状態では地盤は破壊していないので，図 6.3 に示すように，モールの応力円 C_0 は破壊線に接していない．

次に主働土圧状態を考えよう．主働土圧状態では地盤が塑性平衡状態にあるから，モールの応力円は破壊線に接しなければならない．このとき，モールの応力円の変化をみてみよう．最初は静止状態のモールの応力円 C_0 で表現され，その後図 6.1 に即して考えれば，壁体が外側に変位するに従い，水平方向の応力 $\sigma_h (= K_0 \sigma_v)$ は徐々に小さくなる．一方，σ_v は変化しないから結局図 6.3 の C_A の状態で破壊線と接することになる．

また受働土圧状態でも地盤は塑性平衡状態にあるから，同様にモールの応力円は破壊

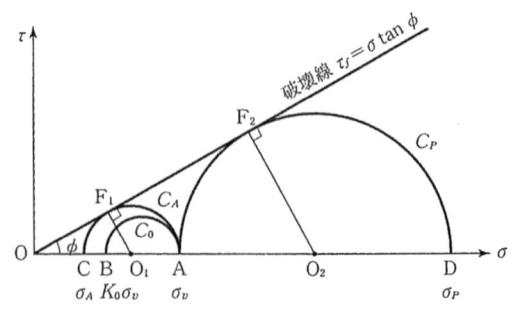

図 6.3 ランキンの主働・受働土圧状態とモールの応力円

線に接しなければならない．この場合，壁体が地盤を押し込んでいくに従い（図 6.1 参照），水平方向の応力 σ_h は徐々に大きくなるが，σ_v は変化しない．この間 σ_h はいったん σ_v に一致し（モールの応力円は一点 A で示される），さらに増大して結局図 6.3 の C_P の状態で破壊線に接することになる．

静止土圧状態では，地盤の応力-ひずみ関係をあらかじめ設定しない限り σ_h を特定することはできないが，主働，受働土圧状態ではモールの応力円が破壊線に接するという条件から，容易に主働土圧，受働土圧を算定することができる．

まず主働土圧状態に対応するモールの応力円 C_A について考えよう．主働状態に対応する塑性平衡時の水平方向主応力を $\sigma_h = \sigma_A$ とすると，図 6.3 における幾何学的条件

$$\overline{O_1O} = \frac{\sigma_v + \sigma_A}{2}, \quad \overline{O_1F_1} = \frac{\sigma_v - \sigma_A}{2}, \quad \overline{O_1F_1} = \overline{O_1O}\sin\phi$$

より

$$\frac{\sigma_v - \sigma_A}{2} = \frac{\sigma_v + \sigma_A}{2}\sin\phi \tag{6.3}$$

が得られる．ϕ はこの地盤の内部摩擦角である．また，O_1 は C_A の中心点，F_1 は C_A と破壊線の接点を表す．これより，鉛直方向主応力 σ_v に対する水平方向主応力 σ_A の比を K_A とし，これを主働土圧係数とよぶことにすれば，K_A は，

$$K_A = \frac{\sigma_A}{\sigma_v} = \frac{1 - \sin\phi}{1 + \sin\phi} = \tan^2\left(45° - \frac{\phi}{2}\right) \tag{6.4}$$

となる．(6.1)，(6.4) 式より，主働時の水平地中応力は

$$\sigma_A = \sigma_v K_A = \gamma_t z K_A = \gamma_t z \tan^2\left(45° - \frac{\phi}{2}\right) \tag{6.5}$$

となる．したがって，粘着力のない場合に地中に深さ H のなめらかな壁を想定すると，壁に作用する水平応力の分布は図 6.4 のようになる．これらの水平応力の合力が主働土圧となるから，(6.5) 式の水平応力 σ_A を深さ 0 から H まで積分することによって主働土圧 P_A を算定することができる．よって

$$P_A = \int_0^H \sigma_A dz = \frac{\gamma_t \cdot H^2}{2}\tan^2\left(45° - \frac{\phi}{2}\right)$$
$$= \frac{1}{2}\gamma_t H^2 K_A \tag{6.6}$$

となる．土質力学の教科書では，力は大文字，応力は小文字で表記することが一般的なので，ここでもこの表記法に従っている．P_A は力である．合力としての主働土圧 P_A の作用位置

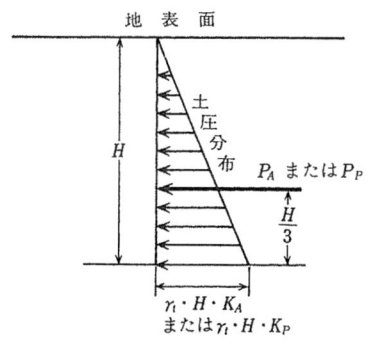

図 6.4 粘着力 $c=0$ の場合の水平方向土圧分布と合力の作用位置

は，合力が三角形分布の重心位置に作用することから，図6.4に示すように，想定している底面より $H/3$ の位置にある．

次にランキンの受働土圧について考えてみる．受働土圧状態に対応する塑性平衡時の水平方向主応力を $\sigma_h = \sigma_P$ とすると，図6.3のモールの応力円における次の幾何学的条件を考慮すれば，

$$\overline{O_2O} = \frac{\sigma_P + \sigma_v}{2}, \quad \overline{O_2F_2} = \frac{\sigma_P - \sigma_v}{2}, \quad \overline{O_2F_2} = \overline{O_2O}\sin\phi$$

容易に主応力と破壊条件間の次の関係式が得られる．

$$\frac{\sigma_P - \sigma_v}{2} = \frac{\sigma_P + \sigma_v}{2}\sin\phi \tag{6.7}$$

ここに，O_2 は C_P の中心点，F_2 は C_P と破壊線の接点を表す．主働の場合と同様，受働土圧係数を K_P と定義すれば次のようになる．

$$K_P = \frac{\sigma_P}{\sigma_v} = \frac{1+\sin\phi}{1-\sin\phi} = \tan^2\left(45° + \frac{\phi}{2}\right) \tag{6.8}$$

よって深さ z における受働土圧状態の水平方向主応力 σ_P は

$$\sigma_P = \sigma_v K_P = \gamma_t z K_P = \gamma_t z \tan^2\left(45° + \frac{\phi}{2}\right) \tag{6.9}$$

となる．主働土圧の場合と同様，地中に深さ H のなめらかな壁を想定すると，壁に作用する水平応力の分布は図6.4のようになる．(6.9)式の水平応力 σ_P を深さ0から H まで積分することによって受働土圧 P_P を算定することができる．よって

$$P_P = \int_0^H \sigma_P dz = \frac{\gamma_t \cdot H^2}{2}\tan^2\left(45° + \frac{\phi}{2}\right) = \frac{1}{2}\gamma_t H^2 K_P \tag{6.10}$$

となる．

2) 強度定数 c, ϕ を有する場合

地盤材料が強度定数として c, ϕ を有する場合も同様な手順でランキンの主働および受働土圧を求めることができる．

土が強度定数 c, ϕ をもつときは，上述の各式についてさらに粘着力 c の及ぼす影響を考慮しなければならない．水平な地表面をもつ半無限の地盤が塑性平衡状態にあるときのモールの応力円を図6.5に示した．図中の円 C_A, C_P はそれぞれ主働状態，受働状態のときのモールの応力円である．

図6.5における幾何学的な条件から，主働状態に対しては

$$\left(\frac{\sigma_A + \sigma_v}{2} + \frac{c}{\tan\phi}\right)\sin\phi = \frac{\sigma_v - \sigma_A}{2} \tag{6.11}$$

となることが容易にわかり，結局

$$\sigma_A = \sigma_v \cdot \tan^2\left(45° - \frac{\phi}{2}\right) - 2c\tan\left(45° - \frac{\phi}{2}\right) \tag{6.12}$$

6.2 ランキン土圧

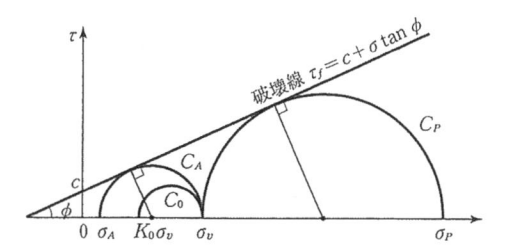

図6.5 強度定数 c, ϕ を有する場合のランキンの主働・受働土圧状態とモールの応力円

が得られる．受働土圧状態に対しても同様な手順により，結局

$$\sigma_P = \sigma_v \cdot \tan^2\left(45° + \frac{\phi}{2}\right) + 2c \tan\left(45° + \frac{\phi}{2}\right) \quad (6.13)$$

が求められる．

したがって，(6.1), (6.12), (6.13) 式より深さ z における主働，受働状態に対応する水平方向土圧 σ_A, σ_P は次のように求められる．

$$\sigma_A = \gamma_t z \cdot \tan^2\left(45° - \frac{\phi}{2}\right) - 2c \tan\left(45° - \frac{\phi}{2}\right) \quad (6.14)$$

$$\sigma_P = \gamma_t z \cdot \tan^2\left(45° + \frac{\phi}{2}\right) + 2c \tan\left(45° + \frac{\phi}{2}\right) \quad (6.15)$$

図6.6 強度定数 c, ϕ を有する場合の主働土圧状態における水平方向土圧分布

高さ H の仮想的壁体に作用する単位幅あたりの主働土圧の合力 P_A，受働土圧の合力 P_P は，それぞれ (6.14), (6.15) 式を積分することによって次のようになる．

$$P_A = \int_0^H \sigma_A dz = \frac{\gamma_t H^2}{2} \cdot \tan^2\left(45° - \frac{\phi}{2}\right) - 2cH \tan\left(45° - \frac{\phi}{2}\right) \quad (6.16)$$

$$P_P = \int_0^H \sigma_P dz = \frac{\gamma_t H^2}{2} \cdot \tan^2\left(45° + \frac{\phi}{2}\right) + 2cH \tan\left(45° + \frac{\phi}{2}\right) \quad (6.17)$$

ところで，(6.14) 式において $\sigma_A = 0$ とおき，そのときの深さ z を $z = z_c$ とすれば，

$$z_c = \frac{2c}{\gamma_t} \cdot \tan\left(45° + \frac{\phi}{2}\right) \quad (6.18)$$

となる．図6.6に示すように，この z_c の深さまでは土圧は負になり，引張応力が働く．したがって地表面からの土圧合力が 0 となる深さ H_c は，

$$H_c = 2z_c = \frac{4c}{\gamma_t} \cdot \tan\left(45° + \frac{\phi}{2}\right) \quad (6.19)$$

となる．この H_c までは土圧合力が 0 となるから，最終的な土圧を決定するためには

H_c 以深の水平方向圧力の積分を考えればよいことになる．また，H_c は，山留め壁のような支えなしに土が鉛直に自立できる限界の高さを示す．ただし，通常の土圧計算では，この負の土圧を考慮せずに地表面から (6.18) 式の深さ z_c までの土圧を 0 と見なして土圧を計算することが多い．

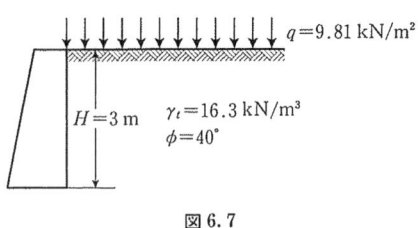

図 6.7

〔例題 6.1〕 図 6.7 のように，鉛直でなめらかな背面を有する擁壁があり，裏込め土表面が水平である場合，次の 2 つの場合におけるランキンの主働土圧を求めよ．土の単位体積重量 γ_t は 16.3 (kN/m³)，内部摩擦角 ϕ は 40° とする．
 (1) 裏込め土表面に等分布荷重がない場合
 (2) 裏込め土表面に等分布荷重 $q=9.81$ kN/m² がある場合
〔解〕
 (1) 裏込め土表面に等分布荷重がない場合
 擁壁背面が鉛直かつなめらかであるから，この場合は単純なランキン土圧の公式適用問題となる．(6.6) 式を適用する．$\phi=40°$ だから

$$K_A = \tan^2\left(45° - \frac{\phi}{2}\right) = \tan^2 25° = 0.217$$

よって

$$P_A = \frac{1}{2} \gamma_t H^2 K_A = 0.5 \times 16.3 \times 3^2 \times 0.217 = 15.9 \quad (\text{kN/m})$$

P_A は力であるから，その単位は通常 (kN) で表される．ただし，この例題のような二次元問題では，単位奥行きが仮定されるため，(kN/m) と表現されている．よって，ここで得られた P_A (kN/m) に奥行き (m) を乗じたものが実際の P_A (kN) となる．

 合力の作用点は，この場合底面より $H/3$ の高さであることは自明であり，1 (m) となる．

 (2) 裏込め土表面に等分布荷重 $q=9.81$ (kN/m²) がある場合：この場合の q は単位面積あたりの値

 裏込め土表面に等分布荷重が作用する場合は，その荷重を地盤の高さに換算して土圧を評価する．換算高さを ΔH とすると，

$$\Delta H = \frac{q}{\gamma_t} = \frac{9.81}{16.3} = 0.60 \quad (\text{m})$$

擁壁高さが換算高さ ΔH を加えて $(H+\Delta H)$ となった場合の土圧分布は図 6.8 に示すようなものとなるが，擁壁にかかる土圧としては ΔH に相当する部分を引いてやらな

6.2 ランキン土圧

ければならないから，結局主働土圧 P_A は
(6.6)式に基づいて次のように決定される．

$$P_A = \frac{1}{2}\gamma_t\{(H+\Delta H)^2 - \Delta H^2\}K_A = 0.5 \times 16.3$$

$$\times (3.6^2 - 0.6^2) \times 0.217 = 22.3 \text{ (kN/m)}$$

この場合の応力の作用点は，台形の重心位置として求められる．重心位置を求めるには，台形部分を図のように長方形＋三角形（あるいは2つの三角形）に分け，2つの図形の重心位置に作用する合力と全体の合力との壁底を

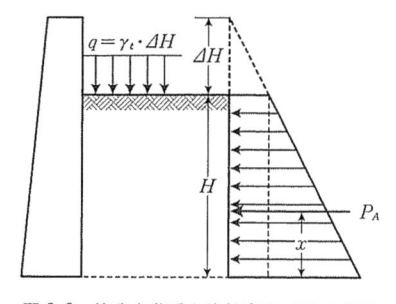

図6.8 等分布荷重を換算高さ ΔH で表現

中心とするモーメントの釣合いを考えればよい．詳細は省略するが，結局主働土圧の作用位置を擁壁底面より x の高さであるとすると，

$$x = \frac{H+3\Delta H}{H+2\Delta H} \cdot \frac{H}{3} = \frac{3+3\times 0.6}{3+2\times 0.6} \cdot \frac{3}{3} = 1.14 \text{ (m)}$$

となる．

〔例題6.2〕 図6.9に示すように，擁壁背面の地盤が性質の異なる2層の土からなる場合の主働土圧およびその合力の作用位置を求めよ．ただし，擁壁背面は鉛直かつなめらかであるものとし，各層の内部摩擦角および単位体積重量は次の通りである．

$\phi_1 = 30°$, $\gamma_1 = 15.7$ (kN/m³)

$\phi_2 = 35°$, $\gamma_2 = 16.2$ (kN/m³)

図6.9

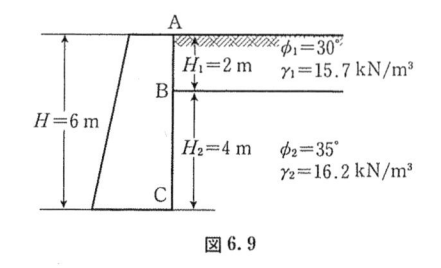

〔解〕 AB面，BC面に作用する土圧を別々に求めるが，BC面に対する土圧の計算には注意する必要がある．擁壁背面が鉛直かつなめらかなので，ランキン土圧理論を適用できる．

(1) AB面における主働土圧の計算

この場合は典型的な公式適用問題である．$\phi_1 = 30°$であるから，(6.6)式より

$$P_{A_1} = \frac{1}{2}\gamma_1 H^2 K_{A_1} = 0.5 \times 15.7 \times 2^2 \times \tan^2\left(45° - \frac{30°}{2}\right) = 10.5 \text{ (kN/m)}$$

この場合の主働土圧の作用位置は，2層間境界面より $H/3 = 0.667$ (m)の位置にある．

(2) BC面における主働土圧の計算

下層土の土圧係数 K_{A_2} は，$\phi_2 = 35°$であるから，

$$K_{A_2} = \tan^2\left(45° - \frac{\phi}{2}\right) = \tan^2 27.5° = 0.271$$

BC面で留意しなければならないのは，上層土が等分布荷重として作用することである．したがって，例題6.1にならって，換算高さ ΔH を求める必要がある．すると

$$\Delta H = \frac{q}{\gamma_2} = \frac{\gamma_1 H_1}{\gamma_2} = \frac{15.7 \times 2.0}{16.2} = 1.88 \quad (\mathrm{m})$$

となる．したがって，BC面における主働土圧は，

$$P_{A_2} = \frac{1}{2}\gamma_2\{(H_2+\Delta H)^2 - \Delta H^2\}K_{A_2} = 0.5 \times 16.2 \times (5.88^2 - 1.88^2) \times 0.271 = 68.1 \quad (\mathrm{kN/m})$$

よって擁壁に作用する全主働土圧 P_A は

$$P_A = P_{A_1} + P_{A_2} = 10.5 + 68.1 = 78.6 \quad (\mathrm{kN/m})$$

P_A の作用位置を底面より x の位置にあるとすると，x は点Cを中心とするモーメントの釣合いを考えれば容易に求められ，

$$P_A \cdot x = P_{A_1} \cdot 4.667 + P_{A_2} \cdot \frac{H+3\Delta H}{H+2\Delta H} \cdot \frac{H}{3}$$

$$= 10.5 \times 4.667 + 68.1 \cdot \frac{4+3 \times 1.88}{4+2 \times 1.88} \cdot \frac{4}{3}$$

$$= 161.7$$

よって

$$x = \frac{161.7}{P_A} = \frac{161.7}{78.6} = 2.06 \quad (\mathrm{m})$$

〔**例題6.3**〕 図6.10に示すように，裏込め土中に地下水面がある場合の主働土圧と水圧の合力およびその作用位置を求めよ．ただし，擁壁背面は鉛直かつなめらかで，地下水位以上の土層の単位体積重量：$\gamma_t = 16.0\,(\mathrm{kN/m^3})$，地下水面以下の土層の単位体積重量：$\gamma_{sub} = 8.0\,(\mathrm{kN/m^3})$，$\phi = 30°$ とする．

〔解〕 この場合も裏込め土上に等分布荷重がある場合と同じ方法で求めることができる．

地下水面以上の土層に関しては，高さ1.8mの擁壁と考えればよく，この部分の土層のみによる土圧合力 P_{A_1} は，ランキンの土圧公式を用いて，

$$P_{A_1} = \frac{1}{2}\gamma_t H^2 K_{A_1} = 0.5 \times 16.0 \times 1.8^2$$

$$\times \tan^2\left(45° - \frac{30°}{2}\right) = 8.6 \quad (\mathrm{kN/m})$$

次に，地下水面以下の土層による土圧を考えるが，地下水位面以上の土層からの影響に関しては，上層を等分布荷重 ($q = 16.0 \times 1.8\,\mathrm{kN/m^2}$：単位面積あたり) と考えればよい．すると換算高さ ΔH は，$\Delta H = q/$

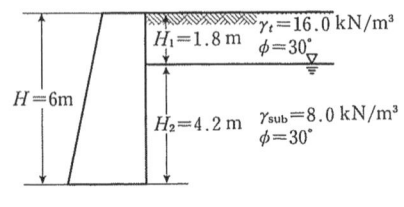

図6.10

$\gamma_{sub} = 16.0 \times 1.8/8.0 = 3.6 \,(\mathrm{m})$ となるから，結局，地下水面以下の土層のみによる土圧合力 P_{A_2} は

$$P_{A_2} = \frac{1}{2}\gamma_{sub}\{(H_2+\Delta H)^2 - \Delta H^2\}K_{A_2} = 0.5 \times 8.0 \times (7.8^2 - 3.6^2) \times 0.333 = 63.8 \quad (\mathrm{kN/m})$$

地下水による水圧合力 P_w は，水の単位体積重量 $\gamma_w = 9.81 \,\mathrm{kN/m^3}$，水深を H_w とすると，

$$P_w = \frac{1}{2}\gamma_t H_w^2 = 0.5 \times 9.81 \times 4.2^2 = 86.5 \quad (\mathrm{kN/m})$$

したがって，土圧と水圧の合力 P は，

$$P = P_{A_1} + P_{A_2} + P_w = 158.9 \quad (\mathrm{kN/m})$$

合力 P の作用位置は擁壁の下端から，

$$h_0 = \frac{8.6 \times \left(4.2 + \frac{1.8}{3}\right) + 63.8 \times \frac{4.2 + 3 \times 3.6}{4.2 + 2 \times 3.6} \times \frac{4.2}{3} + 86.5 \times \frac{4.2}{3}}{158.9} = 1.77 \quad (\mathrm{m})$$

の位置で水平に作用する．なお，地下水のない場合には，

$$P_A = \frac{1}{2} \times 16.0 \times 6^2 \times 0.333 = 95.9 \quad (\mathrm{kN/m})$$

しかなく，水圧の影響の大きさがわかる．

6.3 クーロン土圧

クーロン (Coulomb) は，18世紀に活躍したフランスの物理学者で，土質力学の分野ではモール・クーロンの破壊基準で知られ，クーロンという単位で高名なように電気や電磁気学の分野でも顕著な業績を残した．クーロンの土圧論はランキンの土圧論より先に発表され，擁壁背面に三角形の土くさび状の剛体を仮定し，平面のすべり面に沿ってその土くさびがすべり出そうとするときの壁体に作用する圧力から壁体に作用する土圧を求めたものである．ランキン土圧論では，土中の鉛直面をなめらかな仮想壁面と考えたが，クーロン土圧論は，擁壁背面が傾斜している場合や摩擦性である場合にも適用でき，汎用性が高い．

a. 主働土圧

まず，クーロン土圧論における主働土圧について考えてみる．単純化のために，図6.11に示すように，裏込め土表面が水平である場合を仮定する．また，裏込め土材料は強度定数として粘着力成分をもたないものと仮定する ($c=0$)．クーロンは，図6.11に示すように，擁壁の背面を AB，壁底 B を通る1つの仮想すべり面を BC とし，土塊

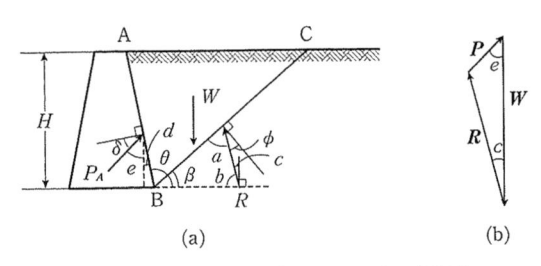

図 6.11 クーロンの主働土圧 P_A と力の多角形

ABC が AB および BC を境として下方に滑動しようとする限界状態における,土塊 ABC の自重と 2 つのすべり面からの反力の力の釣合いから主働土圧を求めた.

いま擁壁の背面と裏込め土との摩擦角を δ,裏込め土の内部摩擦角を ϕ,擁壁背面 AB の水平面から成す角を θ とすれば,図 6.11 (a) に示すような向きに土圧の合力の反力 P とすべり面 AC の反力 R は作用することになる.β はすべり面の水平面からのなす角である.ここで反力 P と書いてクーロンの主働土圧を意味する P_A としないのは,後述するように P_A がある特別なすべり角 β に対応した値だからである.反力 P も R も壁体と周辺地盤が土塊のすべりを妨げようとするように作用していることに注意する.つまり,P と R が作用している面の法線方向に対して,土塊のすべりを妨げるような方向に δ および ϕ だけ傾いて作用している.仮に P と R が作用している面がなめらかであれば,摩擦力は作用しないから δ および ϕ は 0 となり,結局 P と R は作用している面に対して垂直方向に作用することになる.なお,δ を正確に評価するためには,壁体材料と地盤材料間の摩擦特性を求める慎重に配慮された室内試験を実施する必要があるが,簡便に決定する場合は,δ は ϕ の 1/3~2/3 倍と設定されることが多い.

これらの反力 P, R と土塊 ABC の自重 W との力の釣合いは,図 6.11 (b) の力の三角形に示すようになる.ここで力の三角形における内角を求める手順を示す.図 6.11 (a) の角度 $a \sim e$ を順番に求めれば,力の三角形における内角の大きさを決めることができる.$a \sim e$ は順番に以下のように決定することができ,c, e が力の三角形の内角を構成する.

$$a = 90° - \phi$$
$$b = 180° - (\beta + a) = 180° - \{\beta + (90° - \phi)\} = 90° - \beta + \phi$$
$$c = 90° - b = 90° - (90° - \beta + \phi) = \beta - \phi$$
$$d = \theta - 90°$$
$$e = 90° - (\delta + d) = 90° - \{\delta + (\theta - 90°)\} = 180° - \delta - \theta$$

図 6.11 (b) の力の三角形に基づき,クーロンの主働土圧を決定する.まず,土塊部分の自重を W とすれば,単位奥行き深さを仮定して,

$$W = \frac{1}{2}\gamma_t H \cdot H \cot\beta = \frac{1}{2}\gamma_t H^2 \cot\beta \quad (6.20)$$

△ABCに関する鉛直方向の力の釣合いより,
$$R\cos(\beta-\phi) + P\cos(180°-\delta-\theta) = W \quad (6.21)$$

水平方向の力の釣合いより
$$R\sin(\beta-\phi) = P\sin(180°-\delta-\theta) \quad (6.22)$$

となる. (6.21), (6.22)式で,
$$\sin(180°-\delta-\theta) = \sin(\delta+\theta)$$
$$\cos(180°-\delta-\theta) = -\cos(\delta+\theta)$$

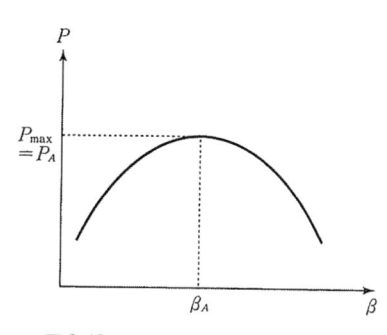

図6.12 クーロンの主働土圧決定法

を考慮し, さらに R を消去すると,

$$P = \frac{1}{2}\gamma_t H^2 \frac{\cot\beta \cdot \sin(\beta-\phi)}{\sin(\delta+\theta-\beta+\phi)} \quad (6.23)$$

となる. (6.23)式が直ちにクーロンの主働土圧 P_A を与えるわけではないことに注意する必要がある. なぜならすべり面と水平面とのなす角 β は任意に与えられたもので, β を変化させることによって P も変化するからである. β を変化させた場合の P の変化を調べると, 概略図6.12のようになることが知られている. 図からわかるように, ある β_A のときに P は極大値をとる. このときの P がすなわち主働土圧 P_A を与える. なぜなら, 土塊が最もすべり落ちやすいときに, 土圧は最大となるからである.

試みに, さらに条件を単純化して具体的に P_A を求めてみる. $\theta=90°$, $\delta=0$ とすれば, (6.23)式は

$$P = \frac{1}{2}\gamma_t H^2 \cot\beta \tan(\beta-\phi) \quad (6.24)$$

となる. 上述のように, P の最大値を求めるために, P を β について微分する.

$$\begin{aligned}
\frac{\partial P}{\partial \beta} &= \frac{1}{2}\gamma_t H^2 \left\{ -\frac{\tan(\beta-\phi)}{\sin^2\beta} + \frac{\cos\beta}{\cos^2(\beta-\phi)\sin\beta} \right\} \\
&= \frac{1}{2}\gamma_t H^2 \frac{-(\sin\beta\cos\phi - \cos\beta\sin\phi)(\cos\beta\cos\phi + \sin\beta\sin\phi) + \sin\beta\cos\beta}{\sin^2\beta\cos^2(\beta-\phi)} \\
&= \frac{1}{2}\gamma_t H^2 \frac{\sin\phi(2\sin\phi\sin\beta\cos\beta + \cos\phi\cos^2\beta - \cos\phi\sin^2\beta)}{\sin^2\beta\cos^2(\beta-\phi)} \\
&= \frac{1}{2}\gamma_t H^2 \frac{\sin\phi(\sin\phi\sin 2\beta + \cos\phi\cos 2\beta)}{\sin^2\beta\cos^2(\beta-\phi)} \\
&= \frac{1}{2}\gamma_t H^2 \frac{\sin\phi\cos(2\beta-\phi)}{\sin^2\beta\cos^2(\beta-\phi)} = 0
\end{aligned}$$

よって,
$$\cos(2\beta-\phi) = 0$$

より，
$$2\beta - \phi = 90°$$
したがって，
$$\beta = 45° + \frac{\phi}{2} \tag{6.25}$$

となる．(6.25) 式で与えられる β がこの場合のクーロンの主働土圧 P_A を与える．(6.25) 式を (6.24) 式に代入すると，

$$P_A = \frac{1}{2}\gamma_t H^2 \cot\left(45° + \frac{\phi}{2}\right)\tan\left(45° + \frac{\phi}{2} - \phi\right)$$
$$= \frac{1}{2}\gamma_t H^2 \cot\left\{90° - \left(45° - \frac{\phi}{2}\right)\right\}\tan\left(45° - \frac{\phi}{2}\right)$$

結局

$$P_A = \frac{1}{2}\gamma_t H^2 \tan^2\left(45° - \frac{\phi}{2}\right) \tag{6.26}$$

となる．今回のような単純な場合については，ランキン土圧から得られた P_A ((6.6) 式) と一致することがわかる．

b. 受働土圧

主働土圧の場合と同様な手順でクーロンの受働土圧を求めることが可能である．図 6.13 に受働土圧が作用する場合の土塊の力の釣合いとその場合の力の三角形を示す．ここでは，土塊が壁体より押され，土塊は上に抜けあがろうとする．土圧 P と反力 R は，したがってその抜けあがりを阻止するような方向に作用することに注意する必要がある．
まず，土塊に作用する力の鉛直方向の力の釣合いより，

$$R\cos(\beta + \phi) - P\cos(180° - \theta + \delta) = W \tag{6.27}$$

次に，水平方向の力の釣合いより，

$$R\sin(\beta + \phi) = P\sin(180° - \theta + \delta) \tag{6.28}$$

(6.20), (6.27), (6.28) 式より R, W を消去すれば，

$$P = \frac{1}{2}\gamma_t H^2 \frac{\cot\beta \cdot \sin(\beta + \phi)}{\sin(\theta - \delta - \beta - \phi)} \tag{6.29}$$

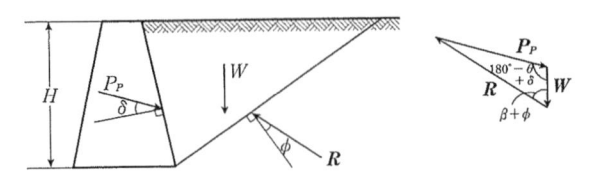

図 6.13 クーロンの受働土圧 P_P と力の多角形

が得られる．ここで得られた P は直接クーロンの受働土圧を与えるわけではなく，主働土圧の場合と同様，β は任意に与えられたものであるから，β によって P は変化する．受働土圧の場合，β を変化させると P は図 6.14 のように変化することが知られている．P はある β_P で極小値をとる．したがって，式 (6.29) で与えられる土圧 P のうち，極小値となるものがクーロンの受働土圧 P_P を与える．これは，受働状態では地盤からの抵抗が最も小さい場合にすべり破壊が生じる，と理解できる．$\theta=90°$，$\delta=0$ とすれば，結局，そのときの β_P と受働土圧 P_P は以下のような式で与えられる．

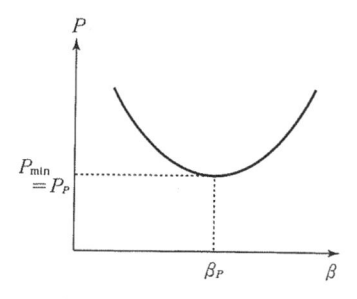

図 6.14 クーロンの受働土圧決定法

$$\beta_P = 45° - \frac{\phi}{2} \tag{6.30}$$

$$P_P = \frac{1}{2}\gamma_t H^2 \tan^2\left(45° + \frac{\phi}{2}\right) \tag{6.31}$$

この場合も (6.10) 式で表されるランキン受働土圧 P_P と一致していることがわかる．

受働土圧に関しては，δ や ϕ が大きく，また擁壁背面の水平面とのなす角が小さくなると，クーロン土圧理論による推定値が実測値に対して過大な値を与えることが知られており，その適用については慎重でなければならない．過大な値を与える原因としては，クーロンの土圧理論で仮定される直線すべり面が，実験結果と対応していないことに起因している．実際は対数らせんを含むような曲面形状となることが知られており，このことを考慮した特性曲線法に基づいた解析結果は実測値と良好な対応結果を示す．

c. より一般的な場合におけるクーロンの土圧式

図 6.11，図 6.13 に示されたような場合で，さらに裏込め土表面が傾斜角 i を有する場合，最終的にクーロンの主働および受働土圧式は次式のように表される．

$$P_A = \frac{1}{2} \cdot \gamma_t H^2 K_A \tag{6.32}$$

$$K_A = \frac{\sin^2(\theta - \phi)}{\sin^2\theta \cdot \sin(\theta + \delta)\left[1 + \sqrt{\dfrac{\sin(\phi + \delta)\sin(\phi - i)}{\sin(\theta + \delta)\sin(\theta - i)}}\right]^2} \tag{6.33}$$

$$P_P = \frac{1}{2} \cdot \gamma_t H^2 K_P \tag{6.34}$$

$$K_P = \frac{\sin^2(\theta + \phi)}{\sin^2\theta \cdot \sin(\theta - \delta)\left[1 - \sqrt{\dfrac{\sin(\phi + \delta)\sin(\phi + i)}{\sin(\theta - \delta)\sin(\theta - i)}}\right]^2} \tag{6.35}$$

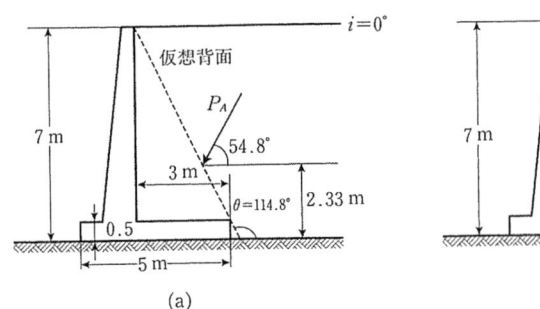

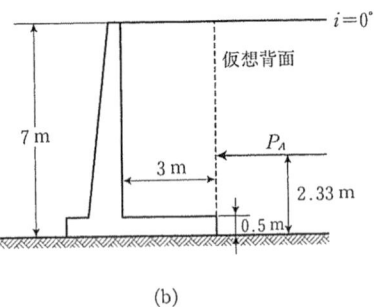

図 6.15

ここに, K_A, K_P：クーロンの主働, 受働土圧係数.

〔例題 6.4〕 図 6.15 に示した倒立 T 型擁壁に働く主働土圧の合力およびその作用点の位置を求めよ.ただし裏込め土は $\gamma_t=17.0 \text{ kN/m}^3$, $\phi=30°$ とする.

〔解〕 擁壁の背面が直線状でないので, 図 6.15 中の (a), (b) に点線で示したように 2 通りの仮想背面を考える. (a) の場合はクーロン土圧を, (b) の場合はランキン土圧を仮定して解くことができる. (a) の場合は仮想背面での摩擦角 $\delta=\phi$ とする.

まず (a) の場合, 次のクーロンの土圧公式 (6.33) に, $\theta=114.8°$, $\delta=\phi=30°$, $i=0°$ を代入すれば,

$$K_A=\frac{\sin^2(114.8°-30°)}{\sin^2 114.8°\cdot\sin(114.8°+30°)\left[1+\sqrt{\dfrac{\sin(30°+30°)\sin(30°-0°)}{\sin(114.8°+30°)\sin(114.8°-0°)}}\right]^2}=0.573$$

となる.ゆえに,

$$P_A=\frac{1}{2}\cdot\gamma_t H^2 K_A=0.5\times17.0\times7^2\times0.573=238.7 \quad (\text{kN/m})$$

作用点の高さは壁底より $7/3=2.33$ (m) となる. また, P_A と水平面との成す角を α とすれば,

$$\alpha=\theta-90°+\phi=114.8°-90°+30°=54.8°$$

となる.

次に (b) の場合, 図に示すような鉛直な仮想背面に対してランキンの土圧理論を適用する. 主働土圧係数 K_A は (6.4) 式より

$$K_{A_1}=\tan^2\left(45°-\frac{\phi}{2}\right)=\tan^2 30°=0.333$$

となる. よって

$$P_A=\frac{1}{2}\gamma_t H^2 K_A=0.5\times17.0\times7^2\times0.333=138.7 \quad (\text{kN/m})$$

である．作用点の高さは壁底より 7.0/3＝2.33 (m) となる．
いま (a) の場合の土圧合力の水平成分を求めると，
$$238.7 \times \cos 54.8° = 137.6 \quad (\mathrm{kN/m})$$
となり，(b) の場合とほとんど同じ大きさになることがわかる．

6.4 擁壁の安定計算

擁壁の安定計算は，擁壁を含めた地盤全体の土塊のせん断によるすべり破壊と壁体自体の破壊の両方について行い，検討しなければならないが，前者は支持力の章で述べられるので，ここでは主として後者について検討することにする．

通常，擁壁の安定性の検討は，土圧を外力として次の項目について行われる．
① 滑動に対する安定，② 転倒に対する安定，③ 基礎地盤の支持力

ここでは重力式擁壁について，上記項目の検討を行う．この場合の擁壁の自重を含めた外力は図 6.16 に示すようになる．

力の釣合いを考えれば，基礎底面に作用する外力の合力 R の鉛直，水平方向成分 R_v, R_h は次式のようになる．

$$R_v = W + P_{Av} - P_{Pv} \quad (6.36)$$
$$R_h = P_{Ah} - P_{Ph} \quad (6.37)$$

ここに，P_{Av}：主働土圧の鉛直成分，P_{Ah}：主働土圧の水平成分，P_{Pv}：擁壁前面の受働土圧の鉛直成分，P_{Ph}：擁壁前面の受働土圧の水平成分，W：擁壁の自重．

1) 滑動に対する安定

擁壁底面に沿って動かそうとする力は R_h であり，これに対して抵抗する力は底面に沿って働く摩擦力 $R_v \cdot \mu$ と粘着力 cl であるから，滑動に対する安全率 (safety factor) F は次式で示される．

$$F = \frac{R_v \cdot \mu + cl}{R_h} \geq 1.5 \quad (6.38)$$

ここに，μ：底面と土との間の摩擦係数 $\mu = \tan \delta$ (δ：壁底と地盤との間の摩擦角)，c：底面と土との間の粘着力 (普通は土の粘着力とする)，l：擁壁底面の幅である．安全率としては通常 1.5 が採用される．

2) 転倒に対する安定

擁壁は，土圧 P_A および P_P により底面

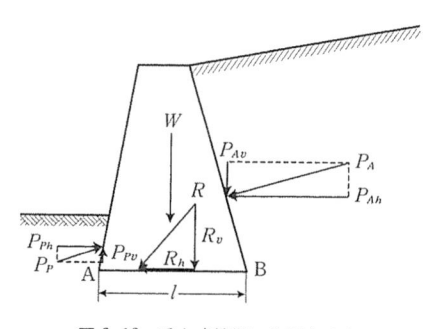

図 6.16 重力式擁壁に作用する力

の前端 A のまわりに回転しようとするモーメント M_o と，壁体の自重 W に起因する抵抗モーメント M_r が作用する．安全率 F は次式で表される．

$$F=\frac{\Sigma M_r}{\Sigma M_o}\geq 1.5 \qquad (6.39)$$

転倒しないためには，安全率 F が上式を満たせばよい．また，外力の合力 R が底辺 AB 内に作用すれば転倒は生じない．

3) 基礎地盤の支持力

地盤反力の計算は次のようになる．

図 6.16 において擁壁底面前端から合力 R の作用点までの距離を d とすれば，

$$d=\frac{\Sigma M_r-\Sigma M_o}{R_v} \qquad (6.40)$$

底面中央からの偏心距離を e とすれば，

$$e=\frac{l}{2}-d \qquad (6.41)$$

e が底版幅 l を 3 分割したときの中央の $l/3$，すなわち断面の核内にあれば（図 6.17 (a) 参照）$e \leq l/6$ となり，このとき図 6.17 に示す反力 q_1, q_2 は次式のようになる．

$$q_1, q_2=\frac{R_v}{l}\left(1\pm\frac{6e}{l}\right) \qquad (6.42)$$

e が核外にあり（図 6.17 (b) 参照），$e>l/6$ のときは，

$$q_1=\frac{2R_v}{3d} \qquad (6.43)$$

となる．

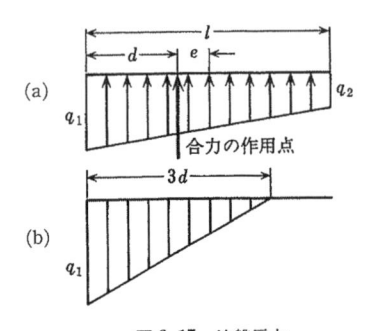

図 6.17 地盤反力

このようにして求めた擁壁底面に生じる反力が地盤の許容支持力より小さければ地盤は安定である．この許容支持力は実際に地盤を調査して定めることが望ましいが，あまり擁壁高さが高くない場合は簡便な許容支持力表が提案されている．

〔例題 6.5〕 図 6.18 に示す重力式擁壁の安定を検討せよ．ただし，土の単位体積重量 $\gamma_t=15.7$ kN/m³，壁体コンクリートの単位体積重量は $\gamma_c=22.6$ kN/m³，裏込め土の

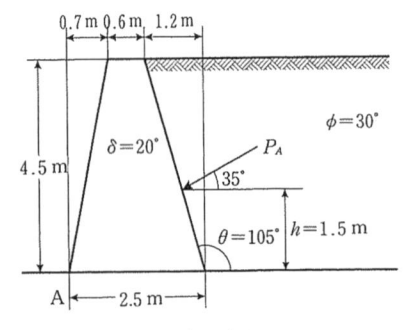

図 6.18 例題 6.5

内部摩擦角 $\phi=30°$, 壁摩擦角 $\delta=2/3\,\phi$, 粘着力 $c=0$, 壁底と地盤との摩擦係数 $\mu=0.6$, 基礎地盤の許容支持力 $q_d=196.2\,\mathrm{kN/m^2}$ とする.

〔解〕 図 6.18 より, 壁体の単位幅(図では単位奥行き)あたりの重量 W は,

$$W=\frac{2.5+0.6}{2}\times 4.5\times 22.6=157.6\quad(\mathrm{kN/m})$$

主働土圧係数 K_A は式 (6.33) より

$$K_A=\frac{\sin^2(105°-30°)}{\sin^2 105°\sin(105°+20°)\left\{1+\sqrt{\dfrac{\sin(30°+20°)\sin 30°}{\sin(105°+20°)\sin 105°}}\right\}^2}=0.425$$

ゆえに, 主働土圧 P_A は式 (6.32) より

$$P_A=\frac{1}{2}\gamma_t H^2 K_A=0.5\times 15.7\times 4.5^2\times 0.425=67.6\quad(\mathrm{kN/m})$$

P_A の鉛直成分 P_{Av} と水平成分 P_{Ah} は,

$$P_{Av}=P_A\sin 35°=67.6\times 0.574=38.8\quad(\mathrm{kN/m})$$
$$P_{Ah}=P_A\cos 35°=67.6\times 0.819=55.4\quad(\mathrm{kN/m})$$

擁壁前面の受働土圧は考慮しなくてもよいから

鉛直力: $R_v=P_{Av}+W=38.8+157.6=196.4\quad(\mathrm{kN/m})$

水平力: $R_h=P_{Ah}=55.4\quad(\mathrm{kN/m})$

次に, 壁底先端 A から W, P_{Av}, P_{Ah} の作用線までの距離 l_1, l_2, l_3 は,

$$l_1=1.15\quad(\mathrm{m})$$
$$l_2=2.5-\frac{1.2}{3}=2.1\quad(\mathrm{m})$$
$$l_3=1.5\quad(\mathrm{m})$$

以上のデータに基づいて, 滑動, 転倒, 地盤支持力に対する安定性を検討する.

① 滑動に対する安定

(6.38) 式より $c=0$ であるから,

$$F=\frac{196.4\times 0.6}{55.4}=2.13>1.5$$

となり, 安定である.

② 転倒に対する安定

(6.39) 式より

$$F=\frac{W\times l_1}{P_{Ah}\times l_3-P_{Av}\times l_2}=\frac{157.6\times 1.15}{55.4\times 1.5-38.8\times 2.1}=113.3\geq 1.5$$

よって転倒に関しては安全であると判断できる.

③ 基礎地盤の支持力に対する安定

(6.40) 式より $d=0.91\,(\mathrm{m})$ となるから, さらに (6.41) 式より

$$e = \frac{2.5}{2} - 0.91 = 0.34 \quad (m)$$

壁底先端 A における最大荷重強度 q_1 を求めると，(6.42)式より

$$q_1 = \frac{196.4}{2.5}\left(1 + \frac{6 \times 0.34}{2.5}\right) = 142.7 < 196.2 \quad (kN/m^2)$$

よって，許容支持力より小さいので安定であると判断できる．

したがって，この擁壁は主働土圧に対して安定であることが検証された．

演習問題

6.1 図 6.19 に示した擁壁に作用するクーロンの主働土圧の合力および受働土圧の合力を求めよ．ただし，裏込め土の単位体積重量 $\gamma_t = 18.0 \, kN/m^3$，内部摩擦角 $\phi = 30°$，壁摩擦角 $\delta = 20°$ とする．
ヒント：クーロン土圧の公式適用問題．

6.2 図 6.20 に示したように高さ 5 m の 2 つの擁壁に作用する主働土圧をクーロンの公式によって求め，その値を比較せよ．ただし，$\gamma_t = 18.0 \, kN/m^3$，$\phi = 30°$，$\delta = 20°$ とする．
ヒント：クーロン土圧公式適用問題．重力式擁壁ともたれ擁壁の差に注意．

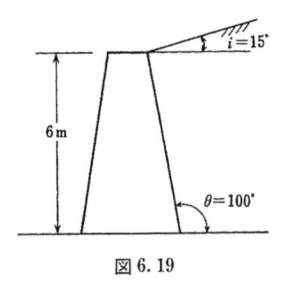

6.3 図 6.21 に示すような L 型擁壁がある．仮想背面を仮定し，擁壁背面に作用するランキンの主働土圧の合力およびその作用位置を求めよ．また，この擁壁の滑動および転倒に対する安定性を検討せよ．ただし，壁体の単位体積重量を $\gamma_c = 20.0 \, kN/m^3$，裏込め土の単位体積重量を $\gamma_t = 16.0 \, kN/m^3$，$\phi = 30°$，壁体と土の摩擦係数 $\mu = 0.6$ とする．地下水面は十分に深い．擁壁前面の受働土圧の影響についても考察せよ．
ヒント：例題 6.5 参照．

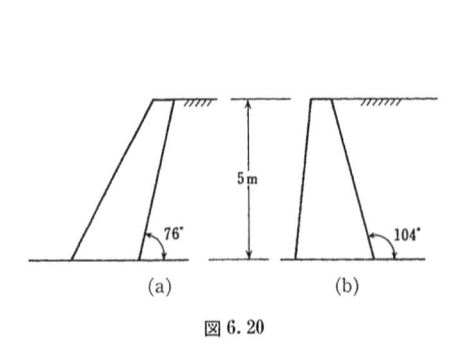

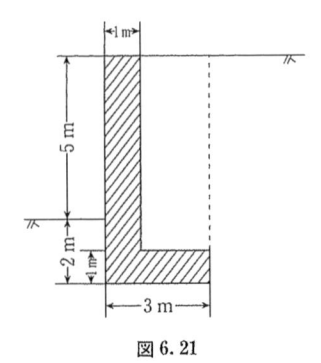

図 6.19

図 6.20

図 6.21

7. 地盤応力と支持力

7.1 概　　説

　構造物の荷重は基礎を介して地盤に伝えられる．この荷重により地盤に応力や変位がどの程度発生するかを知ることは，地盤の安定性を検討したり，地中および地表構造物がどの程度影響を受けるかを知るうえで重要である．一般に，土の力学特性は複雑であるので荷重による応力，変位の一般的な解を求めることは容易でない．そこで，地盤を線形弾性体であると理想化して，地盤の応力，変位を算定することが従来行われている．

　一方，地盤が構造物を支えうる能力としての支持力 (bearing capacity) は，地盤がその強度を発揮する限界状態の力の釣合いから求められる．これは構造物の基礎の形状，深さおよび地盤のせん断強さなどにより異なる．

　当然のことながら，構造物を建設する場合には，構造物の荷重を支えるのに地盤が十分な支持力を有しているかということと，地盤の沈下 (settlement) が地中および上部の構造に被害を与えない程度であるかという両者について，個別に検討する必要がある．

7.2 地表載荷による地中の応力

a. 鉛直集中荷重による応力

　図 7.1 に示す半無限弾性体の水平地表面に鉛直集中荷重 Q が作用する場合の理論解はブーシネスク (Boussinesq, 1885) により求められており，Q に起因する地盤の応力増分は，図 7.1 (a) の円筒座標系を用いれば以下のように表される．

鉛直方向の垂直応力：

$$\sigma_z = \frac{3Qz^3}{2\pi R^5} \tag{7.1}$$

半径方向の水平垂直応力：

(a) 円筒座標　　　　　　　　　　　(b) 直角座標

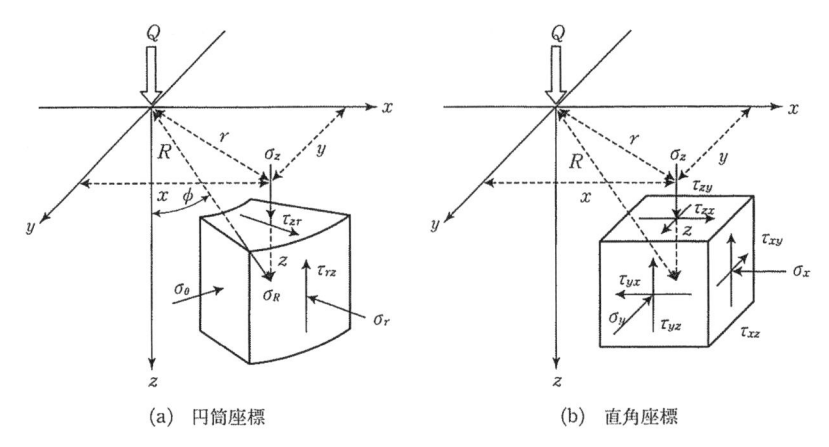

図 7.1　鉛直集中荷重による応力成分

$$\sigma_r = \frac{Q}{2\pi}\left\{\frac{3zr^2}{R^5} - \frac{1-2\nu}{R(R+z)}\right\} \tag{7.2}$$

ここに，ν はポアソン比である．
接線方向の水平垂直応力：

$$\sigma_\theta = \frac{Q}{2\pi}(1-2\nu)\left\{\frac{1}{R(R+z)} - \frac{z}{R^3}\right\} \tag{7.3}$$

せん断応力：

$$\tau_{rz} = \frac{3Qrz^2}{2\pi R^5} \tag{7.4}$$

また，図 7.1(b) の直角座標系を用いて応力を表すと，

$$\sigma_z = \frac{3Qz^3}{2\pi R^5} \tag{7.5}$$

$$\sigma_x = \frac{3Q}{2\pi}\left[\frac{x^2 z}{R^5} + \frac{(1-2\nu)}{3}\left\{\frac{1}{R(R+z)} - \frac{(2R+z)x^2}{R^3(R+z)^2} - \frac{z}{R^3}\right\}\right] \tag{7.6}$$

$$\sigma_y = \frac{3Q}{2\pi}\left[\frac{y^2 z}{R^5} + \frac{(1-2\nu)}{3}\left\{\frac{1}{R(R+z)} - \frac{(2R+z)y^2}{R^3(R+z)^2} - \frac{z}{R^3}\right\}\right] \tag{7.7}$$

$$\tau_{xy} = \frac{3Q}{2\pi}\left\{\frac{xyz}{R^5} - \frac{(1-2\nu)}{3}\cdot\frac{(2R+z)xy}{R^3(R+z)^2}\right\} \tag{7.8}$$

(7.5) 式は次のように変形できる．

$$\sigma_z = \frac{3Q}{2\pi z^2}\left\{\frac{1}{1+(r/z)^2}\right\}^{\frac{5}{2}} = \frac{Q}{z^2}I_\sigma \tag{7.9}$$

$$I_\sigma = \frac{3}{2\pi}\left\{\frac{1}{1+(r/z)^2}\right\}^{\frac{5}{2}} \tag{7.10}$$

ここに I_σ は (r/z) だけによって決まる無次元量であり，これを集中荷重による地盤

内応力の影響値 (influence value) という.

ところで,土質地盤は引張抵抗をわずかしか示さないから,実際の地盤挙動は (7.1) 式〜(7.8) 式で求められる弾性挙動と異なり,ことに砂質地盤での応力は,実測値のほうが荷重の下のほうで理論式より集中する傾向がある.そこで,フレーリッヒ (Fröhlich, 1934) は応力集中係数 (stress concentration factor) μ を導入し,ブーシネスクの式を修正し,放射状応力を次のように示した.

$$\sigma_R = \frac{Q}{2\pi R^2}\mu(\cos\phi)^{\mu-2} \tag{7.11}$$

上記の主応力 σ_R から,各応力成分を求めると,

$$\sigma_z = \sigma_R \cos^2\phi = \frac{\mu Q}{2\pi R^2}\cos^\mu\phi, \qquad \sigma_r = \sigma_R \sin^2\phi = \frac{\mu Q}{2\pi R^2}\cos^{\mu-2}\phi \sin^2\phi$$
$$\tau_{rz} = \sigma_R \sin\phi\cos\phi = \frac{\mu Q}{2\pi R^2}\cos^{\mu-1}\phi\sin\phi \tag{7.12}$$

μ の値は粘土地盤に対して 3,砂地盤に対して 4〜5 が妥当であると考えられている.

〔例題 7.1〕 図 7.2 に示すように,地表面に等分布荷重 $q=40\,\text{kN/m}^2$ が $4\,\text{m}\times6\,\text{m}$ の領域に作用する場合について,A 点直下 2.5 m の P 点の自重を含む鉛直応力を,ブーシネスクの解を利用して求めよ.ただし,地盤の単位体積重量は $18\,\text{kN/m}^3$ とする.

〔解〕 ブーシネスクの解は集中荷重に対するものであるから,まず載荷領域を図のよ

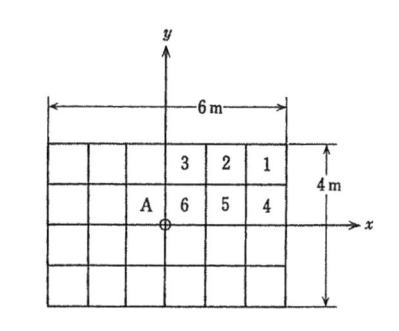

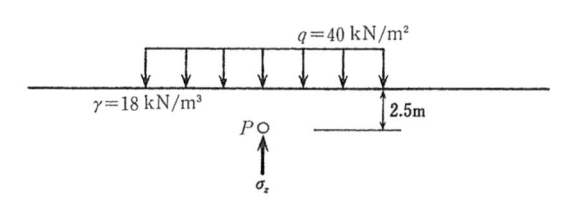

図 7.2 分布荷重

表7.1　影響値の算定

No.	x	y	r	r/z	$I_{\sigma i}$
1	2.5	1.5	$\sqrt{8.5}$	1.17	0.06
2	1.5	1.5	$\sqrt{4.5}$	0.85	0.12
3	0.5	1.5	$\sqrt{2.5}$	0.63	0.20
4	2.5	0.5	$\sqrt{6.5}$	1.02	0.08
5	1.5	0.5	$\sqrt{2.5}$	0.63	0.20
6	0.5	0.5	$\sqrt{0.5}$	0.28	0.40

うに $\Delta A = 1\,\text{m} \times 1\,\text{m}$ の領域に分割し，各領域の面積に分布荷重 q を乗じて集中力を $Q = q \times \Delta A$ として求めておく．次に，それぞれの集中力によるP点応力をブーシネスク式で求めて足し合わせ，それに載荷前の地盤の鉛直自重応力を加えればよい．図のように分割すれば，各領域の集中力 Q は同じであり，また対称性を考慮して(7.9)式より

$$\sigma_z = \frac{Q}{z^2} \cdot 4 \sum_{i=1}^{6} I_{\sigma i}$$

影響係数は表7.1のようになる．

以上より，$\Sigma I_{\sigma i} = 1.06$, $Q = q \times \Delta A = 40 \times 1 \times 1\,\text{kN}$, よって $\sigma_z = (40/2.5^2) \times 4 \times 1.06 = 27.1\,\text{kN/m}^2$. 土被り圧力は，$\sigma_{z0} = \gamma z = 18 \times 2.5 = 45\,\text{kN/m}^2$. 載荷後の圧力は $27.1 + 45 = 72.1\,\text{kN/m}^2$

b. 鉛直帯状荷重による応力

図7.3に示すように無限に長い一定幅 B の荷重 q による地盤内応力は，まず鉛直集中荷重が紙面に垂直な方向に線状に作用すると考えて，集中荷重に起因する応力をこの方向に積分して求めておき，次にこの結果を幅 B について積分して求められる．

$$\left.\begin{aligned}\sigma_z &= \frac{q}{\pi}(\sin \varepsilon \cos \phi + \varepsilon) \\ \sigma_x &= \frac{q}{\pi}(-\sin \varepsilon \cos \phi + \varepsilon) \\ \tau_{xz} &= \frac{q}{\pi}\sin \varepsilon \sin \phi\end{aligned}\right\} \quad (7.13)$$

ここに，ε, ϕ はラジアンで表した角度であり，$\varepsilon = \beta_2 - \beta_1$, $\phi = \beta_2 + \beta_1$ である．主応力 σ_1, σ_3 はモールの応力円より

$$\sigma_1 = \frac{1}{2}\{(\sigma_z + \sigma_x) + \sqrt{(\sigma_z - \sigma_x)^2 + 4\tau_{xz}^2}\}, \quad \sigma_3 = \frac{1}{2}\{(\sigma_z + \sigma_x) - \sqrt{(\sigma_z - \sigma_x)^2 + 4\tau_{xz}^2}\} \quad (7.14)$$

と表現されるから，この式に(7.13)式を代入して次式が導かれる．

7.2 地表載荷による地中の応力

$$\left.\begin{array}{l}\sigma_1\\ \sigma_3\end{array}\right\} = \frac{q}{\pi}(\varepsilon \pm \sin \varepsilon) \tag{7.15}$$

(7.15)式は図7.4の(a)において，A点と荷重端点B, Cを結んだ線の挟角 ε のみの関数であるから，ε を一定とするすべての点で主応力は同じであり，そのような点は円である．このような円群を等主応力線 (equi-principal stress line) という (図7.4(b))．図7.4(c)より荷重中心直下の水平方向の主応力 σ_3/q は $z/B=2$ でほぼ 0 になるが，鉛直方向の主応力 σ_1/q は σ_3/q に比べて相当深い位置まで伝わる．

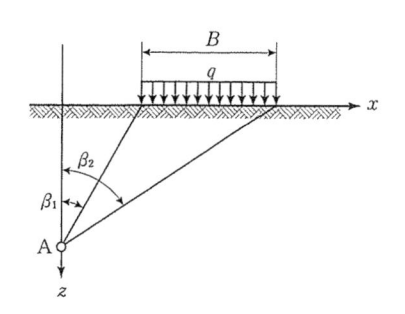

図7.3 帯状荷重による応力

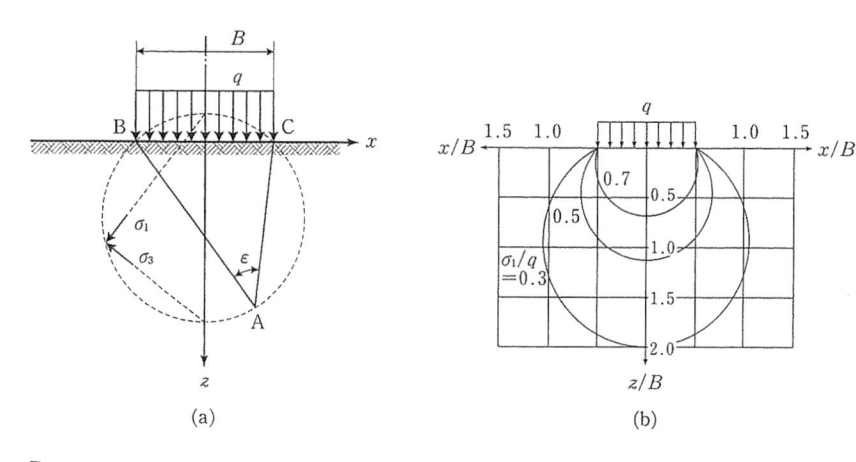

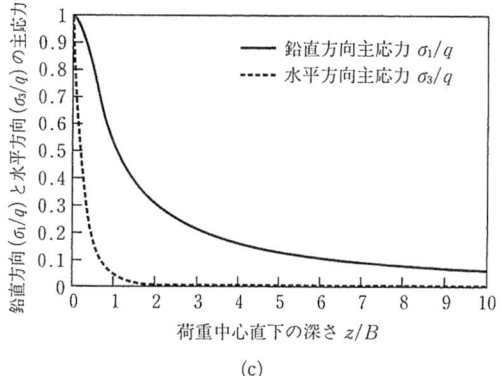

(a)

(b)

(c)

図7.4 帯状荷重による等主応力線(a)，等主応力線の変化(b)，荷重中心直下における主応力の減衰特性(c)

c. 鉛直台形荷重による応力

オスターバーグ(Osterberg, 1957)は，道路盛土や河川堤防のような台形荷重が地表面に作用した場合の地盤内応力を求めるために，図7.5に示すような図表を作成した．

これによれば，図中に示す深さ z，長さ a, b の無次元量 $a/z, b/z$ から影響値 $I_{\sigma 0}$ が求められ，これにより深さ z における N 点の鉛直応力が図中の式で算出される．この手法を用いれば，種々の荷重状態における地盤応力を重ね合わせの原理により求めることができる．たとえば，図7.6 の (a) の場合は N 点の左右の荷重による $I_{\sigma 0}$ をそれぞれ求めた後，それらを足し合

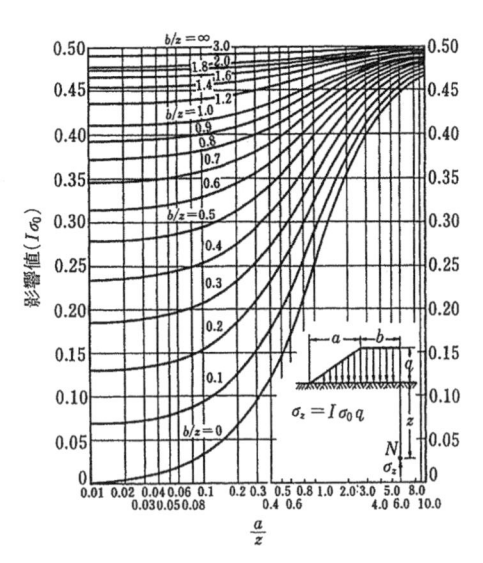

図7.5 台形荷重による地盤内応力の影響値

わせた $I_{\sigma 0}$ を用いることにより，また (b) の場合には，破線部にも荷重が作用するとして求めた $I_{\sigma 0}$ から破線部荷重による $I_{\sigma 0}$ を差し引いた $I_{\sigma 0}$ を用いることにより，N 点の鉛直応力を算出することができる．

〔例題7.2〕 図7.7 のような荷重が地表面に作用した場合，A 点，B 点で増加する鉛直応力をオスターバーグの手法で求めよ．

〔解〕

点 A：

□ befg と △bcg に分けて考える．

□ befg では，$a/z=2$，$b/z=6$，よってオスターバーグの図表から，影響値 $I_\sigma=0.5$

△bcg では，$a/z=2$，$b/z=0$，よって $I_\sigma=0.35$

∴ $\sigma_{ZA}=40\times(0.5+0.35)=34 \text{ kN/m}^2$

点 B：

□ defd' − □ dcgd' として計算する．

□ defd' では $a/z=2$，$b/z=9$，よって $I_\sigma=0.5$

□ dcgd' では $a/z=2$，$b/z=1$，よって $I_\sigma=0.47$

∴ $\sigma_{ZB}=40\times(0.5-0.47)=1.2 \text{ kN/m}^2$

7.2 地表載荷による地中の応力

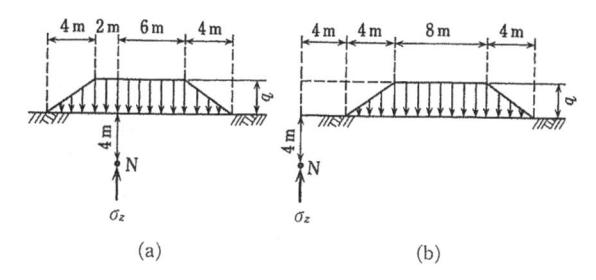

図7.6 堤状荷重による地盤内応力の計算

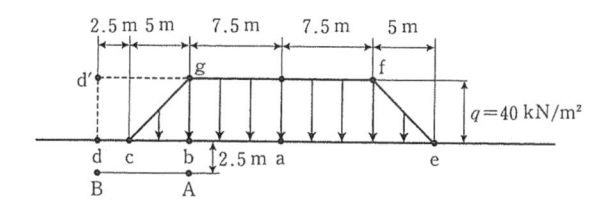

図7.7 堤状荷重

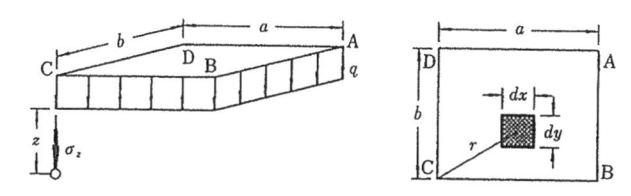

図7.8 鉛直長方形荷重による応力

d. 鉛直長方形荷重による鉛直応力

ニューマーク(Newmark, 1937)は，図7.8に示すような長方形の等分布荷重 q による C 点直下の深さ z における鉛直応力 σ_z を算定する式を示した．

$$\sigma_z = q I_{\sigma n} \tag{7.16}$$

$$I_{\sigma n} = \frac{1}{4\pi} \left\{ \frac{2mn(m^2+n^2+1)^{1/2}}{m^2+n^2+m^2n^2+1} \cdot \frac{m^2+n^2+2}{m^2+n^2+1} + \tan^{-1} \frac{2mn(m^2+n^2+1)^{1/2}}{m^2+n^2-m^2n^2+1} \right\} \tag{7.17}$$

ここに，$m=a/z$, $n=b/z$ の無次元値である．(7.17)式を表した図7.9を用いれば，m, n 値から容易に $I_{\sigma n}$ を求めることができる．また，前記台形荷重の場合と同様，重ね合わせの原理(principle of superposition)が利用できる．たとえば，図7.10で A 点直下の鉛直応力を求めるには，(a)の場合には A 点周囲の4つの長方形荷重の $I_{\sigma n}$ をそれぞれ求め，その和を用いることにより，また(b)の場合には，破線部にも荷重が作用

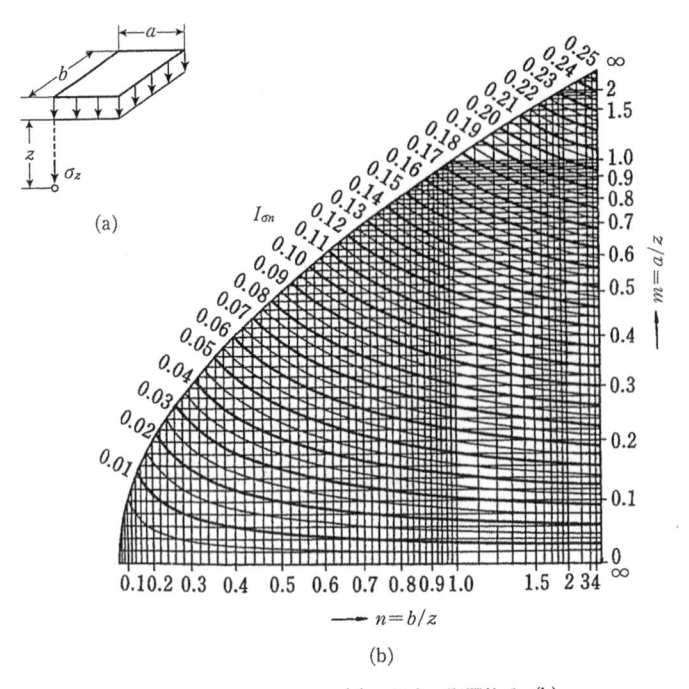

図 7.9　長方形等分布荷重 (a) に対する影響値 $I_{\sigma n}$ (b)

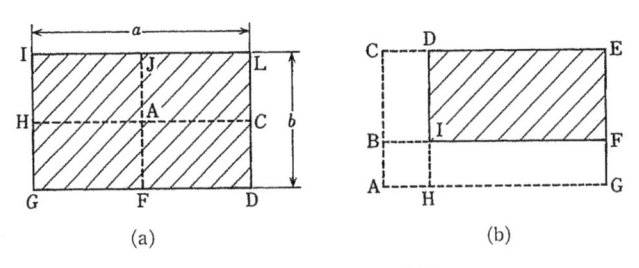

図 7.10　長方形荷重の分割

するとして A 点の $I_{\sigma n}$ をいったん求めておき，その値から破線部荷重による A 点の $I_{\sigma n}$ を差し引いた $I_{\sigma n}$ を用いればよい．ここで，破線部荷重の $I_{\sigma n}$ は，長方形 ACDH, ABFG の $I_{\sigma n}$ の和から長方形 ABIH の $I_{\sigma n}$ を差し引いて求められる．

7.3 地表載荷による地盤の沈下

　地表面に荷重が作用することにより地盤は沈下するが，この沈下により地中の構造物や基礎の上部構造物が被害を受けないようにしなければならない．

　いま地盤を完全弾性体と仮定し，図7.8に示す長方形鉛直等分布荷重 q による地表面のコーナーCの沈下 W を求めることを考えると，Cから距離 r だけ離れている点の微小荷重 $dQ=qdxdy$ によるC点の鉛直変位 dW は，ブーシネスクにより次のように求められている．

$$dW = \frac{(1-\nu^2)dQ}{\pi r E}$$

ここに，E は弾性係数である．上式を幅 b，長さ a にわたって積分すると W は

$$W = I_a q b (1-\nu^2)/E \tag{7.18}$$

ここに，I_a は無次元の影響値であり次式で定義される．

$$I_a = \frac{1}{\pi}[s \cdot \log_e\{(1+\sqrt{(s^2+1)})/s\} + \log_e\{s+\sqrt{(s^2+1)}\}]$$

$$s = a/b$$

　図7.11(テルツァーギ(Terzaghi), 1943)に I_a の値を示す．円形あるいは正方形分布荷重の場合の I_a は，載荷板の剛性で異なり，表7.2のようになる．ここに，(7.18)式の b の値は，円形基礎では直径を採用する．ところで，図7.10において，応力の算定を重ね合わせの原理を利用して求めたが，沈下についても同様に，以上の結果を重ね合わせて算定することができる．

　また，半径 R の円形等分布荷重 q による荷重中心軸上の深さ z における沈下 W は以下の通りである．

$$W = 2R \cdot q \cdot (1-\nu^2) \cdot (\sqrt{(1+n^2)} - n) \cdot [1 + n/\{2(1-\nu) \cdot \sqrt{(1+n^2)}\}]/E \tag{7.19}$$

ここに，$n = z/R$．

　また，図7.1に示す集中荷重 Q による地盤任意点の沈下 W は，次式で表される．

$$W = \frac{Q \cdot (1+\nu) \cdot \{2(1-\nu) + z^2/R^2\}}{2\pi R E} \tag{7.20}$$

　上式を用いれば，任意の分布荷重が作用する場合でも地中任意点の沈下を求めることができる．すなわち，分布荷重をいくつかに分割して集中荷重に置き換

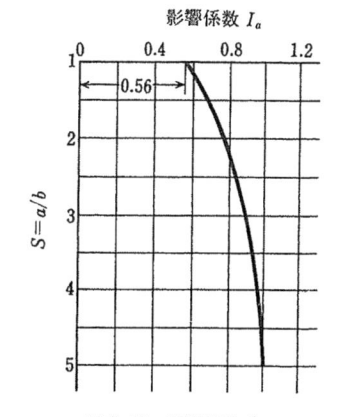

図7.11　影響係数 I_a

表7.2 等分布荷重による沈下の影響値 I_a

載荷面の形	載荷面の剛性　位置	剛 全面	たわみ性			
			中心点	外辺の中点	隅角点	平均
円　形		0.785	1.0	0.636	—	0.85
正方形		0.88	1.122	0.767	0.561	0.95

えて表したのち，各集中荷重による沈下を(7.20)式で算出し，これを足し合わせて沈下を容易に求めることができる．

7.4　浅い基礎の支持力

荷重と地盤強度の関係や地盤の圧縮特性などを考慮して，個々の地盤にふさわしい基礎形式を選ぶことは非常に重要である．地表近くの地盤が荷重を支えるのに十分堅固であれば，浅い基礎(shallow foundation)を用いることが可能である．浅い基礎とは図7.12において，D_f を根入れ深さ，B を基礎幅として，根入れ幅比 $(D_f/B)≦1$ の場合をいい，また $(D_f/B)>1$ の場合を深い基礎(deep foundation)という．浅い基礎で採用される基礎の種類を図7.13に示す．1本の柱を支える基礎を独立フーチング基礎，2本の柱を支える基礎を複合フーチング基礎，荷重支持壁または連続した柱を支える基礎を連続フーチング基礎（または布基礎），上部荷重全体を多くの柱を通して単一の板状基礎で支えるのをべた基礎という．

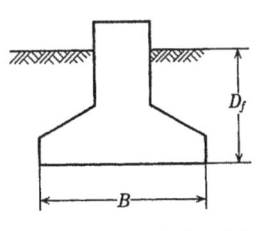

図 7.12　根入れ幅比 (D_f/B)

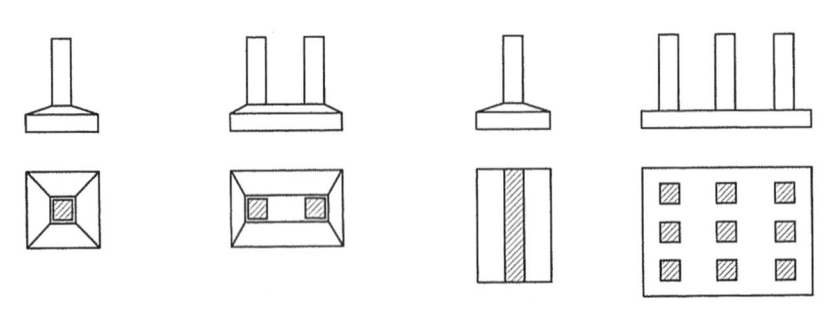

(a)　独立フーチング基礎　(b)　複合フーチング基礎　(c)　連続フーチング基礎　(d)　べた基礎

図 7.13　浅い基礎の種類

7.4 浅い基礎の支持力

a. 基礎の荷重沈下関係

基礎からの荷重載荷により地盤は沈下するが,その荷重-沈下曲線は地盤特性により異なる.図7.14は特徴的な2種類の地盤について,単位面積あたりの荷重である荷重強度 q と,沈下 s との関係を表したものである.地盤が締まっている場合や固い場合には(a)のような曲線となり,ある荷重強度から沈下は急激に増加する.この急激に増加する直線部の勾配はほぼ横軸に垂直となるが,このときの横座標を極限支持力 q_d (ultimate bearing capacity)といい,これが単位面積あたりの地盤の支持力である.一方地盤がゆるい場合ややわらかい場合には(b)のような曲線となり,小さな荷重強度でも沈下が大きく,また(a)のような急激な沈下増加点はみられない.このような場合には,沈下曲線が急に直線的となる横座標をもって地盤の支持力とする.(a),(b)のような破壊形態をそれぞれ全般せん断破壊(general shear failure),局部せん断破壊(local shear failure)という.

極限支持力 q_d を安全率(safety factor) F_s で割った値を許容支持力(allowable bearing capacity) q_a という.

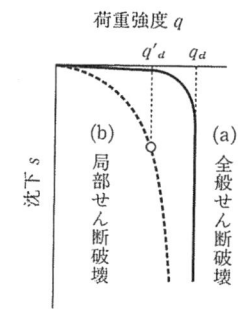

図7.14 基礎の荷重沈下関係

b. 接地圧

通常,上部荷重を基礎の面積で除した値が基礎底面に均一に作用するとして基礎の接地圧(contact pressure)を算定するが,実際はどうであろうか.建造物荷重の地盤への伝わり方は,基礎がたわみ性であるか剛性であるかにより,また地盤特性により異なることが知られている.ゆるく積み上げた盛土はたわみ性基礎(flexible foundation)と考えることができ,地盤にはほぼ等しい盛土荷重が作用するが,土木工事で用いられる基礎は通常鉄筋コンクリートで製作され,たわみ性基礎ではないから,そのようにはならないと考えられる.図7.15は剛性基礎(rigid foundation)による接地圧について,砂質地盤と粘性土地盤の違いを示したものである.砂質地盤での接地圧は,荷重端の砂が側方拘束力に欠けることから,荷重端で0,中央で最大値を示すのに対し,粘性土地盤での接地圧は荷重端で最大値,中央で最小値を示す.

c. 連続フーチングの極限支持力

テルツァーギは,図7.16に示すような幅 B,根入れ深さ D_f なる連続フーチング(continuous footing)の単位奥行きあたりの極限支持力 Q_d を,①基礎底面が位置している水平面以上の土のせん断抵抗は無視し,②その土は $q=\gamma D_f$ なる載荷重で置換で

(a) 粘性土地盤

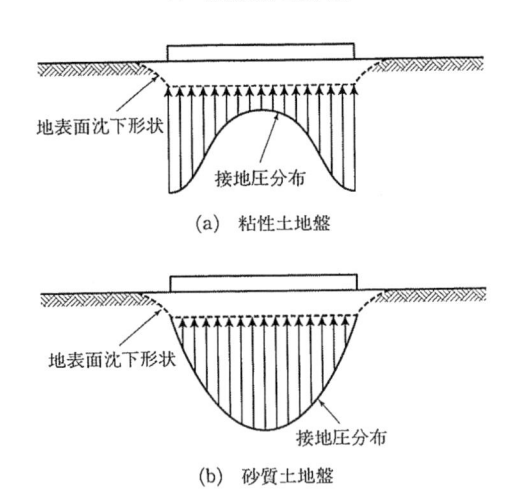

(b) 砂質土地盤

図 7.15 剛性基礎による接地圧の違い

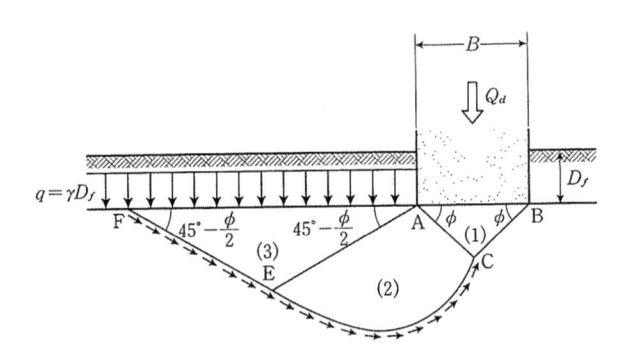

図 7.16 浅い基礎の支持力 Q_d

きる，③フーチング底面はあらく，地盤との間に摩擦抵抗を生じる，などの仮定で導いた．

また，極限状態における地盤の動きを，以下の3領域に分けた．

(1) ABC：フーチング直下のくさび領域
(2) ACE：すべり面 CE が対数らせんで表される放射状せん断領域
(3) AEF：ランキン (Rankine) の受働土圧領域

テルツァーギは，支持力が自重，上載圧力，粘着力の3つの項に分けられると仮定して Q_d を求めた．極限支持力 q_d は単位奥行きあたりの極限支持力 Q_d を基礎幅 B で除したものであるから，

7.4 浅い基礎の支持力

$$q_d = Q_d/B$$
$$= cN_c + \gamma B(1/2)N_\gamma + \gamma D_f N_q \tag{7.21}$$

ここに，N_c, N_γ, N_q は支持力係数 (bearing capacity factor) といわれる定数であり，図7.17に示す．ただし，図中の N は，図7.14で示す全般せん断破壊の場合の支持力係数であり，また N' は局部せん断破壊の場合の支持力係数である．局部せん断破壊時の支持力式は，式 (7.21) の N を N'，粘着力 (cohesion) c を $(2/3)c$ としたものである．

$$q_d = (2/3)cN_c' + \gamma B(1/2)N_\gamma' + \gamma D_f N_q' \tag{7.22}$$

要するに，基礎による地盤の破壊形態が全般せん断破壊と局部せん断破壊のいずれであるかをあらかじめ決めれば，内部摩擦角 (internal friction angle) を与えることにより図7.17から支持力係数が決まるので，(7.21)式または(7.22)式から支持力が算定されることになる．砂の場合には，その相対密度が70%以上だと全般せん断破壊が，30%から70%では局部せん断破壊が生じるといわれている．

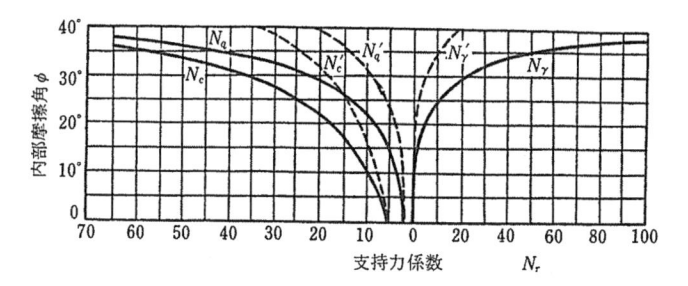

図7.17 内部摩擦角と支持力係数の関係

表7.3 実用的に修正した支持力係数

ϕ	N_c	N_γ	N_q
0°	5.3	0	1.0
5°	5.3	0	1.4
10°	5.3	0	1.9
15°	6.5	1.2	2.7
20°	7.9	2.0	3.9
25°	9.9	3.3	5.6
28°	11.4	4.4	7.1
32°	20.9	10.6	14.1
36°	42.2	30.5	31.6
40°	95.7	114.0	81.2
45°	172.3	325.8	173.3
50°	347.1	1073.4	414.7

しかし，実際の破壊形態を予測するのは容易でないから，内部摩擦角が大になるに従って，局部せん断破壊から全般せん断破壊に破壊形態が漸次移行するよう，実用的に修正した支持力係数が表7.3(建築基礎構造設計指針，1988)のように示されている．

ところで，図7.17を見ると，同一の内部摩擦角に対する局部せん断破壊の支持力係数の値は全般せん断破壊のそれに比べて小さいが，これは以下のように考えたためである．すなわち，局部せん断破壊では，最大せん断抵抗応力(せん断強度)がすべてのせん断面で発揮されているわけではなく，一部ではこの強度よりも小さいせん断抵抗応力が発揮されている．この場合に，すべてのせん断面で最大せん断抵抗応力が発揮されると考えるのは危険であるから，テルツァーギは，局部せん断破壊時の c, ϕ を全般せん断破壊時の $(2/3)c$, $\tan^{-1}\{(2/3)\cdot\tan\phi\}$ と低減させて用いることを提案した．

d. 極限支持力の一般式

以上で求めた支持力は二次元の連続フーチングに対するものであり，三次元基礎には適用できない．そこで，テルツァーギは，形状係数(shape factor)というファクターを導入して円形，正方形，および長方形フーチングに対して，連続フーチングと類似の一般的な支持力式を示した．

全般：$q_d = \alpha c N_c + \beta \gamma_1 B N_\gamma + \gamma_2 D_f N_q$ (7.23)

局部：$q_d = \alpha(2/3) c N_c' + \beta \gamma_1 B N_\gamma' + \gamma_2 D_f N_q'$ (7.24)

ここに，α, β は表7.4で表される基礎底面の形状係数，γ_1 は基礎底面から基礎の短辺長 B (円形の場合は直径)の深さまでの土の平均単位体積重量，γ_2 は基礎底面より上方にある土の平均単位体積重量，c は基礎底面より下にある土の粘着力，D_f は基礎の根入れ深さである．なお γ_1, γ_2 ともに有効単位体積重量を採用する必要がある．

表7.4 各種フーチングの形状係数 α, β

フーチングの形状	α	β
帯　　　　状	1.0	0.5
円　　　　形	1.3	0.3
正　方　形	1.3	0.4
長　方　形	$1+0.3\dfrac{B}{L}$	$0.5-0.1\dfrac{B}{L}$

B：長方形の短辺長，L：長辺長

e. 支持力に及ぼす諸因子の影響

ここでは以上で示した支持力式に及ぼす諸因子について検討してみる．

7.4 浅い基礎の支持力

1) 水の影響

支持力式の誘導においては，地下水位は基礎幅 B に比べ十分深いとしたが，地下水位が浅いと支持力式の単位体積重量 γ はその影響を受けることになる．すなわち，γ は土粒子間の有効応力として作用するものを採用すべきであるから，地下水面以深の部分については浮力の分を差し引いた有効単位体積重量 γ' を用いるべきであり，次式で計算される．

$$\gamma' = \gamma_{sat} - \gamma_w = (G_s - 1)\gamma_w/(1+e)$$

いま，地下水面が基礎底面より $D_w(<B)$ だけ下に位置していれば，このときの γ' としては次のような平均単位体積重量 γ_{av} を用いるべきである．

$$\gamma_{av} = \{\gamma D_w + \gamma'(B - D_w)\}/B = \gamma' + D_w(\gamma - \gamma')/B$$

2) 取り除かれた地盤重量の影響

基礎の設置にともない，取り除かれた地盤重量の項を考慮した正味の支持力は次のようになる (建築基礎構造設計指針，1988)．

$$q_d - \gamma_2 D_f = cN_c + \gamma_1 B(1/2)N_\gamma + \gamma_2 D_f(N_q - 1)$$

地盤のせん断破壊に対する安全率は通常 2 から 3 の範囲でとられるが，いまこれを F_s とし，左辺の極限支持力を許容支持力 q_a で表せば，

$$q_a - \gamma_2 D_f = \{cN_c + \gamma_1 B(1/2)N_\gamma + \gamma_2 D_f(N_q - 1)\}/F_s$$

ここで左辺第2項を右辺にもどせば，

$$q_a = \{cN_c + \gamma_1 B(1/2)N_\gamma + \gamma_2 D_f(N_q + F_s - 1)\}/F_s \tag{7.25}$$

これが安全率を考慮した基礎の許容支持力式である．

〔例題7.3〕 図 7.18 のように 2 m のシルト質粘土層の下に均質な厚い砂質シルト層がある．この砂質シルト層の上面に幅 3 m，長さ 6 m の長方形フーチング基礎を設計する場合，地下水位が地表面下 2 m として極限支持力を求めよ．なおフーチング基礎の設置のために取り除いた土の重量は無視してよい．また，支持力係数の値は表 7.3 から決定せよ．

シルト質粘土層
$\gamma_2 = 16 \text{ kN/m}^3$
地下水面

砂質シルト層
$\gamma_1 = 18 \text{ kN/m}^3$ $G_s = 2.68$
$c = 5 \text{ kN/m}^2$ $w = 30\%$
$\phi = 30°$

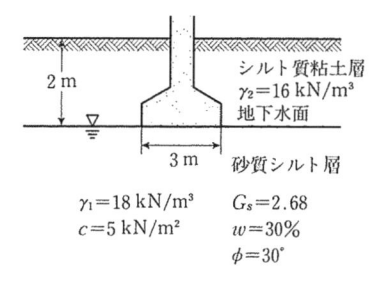

図 7.18 長方形フーチング基礎

〔解〕 形状係数 α, β は，表 7.4 から

$$\alpha = 1 + 0.3 B/L = 1 + 0.3 \times 3/6 = 1.15$$
$$\beta = 0.5 - 0.1 B/L = 0.5 - 0.1 \times 3/6 = 0.45$$

表 7.3 の支持力係数の値を線形補間して求めると $\phi = 30°$ より，$N_c = 11.4 + \dfrac{20.9 - 11.4}{32° - 28°}$ $\times (30° - 28°) = 16.15$，同様にして，$N_\gamma = 7.50, N_q = 10.60$．地下水面より下の土の有効単

位体積重量 γ' を求めるには，間隙比 e を求めておく必要がある．すなわち

$$e = \frac{\gamma_w}{\gamma_d}G_s - 1, \quad \gamma_d = \frac{\gamma_t}{1+w/100} \quad \text{より} \quad e = \frac{\gamma_w(1+w/100)}{\gamma_t}G_s - 1$$

これにフーチング基礎の下の地盤パラメータ $\gamma_t = 18\,\text{kN/m}^3$, $\gamma_w = 9.8\,\text{kN/m}^3$, $w = 30\,\%$ を代入して，$e = 0.897$．フーチング基礎の下の地盤の有効単位体積重量は

$$\gamma_1 = \gamma' = (G_s - 1)\gamma_w/(1+e) = 8.68\,(\text{kN/m}^3)$$

よって (7.23) 式から

$$q_d = 1.15 \times 5 \times 16.15 + 0.45 \times 8.68 \times 3 \times 7.5 + 16 \times 2 \times 10.6$$
$$= 520\,(\text{kN/m}^2)$$

支持力 Q_d は

$$Q_d = A q_d = 3 \times 6 \times 520 = 9.36\,(\text{MN})$$

f. 粘土地盤の転倒破壊に対する基礎の支持力

現実の地盤はテルツァーギが仮定したように均質でなく，また基礎本体も必ずしも水平に設置されるとは限らないから，実際の基礎地盤の破壊状況は基礎本体が左右どちらかに傾いて転倒する．したがって，基礎の左右に対称な破壊領域が生じるという仮定は満足されないことになる．このようなことから，チェボタリオフ (Tschebotarioff) およびフェレニウス (Fellenius) は粘土地盤上の連続フーチングの破壊を転倒という視点から個別に検討した．

チェボタリオフは図 7.19 に示すように O 点を中心とする円筒状のすべり面が生じると仮定し，O 点に関するモーメントの釣合いから次式を導いた．

$$q_d B(B/2) = c_u(\pi B^2 + D_f B) + \gamma D_f B^2/2$$

これより

$$q_d = c_u(2\pi + 2D_f/B) + \gamma D_f = 6.28 c_u(1 + 0.32 D_f/B + 0.16\gamma D_f/c_u) \tag{7.26}$$

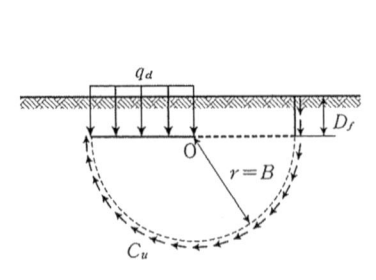

図 7.19　チェボタリオフによる支持力の算定

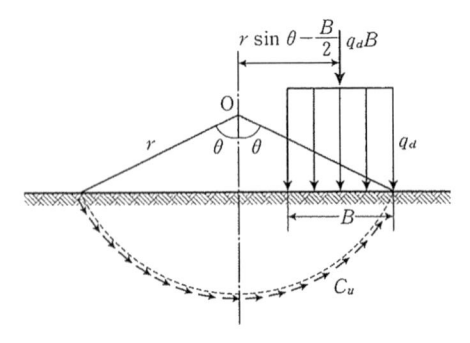

図 7.20　フェレニウスによる支持力の算定

ここに，c_u は土の粘着力である．上式で根入れのない $D_f=0$ の場合には $q_d=6.28c_u$ となる．

フェレニウスは図 7.20 に示す任意の中心 O 点のまわりのモーメントの釣合いを考えた．

$$q_d B(r \sin \theta - B/2) = 2c_u r^2 \theta$$

ここで，q_d の極値を求めるために，$\partial q_d/\partial r=0$, $\partial q_d/\partial \theta=0$ を計算することにより次式を得た．

$$q_d = 5.52 c_u \tag{7.27}$$

厚さ D_f の根入れがある場合には，上記と同様にして，

$$q_d = 5.52 c_u (1 + 0.38 D_f/B) + \gamma D_f \tag{7.28}$$

7.5 深い基礎の支持力

荷重に対して地表近くの地盤強度が十分でない場合には，荷重を地中の深い支持層に伝達する杭基礎 (pile foundation)，ピヤ基礎 (pier foundation)，およびケーソン基礎 (caisson foundation) という深い基礎 (deep foundation) が考えられるが，その中で杭基礎が最もよく用いられる．杭基礎を機能上で分類すると，① 先端支持杭，② 下部地盤による支持杭，③ 周面摩擦杭，④ 水平抵抗杭，などがある．また杭を施工法により分類すると，① 既製のコンクリート杭などを工事現場に運んで打ち込む打込み杭 (driving pile)，② あらかじめ地盤にアースドリルなどで穿孔しておき，その中に無筋，あるいは鉄筋のコンクリートを打設する場所打ち杭 (cast-in-place pile) がある．

深い基礎の支持力問題は複雑であり，従来種々の支持式が示されている．杭はその幅に比べて長さが長いので，その支持力 Q_u は，杭の先端支持力と周面支持力の和と考えられ，通常次式のような形で表される．

$$Q_u = A_b q_d + A_s \tau_a$$

ここに，A_b：杭の底面積，q_d：杭の先端支持力，A_s：杭周の表面積，τ_a：杭と土との間の摩擦抵抗応力．

a. マイヤホフの支持力式

テルツァーギは図 7.21 の基礎中心線左側に示すように，ae 面上に根入れ荷重が作用するとして支持力を求めた．マイヤホフ (Meyerhof) は図 7.21 の基礎中心線右側に示すように，基礎底面から上の

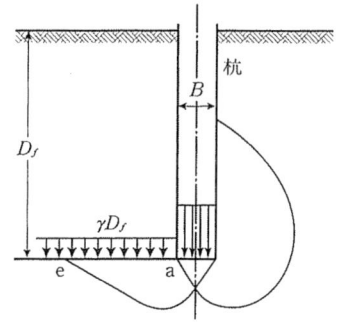

図 7.21 テルツァーギ (左) とマイヤホフ (右) のすべり面

地盤のせん断強度を考慮するために，すべり面を基礎底面より上まで延長して以下に示す支持力式を示した．

$$q_d = cN_c + (1/2)\gamma BN_\gamma + \gamma D_f N_q \quad (7.29)$$

マイヤホフの支持力係数を図7.22に示す．杭では，根入れ深さ D_f に比べて杭幅 B は小であり，通常は無視できるから，上式の右辺第2項を省略する場合が多い．

$$q_d = cN_c + \gamma D_f N_q \quad (7.30)$$

上式は先端の支持力であるのでこれに杭周面に作用するせん断抵抗応力 $\tau_a = c_a + \sigma_a \tan\delta$ による摩擦抵抗力を加えて，総支持力は次式で表される．

$$Q_u = A_b\{cN_c + \gamma D_f N_q\} + S\int_0^{D_f}(c_a + \sigma_a \tan\delta)dl$$

ここに，c_a, σ_a, δ, S はそれぞれ杭と地盤との間の付着応力，杭に作用する水平方向の垂直応力，杭と地盤との間の摩擦角，杭の周長である．

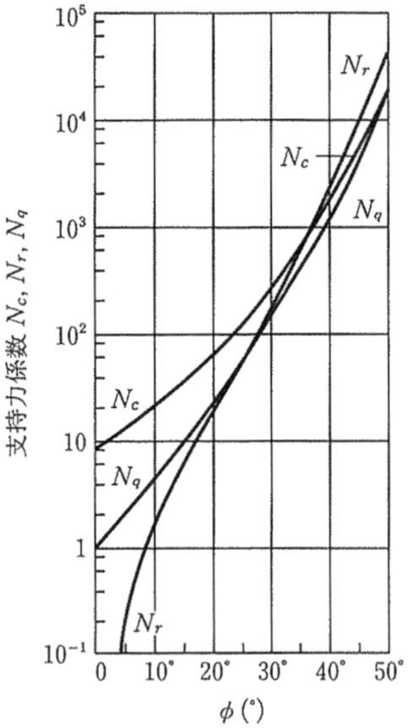

図7.22 マイヤホフの支持力係数 (W_u : soil mechanics)

いま，杭が砂層に打設されていれば，$c = c_a = 0$ と考えてよいから，K_s, σ_v' を杭全体の平均土圧係数，杭全長の平均有効土被り圧力として，Q_u は次のように表される．

$$Q_u = A_b \gamma D_f N_q + SD_f K_s \sigma_v' \tan\delta$$

K_s の値は，鋼杭では緩詰め砂で0.5，密詰め砂で1.0，コンクリート杭では緩詰め砂で1.0，密詰め砂で2.0といわれている．

b. 杭の負の周面摩擦力

杭は本来，上部荷重 Q を杭の先端および周面により地盤に受け持たせるものであるが，圧密を生じる粘土地盤を貫通して固い支持層に杭が打設されていると，杭には負の周面摩擦力 (negative skin friction) が生じる場合がある．すなわち，図7.23(a)に示すように，もし粘土層に圧密が生じなければ杭には地盤から上向きの正なる摩擦応力 τ_p が作用する．この場合，杭の軸力は地表で最大となり深さとともに減少する．杭先端での軸力は次式で表される．

$$Q_T = Q - S\int_L \tau_p dl$$

ここに，L は粘土層の厚さである．

(a) 杭の打設時　　(b) 地盤沈下後

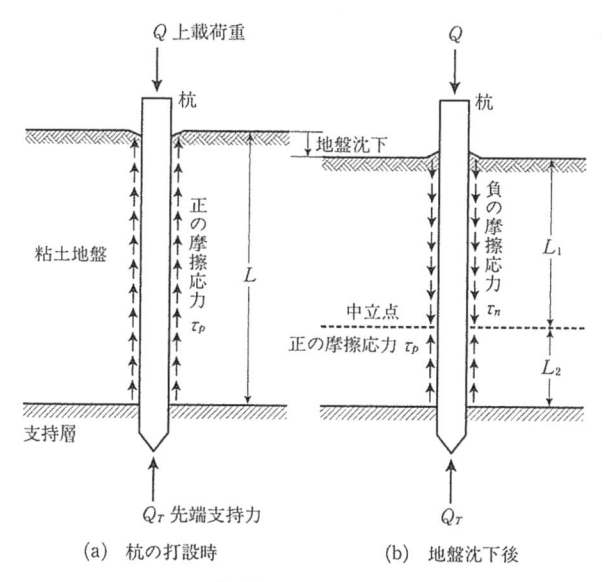

図 7.23 杭の周面摩擦力

　圧密の進行により地盤が沈下すると，図 7.23(b) に示すように，杭には下向きの負の摩擦応力 τ_n が作用することになる．すなわち，杭周辺の地盤が杭にぶら下がるような状態になる．したがって杭の軸力は地表から下に位置するほど大きくなり，杭の周面摩擦応力が 0 になる中立点で最大となる．また中立点より下方では軸力は深さとともに減少する．この場合の杭先端の軸力 Q_T は次式で表される．

$$Q_T = Q + S\int_{L_1} \tau_n dl - S\int_{L_2} \tau_p dl$$

ここに，L_1 は地表から中立点までの距離，L_2 は中立点から粘土層下端までの距離である．このように負の摩擦応力に起因して，杭に過大な軸力が生じて杭が座屈したり，あるいは下部支持層に破壊が生じたりする場合がある．地盤沈下は地表の盛土，地下水位の低下，地盤の圧密などが考えられる．負の摩擦応力は地盤と杭との間の 10 mm 程度の相対変位から生じるといわれている．負の摩擦応力を発生させないために，杭にアスファルトのような歴青材が塗布されたりする．

演 習 問 題

7.1 幅 4 m の帯状荷重 $q = 200 \text{ kN/m}^2$ が地表面に作用する場合，(a) 荷重中心直下 4 m，およ

び(b)荷重端直下4mの鉛直応力を求めよ．

7.2 6m×8mの長方形荷重 $q=200$ kN/m² が地表面に作用する場合, (a)荷重中心直下4m, および(b)荷重端直下4mの鉛直応力をニューマークの方法により求めよ．

7.3 単位体積重量18 kN/m³ の盛土が地表面に作用する場合について, 図7.24に示す地中各点の鉛直応力を求めよ．

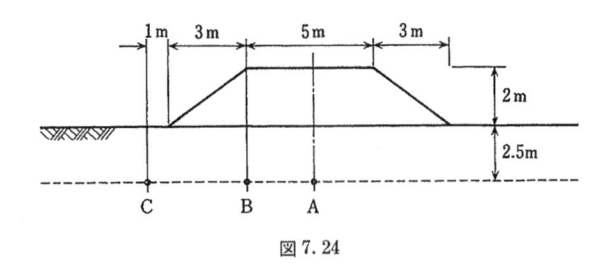

図7.24

7.4 4m×6mの長方形荷重 $q=250$ kN/m² が地表面に作用する場合について，荷重中心直下の地盤沈下を求めよ．ただし，地盤のポアソン比は0.4，ヤング率は10 MN/m² とする．

7.5 図7.25に示す連続フーチングの極限支持力 q_d を(a)チェボタリオフ，および(b)フェレニウスの手法で求めて比較せよ．

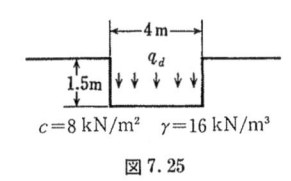

図7.25

7.6 2.5m×2.5mの正方形フーチングをシルト質砂層に設ける場合の全般せん断破壊に対する極限支持力について，(a)根入れ深さが1.5mの場合，および(b)根入れのない場合でそれぞれ求め，両者を比較せよ．ただし，地下水面はフーチング底面にあるとし，$\gamma=16$ kN/m³, $\gamma'=8$ kN/m³, $\phi=30°$, $c=10$ kN/m² とする．

8. 斜面の安定

8.1 概説

　斜面とは，自然あるいは人工的に形成した傾斜した地表面のことを意味し，一般に自然斜面，切土斜面，盛土斜面をさしている．これらの斜面は，土の重力の作用により高い部分から低い部分へと移動しようとするため，土の内部にせん断応力が生じる．このせん断応力が土のせん断強さを超えないうちは斜面は安定を保っているが，せん断強さに達すると斜面は崩壊する．崩壊は地震により大きなせん断応力が発生したとき，豪雨により土のせん断強さが低下したときなどに発生する場合が多い．

　斜面の崩壊には，自然斜面で発生する地すべりや山崩れ，切土あるいは盛土斜面で発生する斜面崩壊がある．地すべりや山崩れは自然斜面のまま発生することもあるが，切土あるいは盛土を行ったために発生する場合も多い．

　斜面の崩壊例は千差万別であり，破壊していない斜面の安定を検討することが困難な作業であることを示している．しかし，各種の災害を未然に防ぐため，あるいは構造物を構築するときに付随してこの困難な作業を行わなければならない．斜面の安定解析には土のせん断強さの評価が不可欠であり，安定解析法の選択とともにせん断強さの評価が斜面の安定性の評価を左右することになる．

　斜面の破壊は自然斜面の表層すべりでみられるような直線に近いすべり面，海岸堤防などのすべりにみられるような円形すべり面とがある．規模の大きな斜面破壊は円形に近いすべり面をもつことが経験的によく知られている．

　図 8.1 は斜面破壊の形態を示している．直線すべり面(図 8.1(a))のほか，円形すべり面による破壊は，斜面内破壊(図 8.1(b))，斜面先破壊(図 8.1(c))，底部破壊(図 8.1(d))の 3 種類に分けられる．

　斜面内破壊は異なるせん断強さをもつ土層が斜面内で水平方向に分布している場合に多く発生し，斜面先破壊は均一な土の斜面に起こりやすい．一方，底部破壊は堅固な層が基礎にあり，比較的ゆるい斜面に発生しやすい．

(a) 直線すべり面

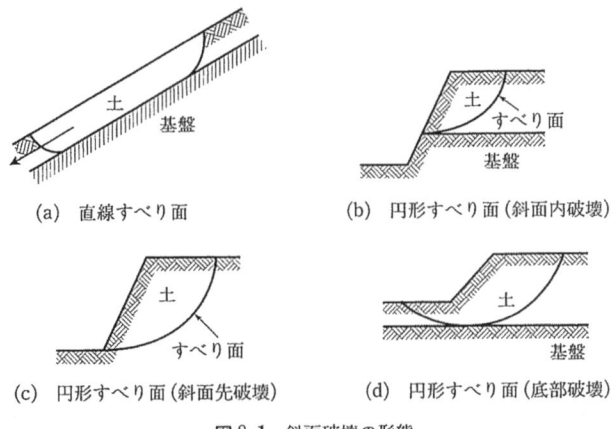

(b) 円形すべり面 (斜面内破壊)

(c) 円形すべり面 (斜面先破壊)

(d) 円形すべり面 (底部破壊)

図8.1 斜面破壊の形態

8.2 安定性の評価

土中のせん断応力が土のせん断強さに達するとすべりが起こる．このすべりがどこで発生するかを予測することは非常にむずかしい．このため，安定解析は予想されるすべり面をいくつか仮定してそれぞれのすべり面に対する安全率を求め，そのうちの最小の安全率で斜面の安定性を評価している．実用上は経験的に選ばれたいくつかのすべり面の安全率を求めることで大きな支障はない．

安定解析で求められる安全率には次の2種類あり，解析法によって異なる安全率が得られるが，大きな差異はないのが一般的である．

$$F_s = \frac{すべりに抵抗する力のモーメント}{すべりを起こそうとする力のモーメント}$$

$$F_s = \frac{すべりに抵抗するせん断抵抗の総和}{すべりを起こそうとするせん断力の総和}$$

安定解析で求められる安全率から斜面の安定性を評価するが，その目安は経験的な判断と社会に与える影響度の違いによって異なっている．表8.1は安全率の目安を示して

表8.1 安全率による安定性の評価の目安

安全率	安定性の評価
1.0 以下	不安定
1.0～1.3	安定に不安が残る
1.3～1.4	普通の斜面，盛土では安定だが，フィルダムでは不安
1.5 以上	フィルダムでも安定

いる．また，実用的には安全率を求めるときに用いたせん断強さをどのような土質試験で求めたかによっても安定性の評価に幅をもたせ，安全率のみでは評価できない部分を経験的に判断できるようにしている．

自然斜面，人工斜面を問わず斜面の安定解析には斜面を構成する土のせん断強さが必要であり，この値が求められる安全率を大きく支配することになる．このため安定解析に使用する土のせん断強度は慎重に決めなければならない．

土のせん断強さは土の状態（含水比，密度，骨格）に大きく支配される．たとえば，ゆるい砂は振動によって簡単に液状化するが，密な砂は振動が加わっても液状化しない．また，斜面の安定解析をする場合には斜面に与えられた状況を十分に検討して安全率算定に用いるせん断強さを選定する必要がある．たとえば，急速に盛土を行った直後の盛土の安定解析には非排水せん断強さを用いる必要があり，豪雨時の盛土斜面の解析には圧密非排水せん断強さを用いるのがより適切である．また，貯水を目的としたフィルダムでは盛土完了時，満水貯水時（常時）および貯水位急降下時（常時）の条件の異なるケースすべてについて安定性を確保することを求めており，盛土の密度などの土の状態を先に決めてから土の状態と排水，圧密の条件に適合したせん断強さを決める方法が一般的に採用されている．

安定解析には全応力法と有効応力法がある．全応力法は，実際に起こりうる排水条件に対応した応力履歴と排水条件のもとで得られた全応力に関する強度定数を安定解析に採用する方法である．排水条件には非圧密非排水 (UU)，圧密非排水 (CU)，圧密排水 (CD) の3条件があり，盛土が完成した直後の安定解析時排水条件は非圧密非排水条件，盛土の長期安定解析時排水条件は圧密非排水条件，地すべりのように破壊がゆっくり進行するときの安定解析には圧密排水条件で，それぞれ得られる強度定数を用いる必要がある．

一方，有効応力法は，せん断強さとして排水条件によって変化しない強度定数を用い，斜面破壊時のすべり面上の間隙水圧を推定して解析する方法である．この方法では破壊時のすべり面に作用する間隙水圧を正確に予測することが大切である．間隙水圧の予測にはすべり面周辺の等方応力と軸差応力から求めるスケンプトン (Skempton) の提案した方法（後述）がよく知られている．

このように，斜面の安定解析に用いるせん断強さは安全率を支配するので，解析斜面で想定されるいくつかの条件を勘案しながら過去の経験を踏まえて判断されている．

8.3 直線すべり面（非粘性土）の解析

粘着力をもたない均一な砂質土の無限長斜面の安定解析は，直線すべり面法で行う場

合が多い．図8.2に示す傾斜角 i をもつ無限斜面の表面に平行な深さ z の面を考える．土の単位体積重量を γ_t とすると，この面の単位幅に作用する鉛直分力は $\gamma_t z \cos i$ であるから，この面に作用する垂直分力は $\gamma_t z \cos^2 i$ であり，この面をすべらそうとする力 T は $\gamma_t z \cos i \cdot \sin i$ となる．一方，斜面の土のせん断抵抗角を ϕ' とするとすべり面に沿うせん断抵抗 S は $\gamma_t z \cos^2 i \cdot \tan \phi'$ であるから，この斜面が安定であるためには T と S の間に次の条件を満たす必要がある．

$\therefore \quad T \leqq S$

$\therefore \quad \gamma_t z \cos i \cdot \sin i \leqq \gamma_t z \cos^2 i \cdot \tan \phi' \quad (8.1)$

$\therefore \quad \tan i \leqq \tan \phi'$

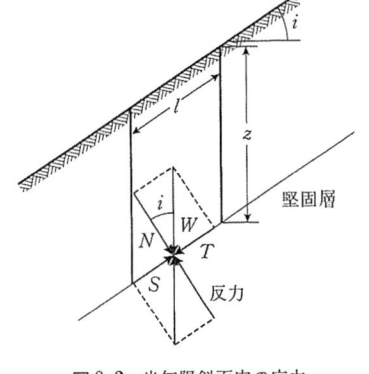

図8.2 半無限斜面内の応力

すなわち，粘着力をもたない無限長斜面は，傾斜角が土のせん断抵抗角を超えないときに安定である．そして，この場合の安全率は，

$$F_s = \frac{\tan \phi'}{\tan i} \quad (8.2)$$

斜面の浅い部分に堅固な層がある自然斜面の表層すべりなどは表層の土と堅固層の間の摩擦角を ϕ' として安定性を確かめればよい．しかし，自然斜面の表層すべりは豪雨時に起こることが多い．この場合には斜面と平行な浸透流があると考える．

斜面の単位幅の有効垂直応力 σ' は，

$$\begin{aligned}\sigma' &= \gamma_{sat} z \cos^2 i - \gamma_w z \cos^2 i \\ &= (\gamma_{sat} - \gamma_w) z \cos^2 i = \gamma' z \cos^2 i\end{aligned} \quad (8.3)$$

ここに，γ_{sat}：土の飽和時単位体積重量，γ_w：水の単位体積重量，γ'：水中での土の有効単位体積重量．

すべり面に沿うせん断応力を τ' とすると $\tau' = \gamma_{sat} z \cos i \cdot \sin i$ となり，斜面が破壊しないためには $\tau' \leqq \sigma' \tan \phi'$ でなければならない．

$$\begin{aligned}\therefore \quad & \gamma_{sat} z \cos i \cdot \sin i \leqq \gamma' z \cos^2 i \cdot \tan \phi' \\ \therefore \quad & \tan i \leqq \frac{\gamma'}{\gamma_{sat}} \tan \phi'\end{aligned} \quad (8.4)$$

したがって，この場合の安全率は次式で与えられる．

$$F_s = \frac{\gamma'}{\gamma_{sat}} \frac{\tan \phi'}{\tan i} \quad (8.5)$$

すべり面に作用する有効応力の大きさ p' と傾き a は，

$$p' = \sqrt{\sigma'^2 + \tau'^2} = \gamma' z \cos i \sqrt{1 + \left(\frac{\gamma_{sat}^2}{\gamma'^2} - 1\right) \sin^2 i} \tag{8.6}$$

$$\tan a = \frac{\tau'}{\sigma'} = \frac{\gamma_{sat}}{\gamma'} \tan i$$

$$\therefore \quad a = \tan^{-1} \frac{\gamma_{sat}}{\gamma'} \tan i \leq \phi' \tag{8.7}$$

a の値が (8.7) 式を満足すれば斜面は安定である.

〔例題 8.1〕 粘着力のない土の半無限斜面がある. ① 地下水がない場合と, ② 地下水位が地表面にある場合の最大斜面勾配を求めよ. ただし安全率は 1.5, 内部摩擦角 ϕ = 30°, 飽和単位体積重量 γ_{sat} = 17.6 kN/m³ とする.

〔解〕 ① 地下水がない場合は, 斜面の安全率は (8.2) 式で与えられる.

$$F_s = \frac{\tan \phi'}{\tan i}$$

$$\therefore \quad \tan i = \frac{\tan 30°}{1.5} = 0.385, \quad 最大勾配 \ i_{max} = 21°$$

② 地下水位が地表面にある場合は, 斜面の安全率は (8.5) 式で与えられる.

$$F_s = \frac{\gamma'}{\gamma_{sat}} \frac{\tan \phi'}{\tan i}$$

$$\therefore \quad \tan i = \frac{17.6 - 9.8}{17.6} \frac{\tan 30°}{1.5} = 0.171, \quad 最大勾配 \ i_{max} = 9.7°$$

8.4 安定係数による概略解析

盛土や切土斜面の設計では概略の斜面勾配を決めるために安定係数による安定解析を行う場合がある. この解析の結果のみで斜面勾配を決定することは少ない. 斜面勾配を決定するための安定性評価には, 後述する円形すべり面による安定解析で求められる安全率を用いる.

テイラー (Taylor) は安定係数から斜面破壊を起こす限界高さ H_c を (8.8) 式で与えた.

$$H_c = \frac{N_s \cdot c}{\gamma_t} \tag{8.8}$$

ここに, N_s: 安定係数, c: 土の粘着力, γ_t: 土の単位体積重量.

一方, 斜面勾配から安定係数を求める図表を図 8.3, 図 8.4 に示している.

斜面の高さと安定係数が与えられると安定性を評価するための安全率が, (8.9) 式で計算できる.

$$F_s = \frac{c \cdot N_s}{H \cdot \gamma_t} \tag{8.9}$$

8. 斜面の安定

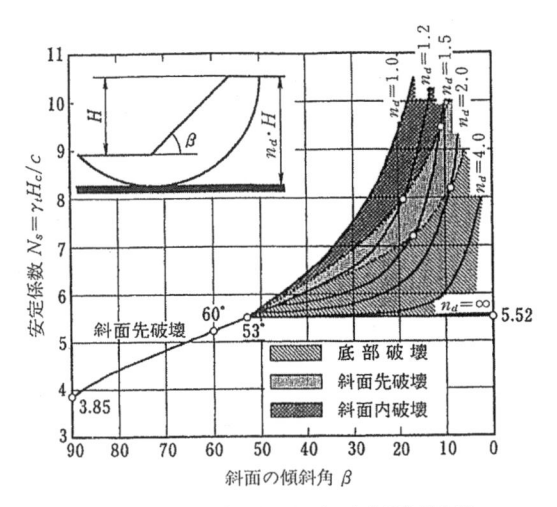

図 8.3 摩擦抵抗のない斜面の安定係数算定図

ここに，H：斜面の高さ．

〔例題 8.2〕 斜面の傾斜角 $\beta=30°$，斜面高さ $H=10\,\mathrm{m}$，斜面底部より 3 m のところに基盤がある盛土の安全率はいくらか．ただし，土の粘着力 $c=39.2\,\mathrm{kN/m^2}$，土の単位体積重量 $\gamma_t=17.64\,\mathrm{kN/m^3}$ とする．

〔解〕 図 8.3 を参考にして深さ係数と安定係数を求める．

$$n_d=\frac{10+3}{10}=1.3$$

$$N_s=6.3$$

(8.9)式を用いて安全率を求める．

$$F_s=\frac{c\cdot N_s}{H\cdot \gamma_t}=\frac{39.2\times 6.3}{10\times 17.64}=1.40$$

〔例題 8.3〕 前の問題と同じ斜面で，土の粘着力 $c=29.4\,\mathrm{kN/m^2}$，内部摩擦角 $\phi=5°$ である場合の安全率はいくらか．

〔解〕 図 8.4 を用いて安定係数を求める．

$$N_s=9.2$$

(8.9)式を用いて安全率を求める．

$$F_s=\frac{29.4\times 9.2}{10\times 17.64}=1.53$$

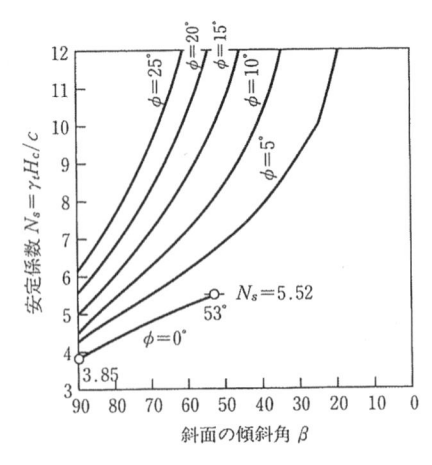

図 8.4 摩擦抵抗のある斜面の安定係数算定図

8.5 円形すべり面の解析

a. 分割法

分割法は粘着力と内部摩擦角を有する一般的な土からなる斜面の安定解析に用いられ,各種の斜面安定の検討に広く使用されている方法である.また,せん断強さの異なる土で構成された斜面あるいは斜面形状が複雑な場合や,間隙水圧が作用する場合にも手軽に適用できる.いくつかのすべり面についてそれぞれ安全率を求め,最小安全率を示す臨界円で斜面の安定性を評価するやり方は他の解析法と同じである.

分割法は円形すべり面で囲まれた土塊をいくつかに分割し(図8.5(a)),各分割片に働く力についてすべり円の中心に対するモーメントをとり,すべりに対する安定を考える.計算を簡略化するために各分割片に働く力(図8.5(b))のうち,P と E に対して(8.10)式を仮定する.

$$P_i = P_{i+1}, \qquad E_i = E_{i+1} \tag{8.10}$$

すべりモーメント $\qquad M_0 = R \cdot \sum W_i \cdot \sin a_i = R \cdot \sum T_i \tag{8.11}$

抵抗モーメント $\qquad M_r = R \cdot \sum \tau_i \cdot l_i \tag{8.12}$

安全率 F_s は抵抗モーメントとすべりモーメントの比で表される.

$$F_s = \frac{M_r}{M_0} = \frac{\sum \tau_i \cdot l_i}{\sum W_i \cdot \sin a_i} = \frac{\sum \tau_i \cdot i_i}{\sum T_i} \tag{8.13}$$

ここに,R:すべり円の半径,N_i:各分割片の垂直力,T_i:各分割片の接線力,W_i:各分割片の重量,a_i:各分割片のすべり面の水平面との傾き,τ_i:各分割片のすべり面が切る土のせん断強さ,l_i:各分割片のすべり面の長さ.

一方,せん断強さを粘着力と内部摩擦角で示すと,

$$\tau_f = c + \sigma \cdot \tan \phi$$

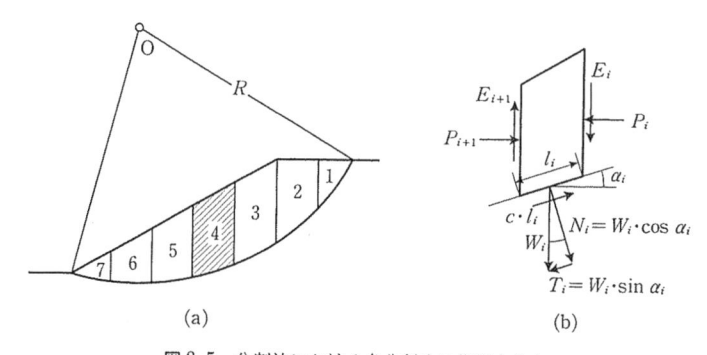

図 8.5 分割法における各分割片に作用する力

$$=c+\frac{N_i \cdot \tan\phi}{l_i} \tag{8.14}$$

この式を(8.13)式に代入すると，

$$F_s = \frac{\sum c \cdot l_i + \sum N_i \cdot \tan\phi}{\sum T_i}$$

$$= \frac{\sum c \cdot l_i + \sum W_i \cos\alpha_i \cdot \tan\phi}{\sum W_i \sin\alpha_i} \tag{8.15}$$

① 間隙水圧を考慮しない場合(全応力法)

間隙水圧を考慮しない場合には(8.15)式がそのまま使用できるが，このときに用いる土の強度定数は非圧密非排水せん断試験で求められた定数である．

② 間隙水圧を考慮した場合(有効応力法)

フェレニウス(Fellenius)は有効垂直応力を全垂直応力から間隙水圧を減じたものとして，間隙水圧を考慮したときの安全率を示した．

$$F_s = \frac{\sum c' \cdot l_i + \sum (N_i - u_i \cdot l_i)\cdot \tan\phi'}{\sum T_i}$$

$$= \frac{\sum c' \cdot l_i + \sum (W_i \cos\alpha_i - u_i \cdot l_i)\cdot \tan\phi'}{\sum W_i \sin\alpha_i} \tag{8.16}$$

ここに，c', ϕ'：圧密非排水せん断試験で求められた強度定数，u_i：すべり面の間隙水圧．

ビショップ(Bishop)は(8.10)式の仮定をしないで力の釣合いを考えた．分割片に働く力をすべて描くと図8.6になり，垂直力Nは有効垂直応力と間隙水圧に分けられる．

$$N_i = N_i' + u_i \cdot l_i \tag{8.17}$$

また，すべり面に沿うせん断抵抗は，

$$\frac{\tau_f}{F_s} = \frac{c' + \sigma' \cdot \tan\phi'}{F_s} \tag{8.18}$$

であるので，鉛直方向の釣合いは，

$$W_i + (E_i - E_{i+1}) - N_i \cdot \cos\beta_i - \frac{\tau_f}{F_s}l_i \cdot \sin\beta_i = 0$$

$$W_i + (E_i - E_{i+1}) - (N_i' + u_i l_i)\cdot \cos\beta_i$$

$$- \frac{c' + \sigma' \tan\phi'}{F_s}l_i \cdot \sin\beta_i = 0 \tag{8.19}$$

$$W_i + (E_i - E_{i+1}) - N_i' \cdot \cos\beta_i - u_i l_i \cdot \cos\beta_i$$

$$- \frac{c' l_i}{F_s}\cdot \sin\beta_i - \frac{N' \cdot \tan\phi'}{F_s}\cdot \sin\beta_i = 0$$

ここに，$E_i = E_{i+1}$とおいてN_iについて解くと，

$$N_i = \frac{W_i - (c' l_i / F_s)\cdot \sin\beta_i - u_i l_i \cos\beta_i}{\cos\beta_i + \sin\beta_i \cdot \tan\beta_i / F_s} \tag{8.20}$$

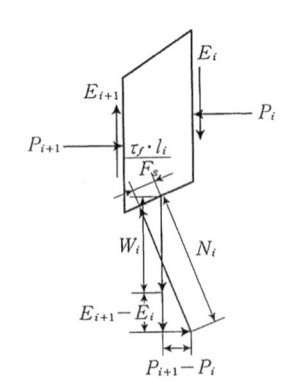

図8.6 安定率を考慮した分割片に作用する力

8.5 円形すべり面の解析

これより安全率を求めると(8.21)式になる．

$$F_s = \frac{1}{\sum T_i} \sum \left\{ \frac{c' l_i \cdot \cos\beta_i + (W_i - u_i l_i \cdot \cos\beta_i)\tan\phi'}{\cos\beta_i + (\sin\beta_i \cdot \tan\beta_i)/F_s} \right\} \quad (8.21)$$

(8.21)式には両辺に安全率が入っているので，計算にあたっては，安全率を仮定して安全率を求めることになる．仮定した安全率と計算結果の安全率が等しくなるまで計算を繰り返す．

有効応力法では，排水条件によって変化しない強度定数を用いて破壊するときの間隙水圧を推定して安全率を計算する方法であるが，斜面破壊時の間隙水圧を正確に推定することを前提にした解析法である．間隙水圧はスケンプトン(Skempton)の提案した(8.22)式で求める．式中の A, B は間隙水圧係数であり，三軸圧縮試験で求める実験定数である．

$$\Delta u = B\{\Delta\sigma_3 + A(\Delta\sigma_1 - \Delta\sigma_3)\} \quad (8.22)$$

近年，コンピュータの発達により，分割数が多くても解析できるようになり，計算精度も向上しているが，強度定数や間隙水圧の設定によって安全率は大きく変化するので，実際の斜面に対応した強度定数や間隙水圧を設定する必要がある．

〔例題 8.4〕 図8.7に示した斜面のすべり面の安全率を求めよ．ただし，各分割片の面積，底面の傾斜角と長さおよび間隙水圧は表8.2に示すように求まっているものとする．ただし，斜面の土の強度定数は，粘着力 $c' = 20\ \text{kN/m}^2$, 内部摩擦角 $\phi' = 25°$ とし，飽和単位体積重量は $\gamma_{\text{sat}} = 20\ \text{kN/m}^3$ とする．なお，地下水面より上の土も飽和していると仮定

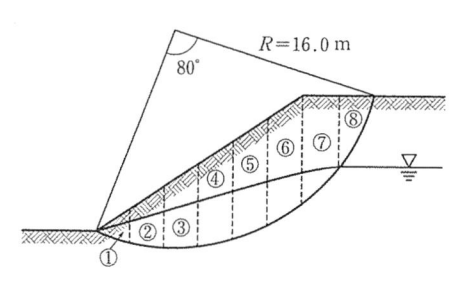

図 8.7 斜面分割

表 8.2 計算条件

スライス No.	面積 $A\ (\text{m}^2)$	角 $\beta\ (°)$	底面長さ $l\ (\text{m})$	u (kN/m^2)
①	2.07	−6	2.56	11.9
②	6.28	−2	2.59	18.1
③	8.62	3	2.66	22.0
④	11.79	9	2.64	27.2
⑤	12.87	20	2.71	28.8
⑥	15.23	32	2.74	17.5
⑦	12.66	43	2.83	11.0
⑧	8.22	68	3.60	0.0

表8.3 計算結果

スライス No.	面積 A (m²)	重量 W(kN/m)	角 β (°)	$\sin\beta$	$\cos\beta$	$W\sin\beta$ (kN/m)	$W\cos\beta$ (kN/m)	底面長さ l (m)	u (kN/m²)	ul (kN/m)
①	2.07	41.4	−6	−0.104	0.995	−4.33	41.17	2.56	11.9	30.46
②	6.28	125.6	−2	−0.035	0.999	−4.38	125.52	2.59	18.1	46.88
③	8.62	172.4	3	0.052	0.999	9.02	172.16	2.66	22.0	58.52
④	11.79	235.8	9	0.156	0.988	36.87	232.90	2.64	27.2	71.81
⑤	12.87	257.4	20	0.342	0.940	87.99	241.89	2.71	28.8	78.05
⑥	15.23	304.6	32	0.530	0.848	161.34	258.36	2.74	17.5	47.95
⑦	12.66	253.2	43	0.682	0.732	172.61	185.24	2.83	11.0	31.13
⑧	8.22	164.4	68	0.927	0.375	152.39	61.68	3.60	0.0	0.00

$\Sigma=611.52$ $\Sigma=1318.94$ $\Sigma=22.33$ $\Sigma=364.80$

し，その単位体積重量は同じく 20 kN/m³ とする．

〔解〕 計算結果を表8.3に示す．円弧の長さは，

$$L=\Sigma l=3.14\times\frac{80}{180}\times 16.0=22.33 \text{ (m)}$$

であるから，(8.16)式より，

$$F_s=\frac{\Sigma c'\cdot l_i+\Sigma(W_i\cos\beta_i-u_i\cdot l_i)\cdot\tan\phi'}{\Sigma W_i\sin\beta_i}$$

$$=\frac{20\times 22.33+(1318.94-364.80)\tan 25°}{611.52}=1.46$$

b. 摩擦円法

斜面が摩擦抵抗と粘着力のある均質な土で構成される場合にこの方法が適用できる．仮定したすべり面の円弧中心に摩擦円を描き，これを用いて解析を進めるため摩擦円法とよばれる．

斜面が破壊しようとするときは，すべり面に抵抗する反力の作用線は円弧の垂線に対して ϕ だけ傾いているので，図8.8(a)に示したように $R\cdot\sin\phi$ の半径をもつ摩擦円に接する．斜面破壊時に発現されている粘着力を c_f，すべり面長を L とするとすべり面上の粘着抵抗の合計は $c_f\cdot L$ となる．一方，すべり面の弦長を L' とするとこの粘着抵抗の合力 C は，

$$C=c_f\cdot L' \qquad (8.23)$$

となり，この合力の作用方向は弦に平行である．摩擦円の中心から粘着力の合力に至る距離を x とおくと，x は円形すべり面の中心に対するモーメントから次式で与えられる．

$$x\cdot c_f\cdot L'=R\cdot c_f\cdot L \qquad (8.24)$$

8.5 円形すべり面の解析

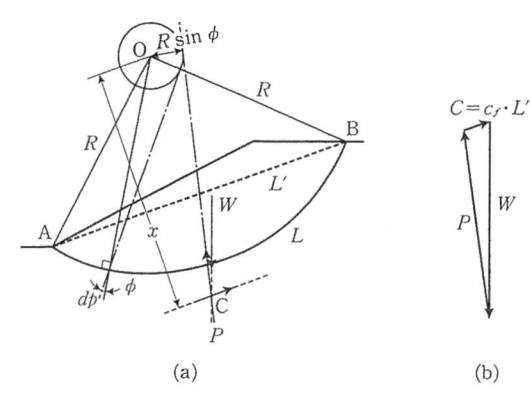

図8.8 摩擦円とすべり面に作用する力

$$x = R \cdot \frac{L}{L'} \tag{8.25}$$

この計算によって粘着抵抗の作用位置が決まってくると，図8.8(b)に示すような釣合い図から，粘着抵抗の合力 C は土塊自重 W と摩擦反力 P（作用方向線は摩擦円に接する）とに分解することができ，粘着力 c_f は(8.23)式より計算できる．

$$c_f = \frac{C}{L'} \tag{8.26}$$

土の粘着力を c とすれば，粘着力に関する安全率 F_c は次式で求められる．

$$F_c = \frac{c}{c_f} \tag{8.27}$$

一方，摩擦円を描くときに用いた内部摩擦角を ϕ_f，土の内部摩擦角を ϕ とすれば，内部摩擦角に関する安全率 F_ϕ は次式で求められる．

$$F_\phi = \frac{\tan\phi}{\tan\phi_f} \tag{8.28}$$

摩擦円を描くときに ϕ_f を数種類変化させて，それぞれの摩擦円に対する内部摩擦角と粘着力に関する安全率を求め，図8.9のように F_c と F_ϕ の関係を示し，粘着力と内部摩擦角に関する安全率が等しくなる値が斜面の安全率 F_s を表すことになる．

$$\therefore \quad F_s = F_c = F_\phi \tag{8.29}$$

〔例題8.5〕 図8.10に示す斜面のすべり面の安全率を摩擦円法によって求めよ．ただし，土の粘着力は $c = 19.6 \, \text{kN/m}^2$，内部摩擦角は $\phi = 20°$ とし，

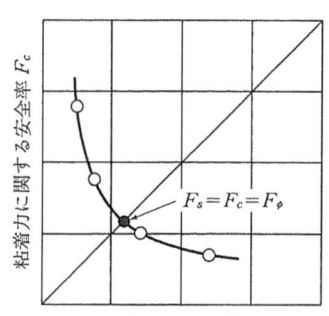

図8.9 安全率の決定図

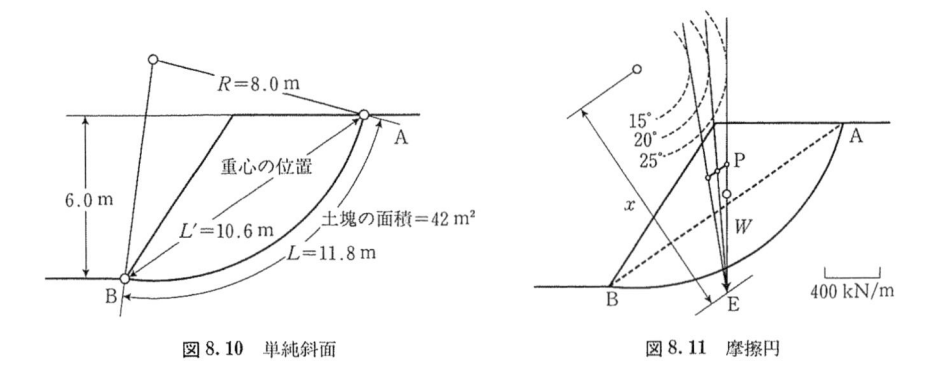

図 8.10 単純斜面 (R=8.0 m, 6.0 m, 重心の位置, L'=10.6 m, L=11.8 m, 土塊の面積=42 m²)

図 8.11 摩擦円 (15°, 20°, 25°, P, x, W, 400 kN/m)

表 8.4 計算結果

i	仮定内部摩擦角 ϕ_f	$R \cdot \sin\phi_f$ (m)	$c_f \cdot L'$ (kN/m)	c_f (kN/m²)	$\tan\phi_f$	F_ϕ	F_c
1	15	2.07	19.1	1.88	0.268	1.36	1.06
2	20	2.74	10.7	1.01	0.364	1.00	1.98
3	25	3.38	0.36	0.34	0.466	0.78	5.88

土の単位体積重量は $\gamma_t = 19.6$ kN/m³ とする.

〔解〕 与えられた条件から土塊の重量 W と摩擦円の中心から粘着力の合力に至る距離 x を求める.

$$W = 19.6 \times 42 = 823.2 \quad (\text{kN/m})$$

$$x = \frac{L}{L'} \times R = \frac{11.8}{10.6} \times 8.0 = 8.91 \quad (\text{m})$$

円形すべり面の円弧の中心から x の距離の位置に弦 AB に平行な線を描く.

土塊の重心を通る鉛直線と弦 AB に平行な線との交点を E とする. 一方, 仮定内部摩擦角 15°, 20°, 25° の摩擦円を描く (図 8.11 の点線の円弧).

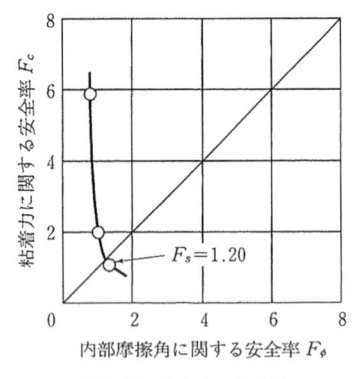

図 8.12 安全率の決定図 ($F_s = 1.20$, 粘着力に関する安全率 F_c 縦軸, 内部摩擦角に関する安全率 F_ϕ 横軸)

点 E を終点として W に相当するベクトルを測りとってこのベクトルの始点を P とする. また, 点 E から摩擦円に接する 3 本の接線を描くとともに, 点 P を通り弦 AB に平行な線を描く. この弦 AB に平行な線と接線との交点を始点とし点 P を終点とするベクトルが粘着力の合力 C であり, その長さが $c_f \cdot L'$ になる. 表 8.4 に内部摩擦角と粘

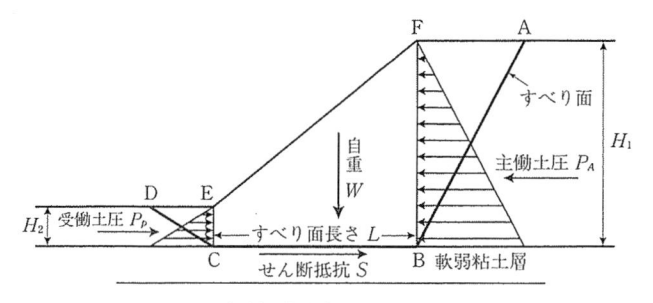

図8.13 複合すべり面の解析

着力に関する安全率の計算表を示す．この結果より，図8.12のように安全率の決定図を描いて斜面の安全率を求めると $F_s=1.20$ となる．

8.6 複合すべり面の解析

斜面の下に軟弱粘土層があるときには，すべり面の形状は円弧とはかなり異なり，軟弱粘土層に沿ったすべり面になることが多い．この場合，平面すべり面の組合せ，あるいは円弧すべり面と平面すべり面との組合せですべり面を表現し，安定計算を行う．ここでは，平面の合成すべり面について述べる．

図8.13に示すような基礎に軟弱な粘土層がある斜面の場合には，上端の主働域のすべり面AB，下端の受働域のすべり面CD，および軟弱粘土層上面のすべり面BCを仮定する．すなわち，BF面には主働土圧 P_A が作用し，CE面には受働土圧 P_P が作用する．また，BC面ですべりに抵抗しようとする力はせん断抵抗力である．したがって，すべりに対する安全率は次式のように表される．

$$F_s = \frac{cL + W\tan\phi + P_P}{P_A} \tag{8.30}$$

ここに，c：軟弱粘土層の粘着力，ϕ：軟弱粘土層の内部摩擦角，P_A：土塊に作用する主働土圧 $P_A = \dfrac{\gamma_t \cdot H_1^2}{2}\tan^2\left(45° - \dfrac{\phi'}{2}\right)$，$P_P$：土塊に作用する受働土圧 $P_P = \dfrac{\gamma_t \cdot H_2^2}{2}\tan^2\left(45° + \dfrac{\phi'}{2}\right)$，$\phi'$：斜面の土の内部摩擦角．

〔例題8.6〕 図8.14に示すような軟弱粘土層の上部にある盛土斜面のすべりに対する安全率を求めよ．ただし，軟弱粘土層の粘着力 $c=40$

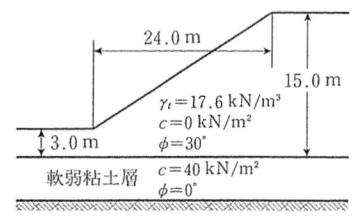

図8.14 軟弱粘土層を基礎にもつ斜面

(図中の数値: 24.0 m, 15.0 m, 3.0 m, $\gamma_t = 17.6$ kN/m³, $c = 0$ kN/m², $\phi = 30°$, 軟弱粘土層 $c = 40$ kN/m², $\phi = 0°$)

kN/m², 内部摩擦角 $\phi=0°$ で, 盛土の粘着力 $c=0$ kN/m², 内部摩擦角 $\phi=30°$, および単位体積重量 $\gamma_t=17.6$ kN/m³ とする.

〔解〕 まず, 土塊に作用する主働土圧と受働土圧を求める.

$$P_A = \frac{\gamma_t \cdot H_1^2}{2} \tan^2\left(45° - \frac{\phi'}{2}\right) = \frac{17.6 \times 15^2}{2} \tan^2\left(45° - \frac{30°}{2}\right) = 660 \quad (\text{kN/m})$$

$$P_P = \frac{\gamma_t \cdot H_2^2}{2} \tan^2\left(45° + \frac{\phi'}{2}\right) = \frac{17.6 \times 3^2}{2} \tan^2\left(45° + \frac{30°}{2}\right) = 238 \quad (\text{kN/m})$$

軟弱粘土層の粘着力によるすべり抵抗は $cL=40\times24=960$ kN/m となり, (8.25)式からこの土塊のすべりに対する安全率は次のようになる.

$$F_s = \frac{cL + W \tan \phi + P_P}{P_A} = \frac{960 + 7603 \times 0 + 238}{660} = 1.82$$

演習問題

8.1 傾斜角 20°の粘着力のない砂質土からなる斜面がある. 降雨によってこの斜面が飽和した場合, 地下水の存在しない場合と比較して斜面の安全率はどれくらい低下するか調べよ. ただし, 砂質土の内部摩擦角 $\phi=30°$, 間隙比 $e=0.65$, 土粒子の密度 $\rho_s=2.63$ g/cm³ とする.

8.2 斜面の傾斜角 35°, 斜面高さ $H=15$ m, 斜面底部より下 2 m のところに基盤のある盛土の安全率を安定係数の図表を用いて求めよ. ただし, 土の粘着力 $c=30$ kN/m², 内部摩擦角 $\phi=10°$, 土の単位体積重量 $\gamma_t=18.6$ kN/m³ とする.

8.3 斜面の傾斜角が 30°の場合に, 土の粘着力 $c=15$ kN/m², 内部摩擦角 $\phi=5°$, 単位体積重量 $\gamma_t=17.6$ kN/m³ として, この斜面の限界高さ H_c を求めよ. また, 安全率を 1.5 とした場合の許容高さ H_a を求めよ.

8.4 例題 8.4 において, 土の粘着力 $c'=15$ kN/m², 内部摩擦角 $\phi'=20°$, 飽和単位体積重量 $\gamma_{sat}=18.6$ kN/m³, 地下水面より上の土も飽和していて, その単位体積重量も 18.6 kN/m³ とする. 分割法によってすべり面の安全率を求めよ.

8.5 例題 8.5 において, 土の粘着力 $c=30$ kN/m², 内部摩擦角 $\phi=25°$, 単位体積重量 $\gamma_t=18.6$ kN/m³ として, 斜面の安全率を摩擦円法によって求めよ.

9. 地盤の動的性質

9.1 概　　説

　日本は地震国であり，毎年日本各地で地震が発生している．その規模は，人の体に感じない微小地震から，建物を倒壊させる大地震までさまざまである．特に，社会基盤を形成している道路，鉄道，ライフラインなど公共構造物が地震によって被害を受けると，社会的にも経済的にも大きな損失をこうむることになり，人びとの生活に大きな影響をもたらすことになる．
　一般に，日本では公共構造物を設計・施工する場合には，地震力を考慮することはもちろんであるが，これら構造物の大部分は地盤中もしくは地盤の上に建設されている．したがって，耐震設計がなされた構造物でも，地震波が伝播する地盤の動的性質を無視すると，そのような構造物は崩壊の危険性にさらされることになる．このようなことから，地盤内における地震波の伝播特性，地震時における地盤の力学的挙動を知ることは，大変重要なことである．
　本章では，地盤中を伝播する弾性波の特性，動的な地盤の挙動特性，地盤の動的性質に関する調査法ならびに液状化現象について説明する．

9.2　地盤内を伝播する地震波

　弾性媒質中に単位立方体を考え，単位質量に作用する外力の x, y, z 方向の成分を X, Y, Z とし，それぞれの方向における変位を u, v, w とする．弾性体の密度を p とすれば，運動の方程式は次のように書かれる．

$$\left.\begin{array}{l}\dfrac{\partial^2 u}{\partial t^2}=\dfrac{\lambda+\mu}{p}\cdot\dfrac{\partial\theta}{\partial x}+\dfrac{\mu}{p}\nabla^2 u+X\\[6pt]\dfrac{\partial^2 v}{\partial t^2}=\dfrac{\lambda+\mu}{p}\cdot\dfrac{\partial\theta}{\partial y}+\dfrac{\mu}{p}\nabla^2 v+Y\\[6pt]\dfrac{\partial^2 w}{\partial t^2}=\dfrac{\lambda+\mu}{p}\cdot\dfrac{\partial\theta}{\partial z}+\dfrac{\mu}{p}\nabla^2 w+Z\end{array}\right\} \quad (9.1)$$

ここに，t は時間，θ は体積変化の割合を示し，λ および μ はラーメ (Lame) の定数とよばれ

$$\left.\begin{array}{l}\lambda=\dfrac{vE}{(1+v)(1-2v)}\\[2mm]\mu=\dfrac{E}{2(1+v)}\end{array}\right\} \qquad (9.2)$$

である．ただし E はヤング係数，v はポアソン比である．μ はまた剛性率 G に等しい．∇^2 はラプラシアンで次の演算を表す．

$$\nabla^2=\frac{\partial^2}{\partial x^2}+\frac{\partial^2}{\partial y^2}+\frac{\partial^2}{\partial z^2}$$

弾性体に外力が働いていない場合は，$X=Y=Z=0$ であり，式 (9.1) の両辺をそれぞれ x, y, z で微分して加え合わせると，

$$\frac{\partial^2 \theta}{\partial t^2}=\frac{\lambda+2\mu}{p}\nabla^2 \theta \qquad (9.3)$$

となる．また体積変化がないものとすると，(9.1) 式において $\theta=0$ であるから，

$$\left.\begin{array}{l}\dfrac{\partial^2 u}{\partial t^2}=\dfrac{\mu}{p}\nabla^2 u\\[2mm]\dfrac{\partial^2 v}{\partial t^2}=\dfrac{\mu}{p}\nabla^2 v\\[2mm]\dfrac{\partial^2 w}{\partial t^2}=\dfrac{\mu}{p}\nabla^2 w\end{array}\right\} \qquad (9.4)$$

となる．(9.3) 式および (9.4) 式のように

$$\frac{\partial^2 \phi}{\partial t^2}=C^2 \nabla^2 \phi$$

の形式で書かれる微分方程式は波動方程式とよばれ，C は波動の伝播する速度を表す．

(9.3) 式は体積変化の状態が $\sqrt{(\lambda+2\mu)/p}$ の速度で媒質中を伝わることを示している．この波は波の進行する方向の運動だけが存在するので，縦波または P 波 (primary wave) とよばれる．(9.4) 式は体積変化をともなわない進行方向に直角な波，すなわちねじれの運動が $\sqrt{\mu/p}$ の速度で伝わることを示し，横波または S 波 (shear wave) とよばれる．媒質が空気や水のような流体であれば，剛性率 G すなわち $\mu=0$ であるから S 波は存在しないことになる．P 波および S 波の伝播速度をそれぞれ V_P および V_S とすれば (9.2) 式の関係から，

$$\left.\begin{array}{l}V_P=\sqrt{(\lambda+\mu)/p}=\sqrt{E(1-v)/p(1+v)(1-2v)}\\[2mm]V_S=\sqrt{\mu/p}=\sqrt{E/2p(1+v)}\end{array}\right\} \qquad (9.5)$$

である．P 波と S 波の速度の比をとれば，

$$V_P/V_S=\sqrt{2(1-v)/(1-2v)} \qquad (9.6)$$

以上のP波ならびにS波は弾性体内部を伝播するので実体波というが，弾性体が1つの面で境されると，この面に沿って伝播する表面波が現れる．レーリー波(Rayleigh wave)はその一種で，土地のような半無限弾性体の表面に沿って伝わる波である．地表の点は波の進行方向を含む鉛直面内で楕円運動をなし，波の伝播速度V_Rは$v=1/4$のとき $V_P=0.92\ V_S$であり，その振幅は地表から下へ入ると指数関数的に減少する．ラブ波(Love wave)は地表に低速度の表層が存在するときなどに現れる波で，波の進行方向に直角な水平方向の振動をなす．伝播速度は波長が表層の厚さに比べて短いときは表層のV_Sに近く，逆に波長が長ければ下層のV_Sに近くなる．これら表面波は一般に弾性波探査の観測上有害なものなので，これらの振幅を小さくするよういろいろと工夫されている．

9.3 地震波の反射・屈折・減衰

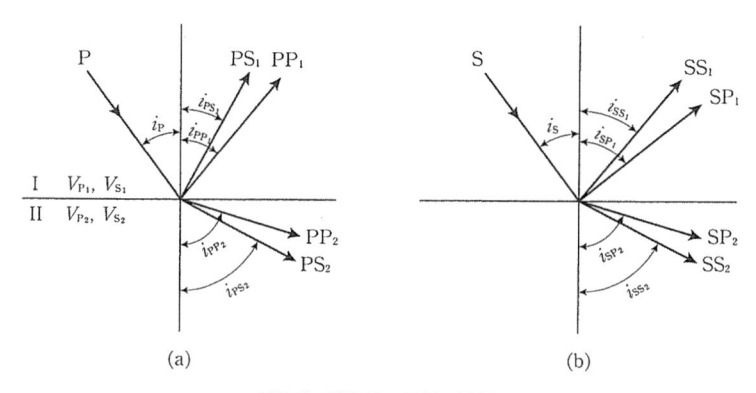

弾性波が速度の異なる媒質の境界面に入射すると，反射および屈折の現象が起きる．図9.1に示されるように，入射した波がP波である場合には反射P波(PP_1)と反射S波(PS_1)ならびに屈折P波(PP_2)と屈折S波(PS_2)を生ずる．S波が入射した場合には反射S波(SS_1)，反射P波(SP_1)，屈折S波(SS_2)，屈折P波(SP_2)と，それぞれ4つの波が生ずる．ただし，法線入射の場合にはP波もS波もともに波動様式の変換がない．図9.1において媒質IにおけるP波およびS波の速度をV_{P_1}, V_{S_1}，媒質IIにおける速度をV_{P_2}, V_{S_2}とすれば，スネル(Snell)の法則によって次のような関係がなりたつ．

(a)　　　　　　　　　　　　(b)

図9.1　弾性波の反射・屈折

$$\left.\begin{array}{l}\dfrac{V_{P_1}}{\sin i_P}=\dfrac{V_{P_1}}{\sin i_{PP_1}}=\dfrac{V_{S_1}}{\sin i_{PS_1}}=\dfrac{V_{P_2}}{\sin i_{PP_2}}=\dfrac{V_{S_2}}{\sin i_{PS_2}}\\[6pt] \dfrac{V_{S_1}}{\sin i_S}=\dfrac{V_{S_1}}{\sin i_{SS_1}}=\dfrac{V_{P_1}}{\sin i_{SP_1}}=\dfrac{V_{S_2}}{\sin i_{SS_2}}=\dfrac{V_{P_2}}{\sin i_{SP_2}}\end{array}\right\} \qquad (9.7)$$

いま，P波についてのみ考えれば，

$$\frac{\sin i_P}{\sin i_{PP_2}}=\frac{V_{P_1}}{V_{P_2}}$$

であり，$\sin i_{PP_2}=1$ となるような入射角を i_C とすれば，

$$\sin i_C = V_{P_1}/V_{P_2} \qquad (9.8)$$

となり，このような場合の入射角 i_C を臨界角という．入射角が i_C より大きくなれば，全反射を起こす．

法線入射の場合，境界面における反射率 R ならびに通過率 T は波動抵抗密度(伝播速度×密度)に関係し，次式で与えられる．

$$\left.\begin{array}{l} R=(V_{1P_1}-V_{2P_2})/(V_{1P_1}+V_{2P_2})\\ T=2V_p/(V_{1P_1}+V_{2P_2}) \end{array}\right\} \qquad (9.9)$$

次に，点状の振動源から弾性波が媒質中を伝播する場合，振動源から r の距離における振幅を I とすれば，

$$I=I_0 e^{-\beta r}/r \qquad (9.10)$$

で表される．ここに I_0 は振動源における振幅，β は減衰定数である．β は媒質と振動周波数に関係する関数であるが，弾性波探査において扱われるような比較的低い周波数においては，β は周波数に比例する．したがって，周波数の高い弾性波ほど減衰が激しい．

9.4 地盤の動的変形・強度特性

a. 土の応力-ひずみ曲線

地震時における土の応力-ひずみ関係は短時間に応力が作用するために，非排水状態下となる．ゆるい砂質土の場合には過剰間隙水圧が発生して，有効応力が減少することから砂質土の強度は減少して，場合によっては液状化が生じる．非排水状態下におけるせん断応力とせん断ひずみの関係は図9.2に示すような曲線となる．この曲線の立上り部分の接線勾配 G_0 がせん断弾性係数もしくは剛性率である．また図に示すように任意の繰返し回数におけるせん断弾性係数を G とする．これらは地震応答解析を行うにあたって必要となる．

図9.3は地震時の地盤の挙動をモデル化したもので，等価線形モデルとよばれる．この場合，地盤の動的せん断応力とひずみの関係はせん断弾性係数 G と減衰定数 h の2つのパラメータによって表される．

9.4 地盤の動的変形・強度特性

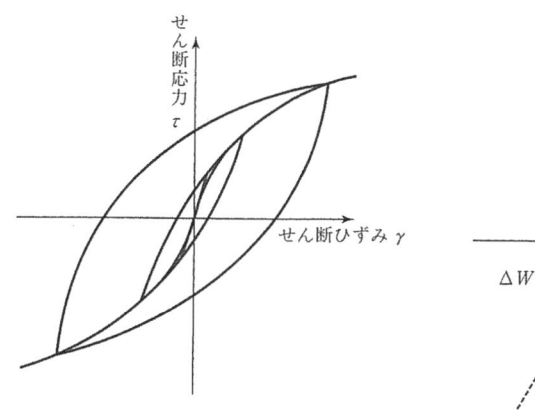

図9.2 繰返し応力下におけるせん断応力-せん断ひずみ曲線

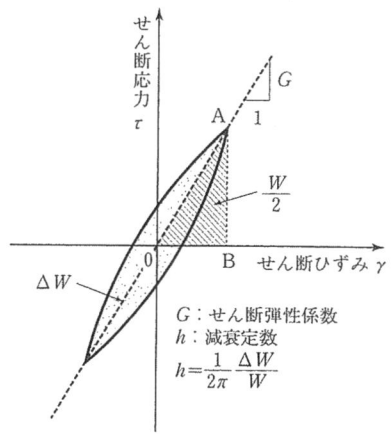

図9.3 応力-ひずみ関係の等価線形モデル化

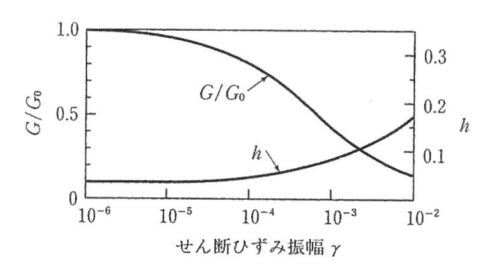

図9.4 せん断弾性係数・減衰定数のせん断ひずみ依存性

せん断弾性係数 G および減衰定数 h は次式のように表される.

$$G = \frac{\tau}{\gamma} \tag{9.11}$$

$$h = \frac{1}{2\pi} \frac{\Delta w}{w} \tag{9.12}$$

ここに,τ:せん断応力振幅,γ:せん断ひずみ振幅,w:ひずみエネルギー,Δw:減衰エネルギー.

地盤に繰り返し載荷を与えると,G は徐々に減少し h は増加する傾向にある.図9.4に示されるように G/G_0-γ 曲線,h-γ 曲線として表され,このような性質をひずみ依存性とよばれる.

b. せん断弾性係数および減衰定数の測定法

せん断弾性係数は次式によって示される.

$$G=\frac{\sigma_a}{2\varepsilon_a(1+\nu)} \tag{9.13}$$

ここに，σ_a：軸応力振幅，ε_a：軸ひずみ振幅．

減衰定数 h は，(9.12)式によって求められる．せん断弾性係数は，地盤のS波速度との関係が強く，次式によって示される．

$$G_0=\rho\cdot V_S^2 \tag{9.14}$$
$$E_0=2(1+\nu)G_0 \tag{9.15}$$
$$\nu=\frac{\left(\dfrac{V_P}{V_S}\right)^2-2}{2\left\{\left(\dfrac{V_P}{V_S}\right)^2-1\right\}} \tag{9.16}$$

ここに，V_P：P波速度，V_S：S波速度，E_0：ヤング率，ν：ポアソン比，ρ：密度．

これらは 10^{-6} 程度のせん断ひずみ振幅に対応したせん断弾性係数のみを測定する場合である．したがってせん断弾性係数は，原位置におけるS波速度の測定，すなわちPS検層法，孔間弾性波測定法などの弾性波探査法によって求められる．

9.5 PS検層法および孔間弾性波法

a. PS検層法

測定区域にボーリング孔がある場合には，これを利用して正確な値を知ることができる．図9.5のような配置でコンパクトな振源による測定を行えばよいが，最近では速度検層技術が普及してきたので，この方が主役を占めるようになりつつある．

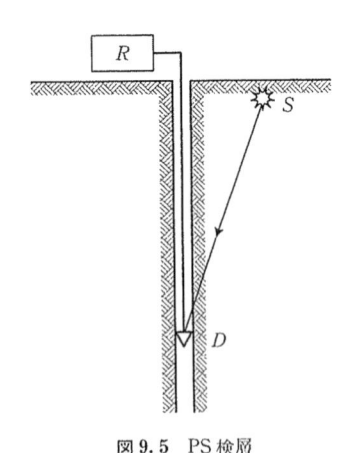

図9.5 PS検層
S；振源，D；受振器，R；記録装置

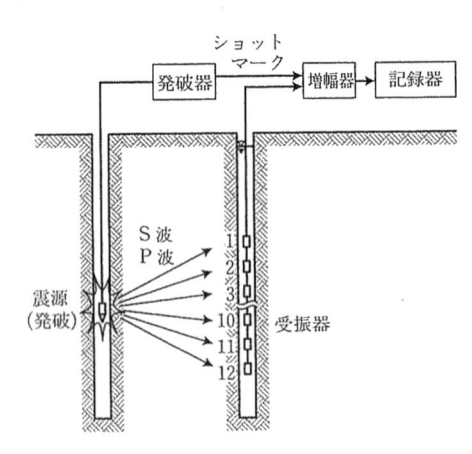

図9.6 孔間速度測定

b. 孔間速度測定 (クロスホール法)

2本以上のボーリング孔を用いて,ボーリング孔間の弾性波伝播速度を測定する調査である.図9.6に示すように,1つのボーリング孔に振源を入れ,他のボーリング孔内の多くの受振器で受振する方式が多用されている.

9.6 地盤の液状化

a. 液状化現象

1964年6月14日に発生した新潟地震では,新潟市内で大規模な地盤の液状化が生じ,建物の倒壊や沈下または傾斜し,地下構造物の浮き上がり現象がみられ,大きな被害が生じた.この現象は,この後に発生した大地震の際には,主に地下水位以下の沖積層の砂質地盤もしくは砂質系材料で埋め立てられた地盤でみられ,最近では1995年1月に起こった阪神・淡路大震災において,ポートアイランドが液状化によって一時水没した.このように液状化は,都市の機能をマヒさせる地盤災害である.

液状化とは,地震時に地下水位以下のゆるく堆積した砂がそのせん断強さを失い,間隙水圧の発生によって砂粒子が水中に浮遊した状態となり,その後間隙水圧の消散とともに安定化する現象である.図9.7はその現象を模式的に表したものである.すなわち図9.7(a)に示すように深部から伝播してきた水平方向の地震波が,砂地盤に入射して上方に伝わる.図9.7(b)に示すように地震によって繰り返しせん断応力が地盤に作用すると,地盤(ゆるい砂)は体積を減少させる方向(負のダイレイタンシー)に作用するが,地盤は一時的に非排水状態となり,間隙水圧の上昇がみられ,その後,図9.7(c)のように有効応力がほぼ0となり,

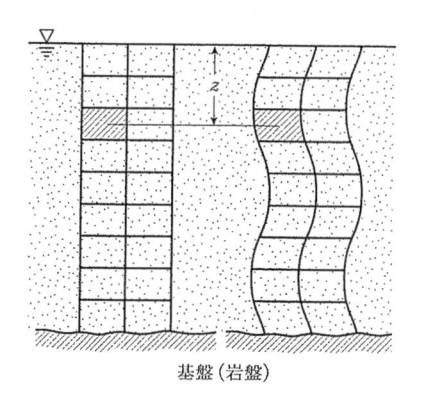

(a) 地震波の伝播と変形

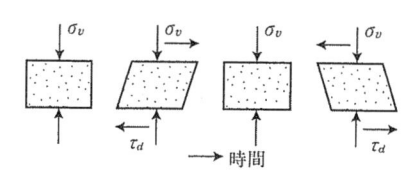

(b) せん断ひずみの変化

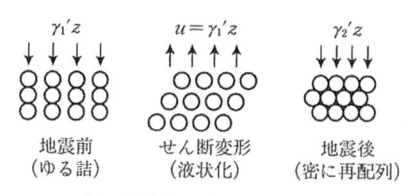

(c) 液状化によるせん断変形

図9.7 地盤の液状化現象

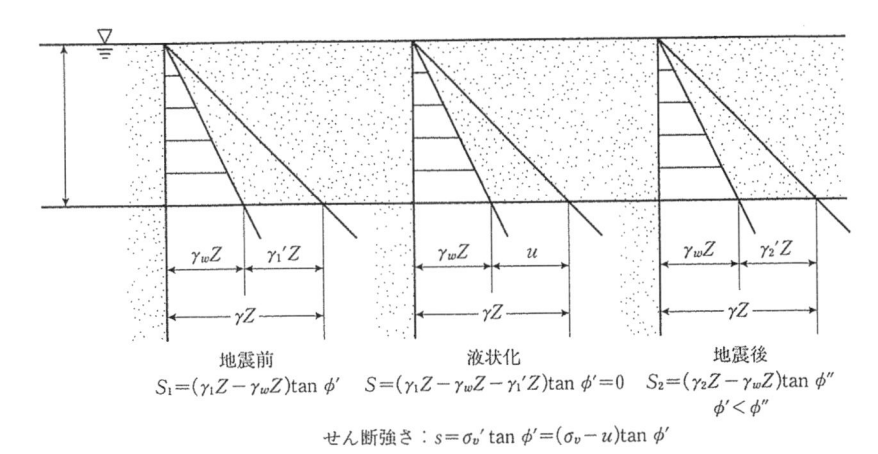

地震前
$S_1 = (\gamma_1 Z - \gamma_w Z)\tan\phi'$

液状化
$S = (\gamma_1 Z - \gamma_w Z - \gamma_1' Z)\tan\phi' = 0$

地震後
$S_2 = (\gamma_2 Z - \gamma_w Z)\tan\phi''$
$\phi' < \phi''$

せん断強さ：$s = \sigma_v'\tan\phi' = (\sigma_v - u)\tan\phi'$

図 9.8 地震前後および液状化時のせん断応力

地盤のせん断抵抗力は消失する．さらにその後間隙水圧の消散が始まり，砂粒子は安定した状態(密な状態)に移行する．その結果，地盤の密度は液状化前に比べて大きくなっている．このような地盤の変形過程における間隙水圧 u と地盤のせん断強さ s の変化を示したのが図9.8である．このように，液状化が生ずると大きな被害がみられることから，その対策は重要である．

b. 液状化の対策

液状化の対策としては，地盤の密度を高くする方法，間隙水圧を発生させないように排水させる方法が主である．

1) 地盤改良工法

地盤の密度を高くして，地震時の液状化に対する抵抗力を増すために種々な地盤改良工法が提案されているが，その多くは動的な方法が多くみられる．

・バイブロフローテーション工法
・振動締固め工法
・動圧密工法
・発破による締固め工法
・締固め砂杭工法
・薬液注入工法
・セメント混合処理工法

などである．

2) 排水工法

液状化は間隙水圧の発生に起因している．地震時に地盤中の間隙に存在する間隙水が排水しようとするが，すぐには排水できないので間隙圧として砂粒子間に働く．そして，砂粒子間の有効応力の減少を導き，地盤が液状に挙動することから，地震時に間隙水が容易に排水できるような方策を講じることによって液状化を防止することが可能である．このような排水対策として，以下のような工法があげられる．

・グラベルドレーン工法
・地下水低下工法

演 習 問 題

9.1 P波伝播速度, S波伝播速度がそれぞれ $V_P=3.0\,\mathrm{km/s}$, $V_S=1.5\,\mathrm{km/s}$, 密度 $25\,\mathrm{kN/m^3}$ である岩石試料のヤング率，ポアソン比，剛性率を求めよ．
9.2 液状化現象を図を用いて説明せよ．
9.3 液状化過程における間隙水圧の挙動を説明し，全応力，有効応力，間隙水圧の関係についても説明せよ．

10. 土質調査

10.1 土質調査の目的

 ある場所に構造物を建設する場合，その場所の地盤特性を事前に評価しておく必要があり，土質調査 (soil exploration) が実施される．土質調査が適切に実施され，地盤特性が合理的に構造物設計に反映されていないと，構造物の安全や寿命に対して深刻な影響を及ぼすことがありうる．
 土質調査は，概略以下のような地盤特性を評価するために実施される．
 ① 地盤の地質学的特性，② 地盤の平面および深さ方向成層構造，③ 地下水位や透水特性，④ 地盤の変位測定，動態観測，⑤ 構造物の変形・破壊に影響を及ぼす土および岩盤の工学的特性
 上記の目的を達成する具体的な土質調査の方法としては，現場踏査(概査)，現場試験，現場測定，物理探査・検層，ボーリング，サンプリングなどがある．以上のように，土質調査の種類は多岐にわたるが，ここでは地盤材料を採取して直接観察したり室内実験に供させるためのサンプリング技術，および地盤の工学的性質の評価のために実施されるサウンディング (sounding) 技術について紹介する．サウンディングは現場試験の1つである．

10.2 サンプリング

 サンプリング (sampling) は，基礎地盤の設計や施工に必要な地盤情報を得るため，および土の観察や室内試験に供する試料を採取するために行われる．サンプリングには多くの種類があり，チューブを用いてサンプリングするチューブサンプリングと，チューブなど特別なサンプラーを用いないサンプリングに大別される．前者としては，
 ① まず，試料採取をともなわないボーリングによってボーリング孔を削孔し，その孔底を利用してサンプリングする方法
 ② ロータリー式機械ボーリングによってボーリングし，同時にサンプリングする方

法

③ 粘性土などで埋め立てられた超軟弱地盤に直接サンプラーを押し込んでサンプリングする方法

などがある．一方，後者としては，

① 露頭やピットからブロックを切り出すブロックサンプリング法
② 地盤を凍結して土の柱を引き抜いたり，凍結地盤をコアリングして円柱状の柱を採取するいわゆる凍結サンプリング法

などがある．採取された試料には乱されたものと乱さないものの2つがある．「乱さない試料」とは，土の構造と力学的性質をできるだけ原位置に近い状態で採取した試料をいう．乱された試料は，地盤の土の種類や地層の厚さを調べたり，含水比や土の密度など物理的性質・状態を知るために用いられる．乱さない試料は主として土の変形・強度特性に関わる室内試験に用いられる．したがって，その目的に応じて試料採取の方法を変える必要がある．

表10.1には地盤工学会により基準化されたサンプリング技術を示しているが，ここでは，そのうち固定ピストン式シンウォールサンプラー，ロータリー式二重管サンプラーおよびブロックサンプリングについて紹介する．

a. 固定ピストン式シンウォールサンプラー

固定ピストン式シンウォールサンプラー (thin-walled tube sampler with fixed piston) は，土質試験に供する乱さない試料の採取を目的として，軟らかい粘性土や細粒分を多く含むゆるい砂質土地盤にサンプリングチューブを静的に押し込み，試料を採取

表10.1　地盤工学会により基準化されたサンプラーの構造と適用地盤（地盤工学会，1995）

サンプラーの種類		構造	粘性土			砂質土			砂礫		岩盤		
			軟質	中くらい	硬質	ゆるい	中くらい	密な	ゆるい	密な	軟岩	中硬岩	硬岩
			0~4	4~8	8以上	10以下	10~30	30以上	30以下	30以上			
固定ピストン式シンウォールサンプラー	エキステンションロッド式	単管	◎	○		○							
	水圧式	単管	◎	◎		○							
ロータリー式二重管サンプラー		二重管		◎	○								
ロータリー式三重管サンプラー		三重管		◎	◎	○	◎	◎		○			
ロータリー式スリーブ内蔵二重管サンプラー		二重管		○	○			○			◎	◎	◎
ブロックサンプリング		—	◎	◎	◎	○	○	○		○	○		

◎ 最適，○ 適

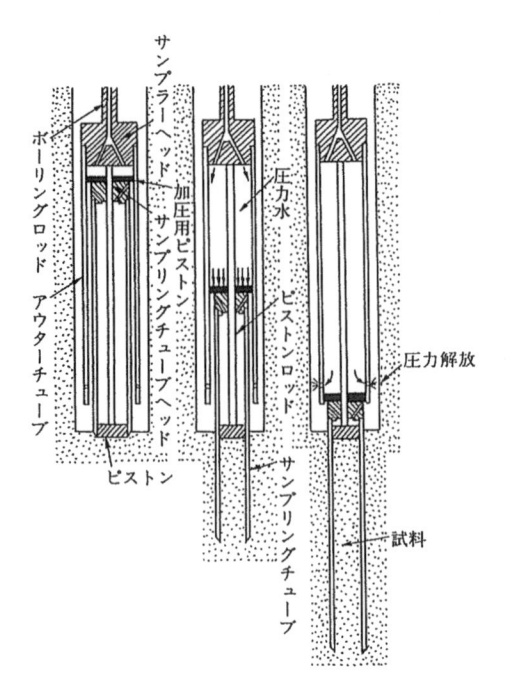

図 10.1 水圧式サンプラーによる試料採取
(地盤工学会, 1995)

する方法である．静的に押し込む方法としては，ボーリングロッドを利用するエキステンションロッド方式と水圧を利用する水圧式がある．試料採取深度が深い場合や海上作業などの場合は，水圧式サンプラーのほうが作業性がよいといわれている．サンプリングチューブとしては，標準的な寸法が地盤工学会により決められており，内径75 mm，肉厚1.5～2.0 mm (ステンレス製の場合)，刃先角$6\pm1°$，長さ1 mなどである．図10.1 に水圧式サンプラーによる試料採取の手順を示す．サンプラーが地中に静かに貫入すると，刃口で切られた円筒状の試料がサンプラーの中に入ってくると同時にピストンも後退する．サンプラーを地上に引き上げる際は，ピストンを固定することにより試料とピストンとの間に負圧が生じるので，試料がサンプラーから落下することなく地上に取り出される．

b. ロータリー式二重管サンプラー

ロータリー式二重管サンプラー (rotary double tube sampler) は，中位から硬い粘土地盤を対象に乱さない試料を採取するために使用される．このサンプラーは，1940年

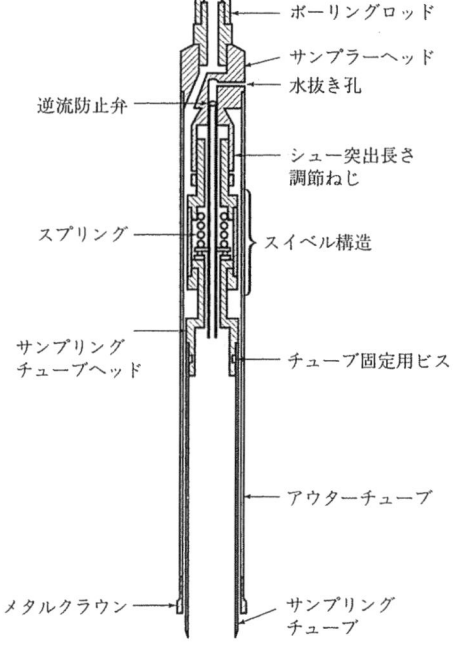

図10.2 ロータリー式二重管サンプラーの例
(地盤工学会, 1995)

にアメリカのジョンソン (Johnson) が考案したデニソンサンプラーを原型とし, これに改良を加え, 軽量化・小型化したものである. 通常デニソン型サンプラーとよばれ, 二重管構造をした回転式のサンプラーで, 内管としてシンウォールチューブを用いている. サンプリング機構としては, 外側の回転する外管で土を切削しながら, 内側の回転しないサンプリングチューブ (シンウォールチューブ) を地盤に押し込み, 土を採取する. ロータリー式二重管サンプラーの構造の例を図10.2に示す.

c. ブロックサンプリング

乱さない試料の採取方法としては, チューブ式サンプリングが一般的であるが, ボーリングを行わないで, 塊状の試料を採取するのがブロックサンプリング (undisturbed soil block sampling) である. ブロックサンプリングは対象とする地盤が限られるが, 実際に試料を観察しながらていねいに採取するため, 乱れの少ない良質な試料が得られるばかりでなく, 非常に多くの情報を得ることができるという特徴を有する. また, 得られる試料の形状, 大きさも任意に選ぶことができる. 特に, 同一層のほぼ同じ深さか

ら大量に試料を採取したい場合は，本サンプリングが有効である．

サンプリング手法としては，切出し式と押切り式ブロックサンプリングの2種類がある．切出し式は，自立性の高い地盤に対して適用される方法である．採取予定部分周辺をスコップなどで荒削りし，その後直ナイフ，カッターなどで所定の形状に整形する．試料収納容器を被せ，空隙をシール材で充填し試料を固定したのち，底部を地面からていねいに切り離す．切り離した試料の下面を整形し，シール材で密封する．押切り式は，自立性の低い地盤に対して適用される．採取予定地盤周辺を荒削りしたのち，試料収納容器を置き，収納容器の形状に沿ってカッターナイフなどで試料を数 mm ずつ切り下げていく点に特徴がある．

ブロックサンプリング実施に際しての留意点としては，安全面への配慮がある．本手法は斜面や掘削で露出した面などに対して実施されることが多く，場合によっては周辺地盤の崩壊のおそれがある．また，狭い作業エリアの中で大型施工機械によって掘削作業を行うこともあり，事故の危険性があるためである．

10.3 サウンディング

サウンディング (sounding) とは，「抵抗体をロッドなどで地中に挿入し，貫入，回転，引抜きなどの抵抗から土層の性状を調査する方法」であり，原位置試験に属する．代表的なサウンディング試験の特徴および適用地盤を表 10.2 に示す．サウンディング試験は，静的貫入試験と動的貫入試験に大別でき，また，その原理，適用地盤，調査可能深さなどにそれぞれ特徴がある．三軸試験などの室内試験に比べれば，全般にスピーディかつ安価に原位置での情報が得られるが，一方で初期条件や境界条件が明確でないなどの欠点も有する．これらを理解したうえで適材適所に試験方法を採用する必要があり，また調査結果の解釈に際しては慎重な考察が欠かせない．

ここではサウンディング試験のうち代表的なものについて説明を加える．

a. 標準貫入試験

標準貫入試験 (standard penetration test) は，1920 年代の後半にテルツァーギ (Terzaghi) によって標準化された試験方法である．標準貫入試験は現在国際的に最も広く認知された試験方法の1つで，その国際的標準化が現在精力的に試みられている．わが国でも広く用いられ，各種原位置調査では最初に実施されることが多い．JIS の規格では，直径 51 mm，長さ 810 mm の中空の試料採集管 (sampler)（図 10.3）を鋼棒の先端に取り付け，鋼棒をガイドとして上から質量 63.5 kg のハンマーを 75 cm の高さから落下させてこのサンプラーを打撃し，地中に 30 cm 貫入するのに要する打撃数から土

10.3 サウンディング

表10.2 代表的なサウンディング方法の特徴および適用地盤 (地盤工学会, 1995)

方法	名称	連続性	測定値	測定値からの推定量	適用地盤	可能深さ	特徴
静的	スウェーデン式サウンディング試験	連続	各荷重による沈下量 (W_{sw})、貫入1mあたりの半回転数 (N_{sw})	標準貫入試験のN値や一軸圧縮強さq_u値に換算 (数多くの提案式がある)	玉石、礫を除くあらゆる地盤	15 m程度	標準貫入試験に比べて作業が簡単である
	ポータブルコーン貫入試験	連続	貫入抵抗	粘土の一軸圧縮強さ、粘着力	粘性土や腐植土地盤	5 m程度	簡易試験できわめて迅速
	二重管、電気式コーン貫入試験	連続	先端抵抗q_c、間隙水圧u	せん断強さ、土質判別、圧密特性	粘性土地盤や砂質土地盤	貫入装置や固定装置の容量による	データの信頼度が高い
	原位置ベーンせん断試験	不連続	最大回転抵抗モーメント	粘性土の非排水せん断強さ	軟弱な粘性土地盤	15 m程度	軟弱粘性土専用でc_uを直接測定
	孔内水平載荷試験	不連続	圧力、孔壁変位量、クリープ量	変形係数、初期圧力、降伏圧力、粘土の非排水せん断強さ	孔壁面がなめらかでかつ自立するようなあらゆる地盤、岩盤	基本的に制限なし	推定量の力学的意味が明瞭である
動的	標準貫入試験	不連続 最小測定間隔は50 cm	N値 (所定の打撃回数)	砂の密度、強さ、摩擦角、剛性率、支持力、粘土の粘着力、一軸圧縮強さ	玉石や転石を除くあらゆる地盤	基本的に制限なし	普及度が高くほとんどの地盤調査で行われる
	簡易動的コーン貫入試験	連続	N_d (所定の打撃回数)	$N_d=(1〜2)N$ N値と同等の考え方	同上	15 m程度 (深くなるとロッド摩擦が大きくなる)	標準貫入試験に比べて作業が簡単である

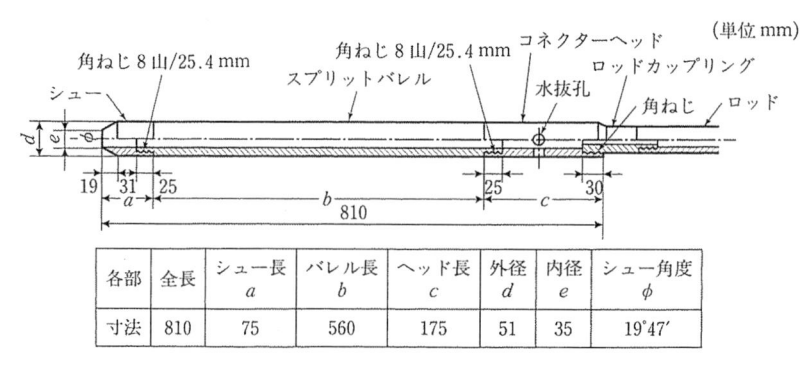

各部	全長	シュー長 a	バレル長 b	ヘッド長 c	外径 d	内径 e	シュー角度 ϕ
寸法	810	75	560	175	51	35	19°47′

図10.3 標準貫入試験用サンプラー (地盤工学会, 1995)

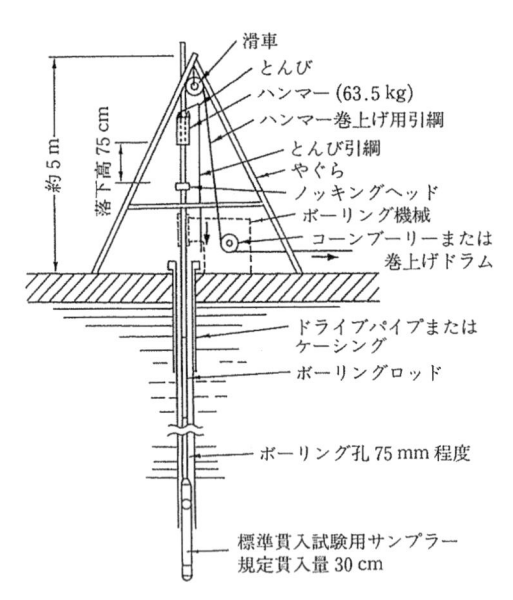

図 10.4 標準貫入試験装置の概略図（地盤工学会，1995）

の性状を調べる．この打撃数のことを N 値といい，土の性状を示す重要な指数となっている．地盤が固いほど N 値は大きくなり，N 値＝50 は支持地盤の指標としてよく用いられる．N 値と砂の内部摩擦角，砂の相対密度，粘性土の一軸圧縮強さなどとの関係が経験的に得られている．標準貫入試験装置全体の概略を図 10.4 に示す．

わが国では標準貫入試験が，他の原位置試験と比較して圧倒的によく用いられているが，その理由としては，① 過去のデータの蓄積が多い，② 各種設計指針が N 値に基づいて決められていることが多い，③ サンプラー部分が 2 つ割れ構造になっており，原位置での土質性状を直接目視観察できる，などがある．

b. オランダ式二重管コーン貫入試験

静的コーン貫入試験は，1932 年にオランダで初めてバレンステン（Barensten）によって開発された試験法で，その後改良を加えたオランダ式二重管コーン貫入試験（Dutch double-tube cone penetration test）となって世界的に普及した．この試験は，主に原位置における土の硬軟，締まり具合，地盤の地層構成を推定するために使用される．

この試験は，鋼棒の先端に直径 35.7 mm，高さ 30.9 mm，頂角 60° の円錐体の先端をつけた長さ 136.4 mm のマントルコーン（図 10.5）を取り付け，これを上から静的な

図10.5 先端コーン（地盤工学会，1995）

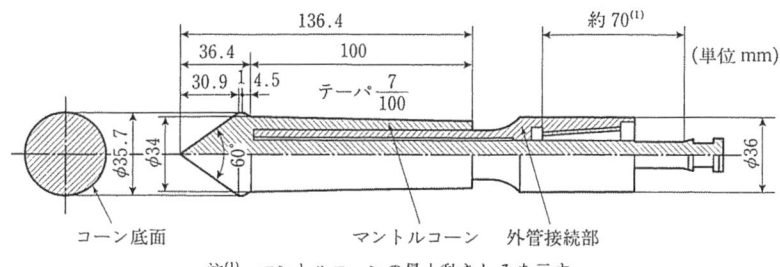

注[1] マントルコーンの最大動きしろを示す．

力で地中に1 cm/sの速度で貫入し，25 cmの貫入ごとにそのときの貫入力を鋼棒の他端についている力計で読み取り，その値から土の性状を調べるものである．マントルコーン部分は鋼棒の地中での周辺抵抗を取り除く機構をもっているので，この方法により先端抵抗のみを測定できる．このときの力計の読みから得た荷重をマントルコーンの先端の断面積で除した値をコーン貫入抵抗 q_c と定義する．q_c の値と粘性土の一軸圧縮強さや N 値との関係が実験で得られている．

コーン貫入試験は，その後種々の改良が試みられ，1975年にはコーン先端の貫入抵抗，周面摩擦力および間隙水圧の測定できるいわゆる電気式三成分コーンが開発され，適用性が拡大した．最近では，三成分以外に他のセンサーを装着することによって，たとえば環境関連分野で利用されるなど，その多機能化・高機能化はますます加速してきている．

c. スウェーデン式貫入試験

スウェーデン式貫入試験 (Swedish weight sounding test) は，荷重による貫入と回転貫入を併用した原位置試験であり，土の静的貫入抵抗を測定し，その硬軟とともに締まり具合を判定するとともに地層構成を把握することを目的としている．この試験は，スウェーデン国有鉄道の土質委員会が1917年頃に採用し始めたもので，わが国でも広く使用されている．深さ10 m程度以浅の軟弱層を対象に概略調査または補足調査に用いられており，最近では，戸建住宅などの小規模構造物の支持力特性を把握する地盤調査方法として多く用いられている．

この試験は鋼棒の先端に直径最大33 mm，長さ200 mmの円錐形のスクリューポイント（図10.6）を取り付け，まず，自重および載荷荷重を段階的に増加させながら，各荷重ごとにその沈下量を測定する．荷重の大きさを W_{sw} で表す．試験機の概要を図10.7に示す．載荷荷重の最大値は1 kNであるが，1 kNを載荷してもそれ以上沈下し

(単位 mm)

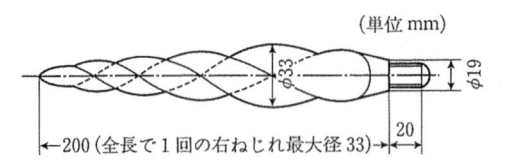

図 10.6 スクリューポイント (地盤工学会, 1995)

ないときは，鋼棒の上端にハンドルを取り付け，これを回転させながら，半回転を1として 25 cm 貫入ごとにこの半回転数を読む．最後に貫入量1mあたりの半回転数を N_{sw} で表す．この試験で得られた W_{sw} と N_{sw} との値から土の性状を調べるものであり，これらの値と N 値，粘性土の一軸圧縮強さなどとの関係が実験で求められている．

d. 原位置ベーンせん断試験

原位置ベーンせん断試験 (field vane shear test) は，1928 年にスウェーデンで初めて使用された試験法で，欧米を中心とした海外では粘性土の強度試験としての地位を確立しており，軟弱地盤の安定計算に用いるせん断強さはこの試験で決められるのが普通である．わが国でもベーンせん断試験は実施されるものの，軟弱地盤の強度を求める主たる試験方法は一軸圧縮試験であり，ベーン試験は脇役の位置にとどまっている．

ベーンせん断試験は，地盤中に図 10.8 に示すような形状のベーンを押し込み，所定の深度でこのベーンを回転させ，そのときの回転トルクから地盤のせん断強度を推定しようとするものである．地盤工学会基準で決められたベーン寸法には2タイプあり，ベーンブレードの幅，高さ，厚さがそれぞれ，75, 100, 3.0 および 50, 100, 1.5 (mm) である．

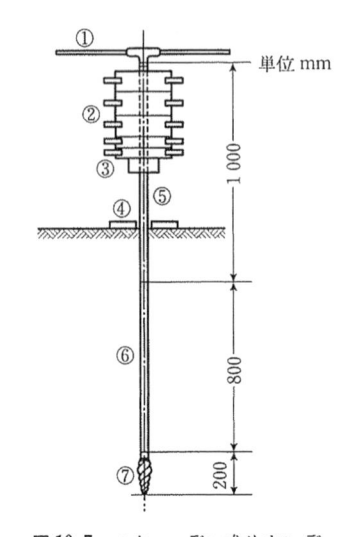

図 10.7 スウェーデン式サウンディング装置の概要 (地盤工学会, 1995)
① ハンドル, ② おもり, ③ 載荷用クランプ, ④ 底板, ⑤ 継足しロッド, ⑥ スクリューポイント連結ロッド, ⑦ スクリューポイント

〔例題 10.1〕 標準型ベーンに対する土のせん断強さ τ_{vane} (kN/m²) は次式で算定される．この式を誘導せよ．

$$\tau_{vane} = \frac{6(M - M_f)}{7\pi D^3}$$

ここに，M：測定最大トルク，M_f：試験機の摩擦トルク，D：ベーンブレードの幅．

10.3 サウンディング

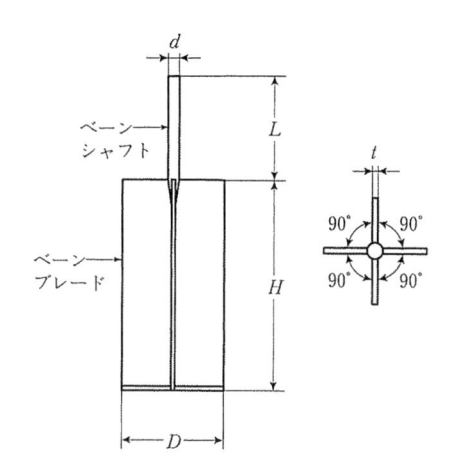

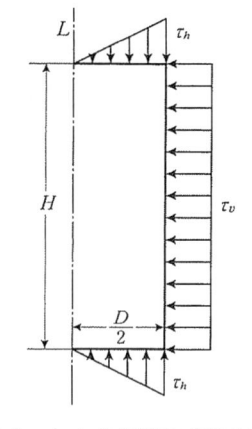

図10.8 ベーン形状(地盤工学会, 1995)

図10.9 ベーンせん断面に作用するせん断応力分布($\alpha=1/4$の場合)

〔解〕 まず，ベーンを回転させることによって得られる円筒形のせん断面を仮定する．すると，ベーン試験結果よりせん断強さを求めようと思えば，図10.9に示すようなせん断面上に作用するせん断応力の分布をどのように考えるかで結果が決まってくる．ベーン側面に関しては一様にτ_vが作用するものとし，また両端面に関しては，それを長方形，楕円形，三角形分布として見なせば，具体的なせん断強度を決定することができる．図10.9は三角形分布の場合を示している．これらのせん断強度分布に基づけば，結局，測定した最大トルクMとせん断強さの関係は次式のようになる．

$$M=\frac{\pi}{2}HD^2\tau_v+\frac{\pi}{2}D^3\alpha\tau_h$$

ここに，H, D：ベーンブレードの高さ，幅，τ_v：ベーンの側面に作用するせん断応力，τ_h：上下両端面に作用するせん断応力の最大値，α：τ_hの分布によって決まる係数（長方形，楕円形，三角形分布に対してそれぞれ1/3, 0.3, 1/4）である．

上式において$\tau_v=\tau_h$で，かつこれらがせん断強度τ_{vane}に等しいと仮定すれば，次式が得られる．

$$\tau_v=\frac{2M}{\pi(HD^2+D^3\alpha)}$$

この式に，$H=2D$, $\alpha=1/3$を代入し，かつ無負荷時に計測される試験機の摩擦トルクM_fを考慮すれば，例題文中の式が得られる．

e. 孔内水平載荷試験

孔内水平載荷試験(pressuremeter test in borehole)は，図10.10に示すような装置

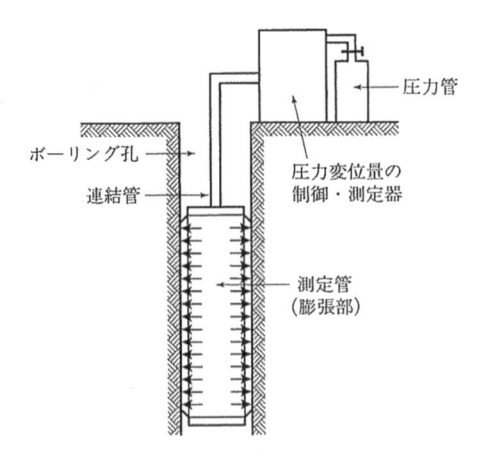

図 10.10 孔内水平載荷試験装置の基本構成(1室法の場合)

構成となっており，ボーリング孔内において円筒形の膨張部孔壁を加圧することによって得られた圧力～孔壁変位関係より，地盤の変形係数，降伏圧力および極限圧力などを推定する．この試験装置の原理は1930年代にドイツのケーグラー(Kögler)によって開発され，その後フランスのメナール(Menard)によって研究が進み，ほぼ現在のような装置として完成した．原位置試験のなかでも境界条件などが比較的明瞭なため，信頼性の高い地盤特性の推定手法として期待されている．現状では，地盤の水平方向の変形特性を決定するために最もよく用いられており，また得られた圧力～変位曲線や各種パラメータを利用して地盤の変形・強度定数を推定するなど，さらに高度な利用方法に関しても研究が進んでいる．

孔内水平載荷試験は，ボーリング孔壁がなめらかでかつ自立するすべての地盤，岩盤を対象とする．したがって砂礫地盤のように孔壁がなめらかでない場合や軟弱粘土地盤など孔壁が乱されやすい場合，適用は困難である．ただし，軟弱地盤ではセルフボーリング(自己掘削)型の試験装置が提案されており，信頼性の高い結果を与えている．

演 習 問 題

10.1 軟弱な粘土地盤の強度特性を評価したい．適切なサウンディング方法をあげ，その特徴および留意点を述べよ．
10.2 標準貫入試験の概要について述べ，わが国で最もよく使われるサウンディング試験である理由を説明せよ．
10.3 ベーンせん断試験を砂地盤で使用したい．その是非を論じよ．

11. 地盤環境問題

11.1 概　　説

　地盤工学に携わる技術者は，さまざまな局面で環境問題と対峙せざるをえない．たとえば，① ビル建設のため地盤を調査したら，土や地下水に有害物質が含まれていることがわかり，その対策が必要となった，② 廃棄物を有効活用して盛土や埋戻しなどの地盤材料として用いたい，③ 廃棄物処分場を建設する，④ 以前に廃棄物を埋め立てた土地を跡地利用したい，⑤ 高速道路盛土の斜面を植栽したいが，どのような材料で斜面をつくればよいか，⑥ 道路を建設するにあたって環境負荷の少ない工法を選定したい，などである．このような課題に対して土質力学・地盤工学の知見がおおいに活用される．と同時に，地盤工学の領域も広がりつつある．環境問題への解決を目指した地盤工学の分野を「環境地盤工学(environmental geotechnics)」とよんでいる．一方，「地盤環境工学(geotechnical and geoenvironmental engineering)」という領域がある．これは，本来広範かつ学際的である地盤工学を特に環境との接点で注目した工学で，人類の生活環境および地球環境を念頭に，環境の創生・保生・再生の観点を重視しつつ，多様な環境に関わる学問を援用・統合して，地盤の有する特性を駆使しながら環境へのさまざまなインパクトを最小限にするための予測ならびに問題を解決し，新たな環境を創造するための工学として，日本学術会議により位置づけられている．

　本章では主として地盤環境問題に関わる土壌・地下水汚染ならびに廃棄物のテーマのみに絞って，その要点を概説しており，より勉強したい人は他書を参照されたい．地球環境問題，環境負荷に関わる課題や，緑化，ミティゲーション，ビオトープなど環境創造に関するテーマには紙面の都合でふれていない．なお，環境問題では法規制や基準を知っておくことが必須であるが，これらは近年頻繁に見直しや改正が行われている．幸いなことに現在は行政がホームページでかなりの情報を公開しているから，関連機関のホームページを参照して最新の情報を得てほしい．

11.2 土壌・地下水汚染

a. 地盤中の有害物質

　土壌や地下水の汚染は，地面の下で目に見えないため汚染の存在をわれわれが認識するきっかけが必要でその時間もかかること，修復対策に費用と時間がかかること，土地の所有権の問題が絡むことなど，大気や水の汚染問題とは異なる特徴がある．たとえば，ニューヨーク州ナイヤガラ滝の近くで起きたラブキャナル事件では，約21000トンの化学系廃棄物が1942年から10年間にわたって運河跡地に埋められたが，そのために住民に健康被害があらわれたのは1970年代になってからであり，現在でも人の住めないゴーストタウンとなっている．したがって，土壌・地下水汚染を引き起こさないよう細心の注意を払うとともに，万一土壌・地下水汚染に遭遇した場合はできる限り適正かつ効率的な対策を施さなければならない．

　土壌・地下水汚染の主な原因としては，①工場などの事業所で用いられている有害物質が管理不徹底により漏洩すること，②廃棄物の不法投棄，③廃棄物処分場からの漏洩，などがある．対象物質としては重金属と有機塩素系化合物(トリクロロエチレン，ダイオキシンなど)が主なものであり，最近では農業起源の硝酸性窒素汚染も問題となっている．土壌・地下水汚染に対し，わが国では土壌環境基準と地下水環境基準が定められている．土壌環境基準は，環境庁告示46号に定められる溶出試験を行って，土壌の汚染の有無を判定する．溶出試験とは，土を水などの溶媒と混合し，溶媒側に溶け出してきた化学物質の濃度を測定する試験で，環境庁告示46号法以外にもさまざまな方法があって目的によって使い分けられる．なお，人為起源の汚染のほかに，もともと地盤中に存在していたフッ素や六価クロム，ヒ素などが掘削や地下水揚水などの人為的要因で存在形態が変化して起こる天然由来の汚染もある．

　なお，「土壌汚染・地下水汚染」といった用語のほかに，「地盤汚染」や「地盤環境汚染」といった言葉も用いられる．地盤汚染・地盤環境汚染は法律用語ではないが，土壌汚染・地下水汚染をも包括する広い意味で用いられていると解釈できよう．

b. 地盤中の汚染物質の挙動

　地盤中の汚染物質の広がりを予測・調査したり，修復対策工の設計や効果の判定を行う場合，汚染物質の挙動を予測しなければならない．汚染物質の挙動を予測するには，対象地盤の土の特性，地下水・浸透水の流況，対象化学物質の特性，ならびにこれらの相互作用を考慮する必要がある．具体的には，汚染物質は地盤中をどのように移動するのか(水に溶けるのか，あるいは水に溶けずに単独で移動するのか)，土粒子にどれくら

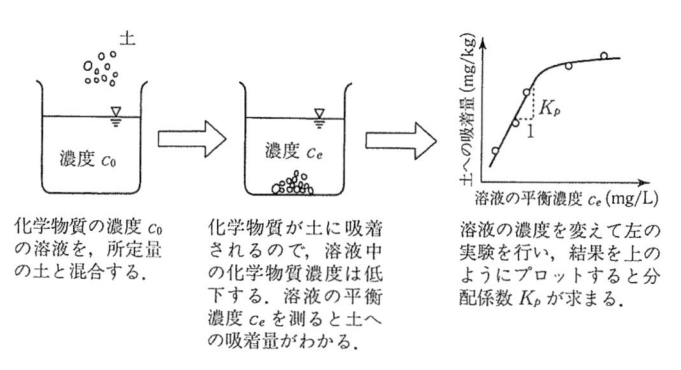

図11.1 バッチ吸着試験による吸着特性の求め方

い吸着するのか,化学性・生化学的作用を受けるのか,などである.

重金属のイオンは正電荷のものが多く,一方の粘土粒子の表面は負に帯電しているものが多いから,重金属は粘土粒子に吸着されやすいといえる.対象化学物質の土粒子への吸着特性を知るには,一般に図11.1に示すようなバッチ吸着試験を行って分配係数 K_p(次元は $M^{-1}L^3$,ただし M:質量,L:長さ)を求める.分配係数とは,対象の化学物質が固相と液相に「分配」される割合を示す指標である.一般に図に示すように溶液の濃度が高くなるに従って K_p は減少するが,K_p が最終的にゼロとなったときの土への吸着量が,その土のもつ最大吸着可能量である.化学物質は土へ吸着されなくても,自ら沈殿を形成して固相となる場合もある.特にpH(水素イオン濃度指数)が高くなってアルカリ雰囲気になれば水酸化物の沈殿を形成するから,液相中の化学物質濃度は低下する.なお,鉛(Pb)や亜鉛(Zn)などの両性元素はアルカリ中で錯イオンを形成して溶解し,水酸化物沈殿は形成しない.

液相すなわち間隙水に溶け出した化学物質は,地下水にのって運ばれる.透水係数と水頭の空間分布がわかっていれば地下水浸透流の挙動は解析でき,汚染物質の移動も予測できると思われる.しかし,化学物質の移動を考える場合,特に地盤の透水係数が低く地下水浸透流速が小さければ,拡散・分散の影響を考慮する必要がある.拡散の現象を数学的に表現したのが,フィック(Fick, 1855)の法則で,その第1法則は次式の通りである.

$$J = -D_0 \frac{\partial c}{\partial x} \qquad (11.1)$$

ここに,J は化学物質の質量フラックス(単位面積単位時間あたりの物質の通過質量,次元は $ML^{-2}T^{-1}$,ただし T:時間),D_0 は拡散係数(L^2T^{-1}),c は化学物質の濃度(ML^{-3}),x は位置(L)である.(11.1)式は,物質はその濃度が高いところから低いと

ころに移動し，その移動速度は濃度の勾配に依存する．つまり物質の濃度を空間的に均一化しようとする物理現象を数学的に表現している．地下水中の物質を考える場合は，拡散に加えて分散を考慮する必要がある．図11.2に示すような原因によって，土中水に溶解している化学物質の移動速度には大小ができ，それを総称して分散とよんでいる．分散は拡散とあわせて考えることが多く，拡散・分散係数 D_h が用いられ，移流（いわゆる浸透流問題）と拡散・分散を考慮した一次元基礎式は次式で表される．

$$\frac{\partial c}{\partial t} = D_h \frac{\partial^2 c}{\partial x^2} - v_s \frac{\partial c}{\partial x} \quad (11.2)$$

ここに，v_s は実流速（次元は LT^{-1}）で，ダルシー則（3章「土中の水理」参照）で求めた流速 v を間隙率 n で除したものを用いなければならない．実際に地下水は土中の間隙部分のみを流れるから，ある水分子に着目したとき，その水分子の移動速度 v_s はダルシー流速 v よりも間隙率 n の逆数倍だけ大きいからである．

さらに，化学物質が何らかの形で反応を起こす場合，遅延係数 R（無次元）を用いた次式を使うことが多い．

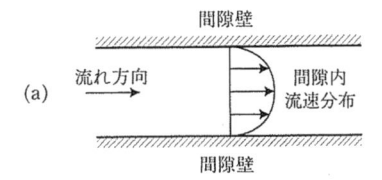

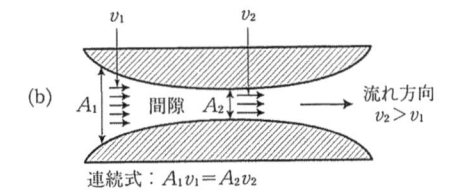

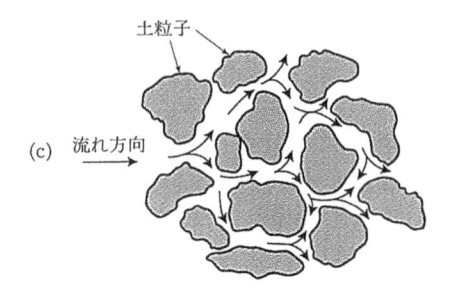

図11.2 分散の模式図
(a) 間隙中の水の流れは，流路の壁面（ここでは土粒子表面）と水の摩擦抵抗があるため，速度分布をもつ．(b) 流路の径が場所によって異なるため，流路の狭いところでは流速が大きくなり，流路の広いところでは流速が小さくなる．(c) 流路は曲がりくねっており，同じ二点を結ぶのにも流路によって道のりが異なる．

$$\frac{\partial c}{\partial t} = \frac{D_h}{R}\frac{\partial^2 c}{\partial x^2} - \frac{v_s}{R}\frac{\partial c}{\partial x} \quad (11.3)$$

(11.3)式における物質の移動速度は(11.2)式の $1/R$ 倍である．ここで化学物質の反応としては，対象化学物質の土粒子への吸着を考えることが多い．土粒子へ吸着するのであれば，その分だけ化学物質の移動速度が小さくなるというのが(11.3)式の物理的意味である．このときの遅延係数 R は，先に求めた分配係数 K_p を用いて次のように求められる．

$$R = 1 + \frac{\rho_d}{n} K_p \quad (11.4)$$

11.2 土壌・地下水汚染

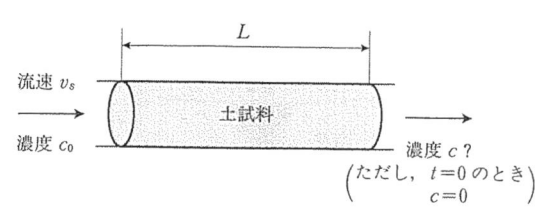

(a) 実験の模式図

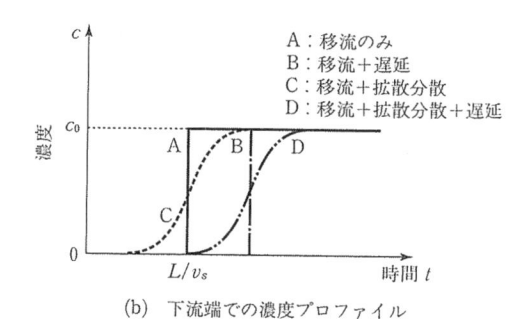

(b) 下流端での濃度プロファイル

図 11.3　一次元流れにおける移流，拡散分散，遅延の影響の模式図

ρ_d は土の乾燥密度，n は間隙率である．ここで用いる遅延係数は，図 11.1 に示したように線形吸着(横軸の平衡濃度と縦軸の吸着量との関係が線形)が前提となっている．

図 11.3 は，土の飽和供試体に，c_0 の濃度の化学物質を含む溶液を実流速 v_s で流したときの，距離 L だけ離れたところでの物質濃度の経時変化を示したもので，A は移流のみ(吸着，拡散・分散が起こらない)を考慮した場合で，時間が L/v_s 経過したとき下流端での濃度が突然 c_0 になる．B は移流と遅延(あるいは吸着)を考慮した場合で，土粒子への吸着が起こっている分だけ，下流端への化学物質の到達は遅くなる．C は移流と拡散・分散を考慮したもので，分散効果のため化学物質の分子は仲良く横並びに前進するわけではなく，時間 L/v_s よりも早く下流端に到達する分子や，逆に遅れて到達するものがある．つまり拡散・分散が生じれば，生じない場合よりも化学物質が(濃度は低いが)早く下流側に到達しうる．D は移流・拡散分散・遅延を考慮した場合で，B と C の合成となっている．なお，ここでは拡散分散係数を不変の定数としているが，実際には流速や対象スケールに依存する．

　有機塩素系化合物のように水への溶解度が低いため原液のままで地盤中に存在し移動する可能性のあるものは，原液の挙動も把握しなければならない．有機塩素系化合物などの人工化学物質は，もともと自然界に存在しないものを人間がつくり出したものである．トリクロロエチレン，テトラクロロエチレンといった有機塩素系化合物は，表面張

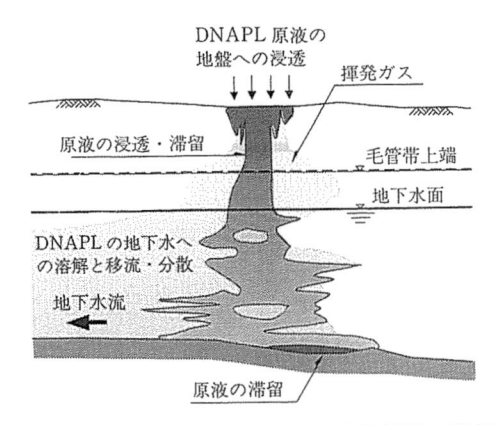

図 11.4 有機塩素系化合物による土壌・地下水汚染の模式図

力が小さい，脂に溶けやすいといった特徴をもつことから，IC工場における精密部品の洗浄や衣料のドライクリーニングなどに用いられる．表面張力が小さいから部品の細かいところまで入り込めるし，脂溶性が高いから汚れをとるのに適しているからである．有機塩素化合物はきわめて安定で分解しにくく，また，トリクロロエチレンやテトラクロロエチレンは比重が水よりも大きいため地下水深くまで入り込み，図11.4に示すように汚染が広い範囲に広がるのが特徴である．揮発性が高いから，不飽和帯の間隙ガスを介して人間が吸引する可能性が高い．なお，これらの物質は水に溶けにくく，かつ原液のまま地盤中を挙動しうるため，原液（あるいは物質そのもの）を非水溶性流体 (NAPL: non-aqueous phase liquid) とよび，水より軽いか重いかでDNAPL (dense NAPL) とLNAPL (light NAPL) に区別している．トリクロロエチレンやテトラクロロエチレンは水に溶けにくいとはいいながらも，環境基準値は溶解度よりはるかに低い値に設定されるなど，溶解するわずかの量が地下水汚染となる．したがって，溶解のもととなるNAPL原液の挙動を解明することが重要となるが，このようなNAPL原液の挙動には，多相流理論による解析手法が開発されている．また，溶解した成分に対しては，前述の移流分散解析が行われる．以上のような解析を行う場合には，その適用範囲・限界などをよく知ったうえで，パラメーターを適切に決定することが必要である．

c. 土壌・地下水汚染の対策技術

土壌・地下水汚染の対策手法はさまざまなものがあり，対象とする汚染物質，土質，対策の目標などに応じて使い分けられる．これらの手法は大まかに以下のように分類される．

11.2 土壌・地下水汚染

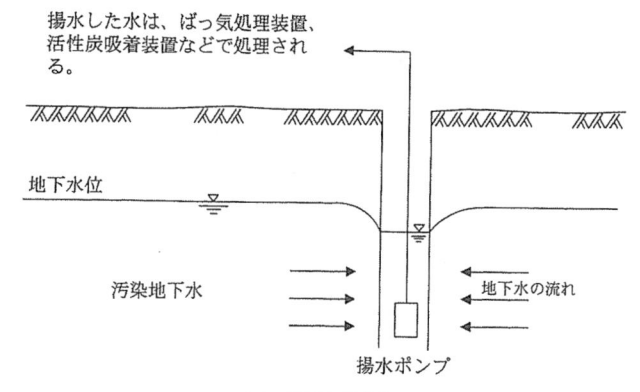

揚水した水は、ばっ気処理装置、活性炭吸着装置などで処理される。

地下水位

汚染地下水

地下水の流れ

揚水ポンプ

(a) 地下水揚水法

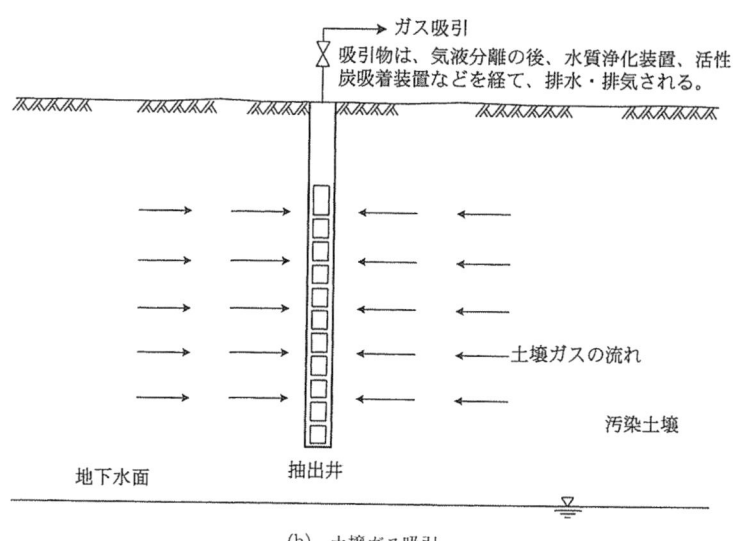

ガス吸引

吸引物は、気液分離の後、水質浄化装置、活性炭吸着装置などを経て、排水・排気される。

土壌ガスの流れ

汚染土壌

地下水面　抽出井

(b) 土壌ガス吸引

図 11.5　土壌・地下水汚染対策工法の例

1) 掘削除去

汚染した土壌を掘削除去して、汚染されていない土と置き換える。掘削作業時の安全を確保したり、掘削土砂の処分先を確保することなどについて考慮しなければならない。

2) 地下水揚水

汚染した地下水を揚水し、水処理技術にて地下水を浄化する方法(図11.5(a))．(一

般に揚水法による地下水の浄化には数年から10年程度を要するとされている．アメリカでは1980年代揚水法による地下水浄化工事が数多く行われたが，浄化目標に達するのに長時間を要したり，場合によっては浄化目標を達成しえなかったりしたこと，揚水中は対象物質濃度は下がるが，揚水を止めると物質濃度が上昇するなどが問題となった．地下水揚水処理にはこのような限界もあるが，汚染物質を確実に回収できる点を考えれば，きわめて有効な処理技術の1つである.)

3) 浄化

空気吸引，微生物投入など何らかのエネルギーを投入することにより，汚染物質そのものを除去したり，反応によって無害化させる方法．土壌ガス吸引，エアスパージング，バイオレメディエーションなど多くの工法がある．土壌ガス吸引は，不飽和帯の間隙中に存在する汚染ガスを真空ポンプなどで強制的に吸引し，汚染土壌の浄化を図る方法で，揮発性有機塩素化合物に対して適用される（図11.5(b)）．エアスパージングは，地下水中に空気を吹き込んで溶存物質を揮発させ，不飽和帯でガスとして除去する工法で，地下水中に存在する揮発性有機塩素化合物の処理に有効とされている．バイオレメディエーションは原位置で微生物分解処理を行うもので，土壌や地下水に空気や栄養塩を注入する方法と高分解能を有する微生物を付加する方法がある．

4) 固化・安定化

汚染した箇所を，セメントや他の安定剤などで固化・安定化処理し，汚染物質の広がりを防ぐ方法．汚染土からの有害物質の溶出は抑えられるが，有害物質自体がなくなるわけではない．ガラス化，溶融固化などの技術も開発されている．

5) 封じ込め

汚染した箇所そのものはそのままとし，その周囲を遮水壁・地中壁で覆って，有害物質が広がるのを防ぐ方法．

6) 反応壁・浄化壁・反応性バリア

対象とする有害物質を分解したり無害化できる物質を用いてバリアを構築し，地下水がバリアを通過する際に汚染を無害化する工法．

7) 科学的自然減衰 (monitored natural attenuation)

浄化目標値に達するまで工学的な手法を駆使した浄化対策を継続するのではなく，汚染現場自体の有している「自然現象」を科学的に測定・評価して，リスク評価を行ったうえで浄化完了とする方法で，自然現象としては吸着，希釈，揮発，化学分解，微生物作用などの作用がある．たとえば，地下水揚水やエアスパージングなどで地中の汚染物質の大部分を取り除いたのち，環境基準に達しない残りの部分を自然の減衰機能に頼るなどである．

従来，わが国では封じ込め対策は恒久対策とみなされにくかった．汚染物質を現地に

そのまま残すからである.しかし,2003年2月に施行された「土壌汚染対策法」では,汚染の完全浄化ではなく,人間の健康リスクの回避を目的とし,封じ込め対策も積極的に適用できるようになっている.ここで健康リスクとは,汚染した地下水を飲用することによるものと,汚染した土を直接摂取することによるものが考えられている.

土壌汚染は土地という資産に絡む問題であり,所有権が変わっている場合など浄化責任を誰が負うかといったむずかしい面もある.土壌汚染対策法では,土壌汚染の調査責任は土地所有者が負うこと,汚染原因者が不明の場合は汚染した土地の所有者が対策等を行うこと等が定められており,わが国の土壌・地下水汚染対策は新たな局面を迎えることとなる.

11.3 廃棄物の処分場と有効利用

a. 廃棄物の発生と処理・処分

われわれ人間の日常生活やさまざまな産業活動にともなって発生する廃棄物の量は莫大なものとなっており,深刻な社会問題を引き起こしている.わが国では,放射性廃棄物を除く廃棄物の管理は「廃棄物の処理及び清掃に関する法律」によって規定され,一般廃棄物と産業廃棄物に分類される.一般廃棄物は主にわれわれの生活にともない発生するもので,自治体に処理処分が義務づけられている.一方,産業廃棄物は事業者が排出するもので,排出事業者自らが適正に処理処分しなければならない.2000年度の環境省統計では,一般廃棄物の発生量は年間5000万トン以上にのぼり,これは国民一人一日あたり約1kgの排出量におおむね相当する.一方,産業廃棄物の発生量は約4億トン/年にのぼる.

発生した廃棄物は収集され,その多くは減容化や無害化・衛生化のため焼却や脱水などの中間処理が行われる.中間処理を経て一部リサイクルされるものもあるが,どうしてもリサイクルされずに残ってしまうものは処分(埋立処分)せざるをえない.太古の昔,人間が排出する廃棄物の量はたかがしれていたし,その内容も動植物の残骸などで自然界で分解されうるため,捨てられた残さは自然の物質循環の中に組み込まれ,環境への影響はほとんどもたらさなかったといってよい.しかし,人間の活動が高度化するにともない,地下資源を採掘してさまざまな形で利用したり,あるいはさまざまな人工化学物質を生み出してきており,そのため発生する廃棄物の種類も多岐にわたり,かつ環境や生態系,さらに人間の健康への影響が無視できないものとなってきた.したがって,昔は貝塚遺跡にみられるような捨て方でよかったものが,いまでは厳格な機能をもつ廃棄物処分場に廃棄物を処分しなければならなくなっている.

b. 廃棄物処分場とその構造

廃棄物の埋立処分場が通常の土砂の埋立地と違う点は，埋め立てる材料つまり廃棄物が有害物質を含んでいる可能性があること，廃棄物が腐敗分解しうること，種々雑多な形状・性質のものが含まれうることなどである．したがって廃棄物処分場には，廃棄物中に含まれうる有害物質が外に漏れ出して周辺の土壌や地下水を汚染せず，廃棄物の腐敗分解によって発生するガスなどで衛生問題を引き起こさないような機能（役割）をもつことが求められ，地盤沈下や地震などの外力・外的要因を受けてもこれらの機能は損なわれてはならない．つまり，構造物としての廃棄物処分場は，これらの機能を有する大きな容れ物と考えればよい．

わが国では廃棄物処分場は，受け入れる廃棄物の有害性などのレベルに応じて安定型処分場，管理型処分場，遮断型処分場に分類される（図11.6）．安定型処分場は遮水構造をもたないため，廃プラスチック，ゴム屑，金属屑，ガラス屑，陶磁器屑，建設廃材などの，有害物質の溶出や腐敗分解での汚水の心配のない廃棄物のみを受け入れる．管理型処分場には，有害物質の溶出試験（環境庁告示13号に定められた試験方法による）には合格するが有害物質を含んでいて不安が残るものや，埋立後に腐敗分解が起こって

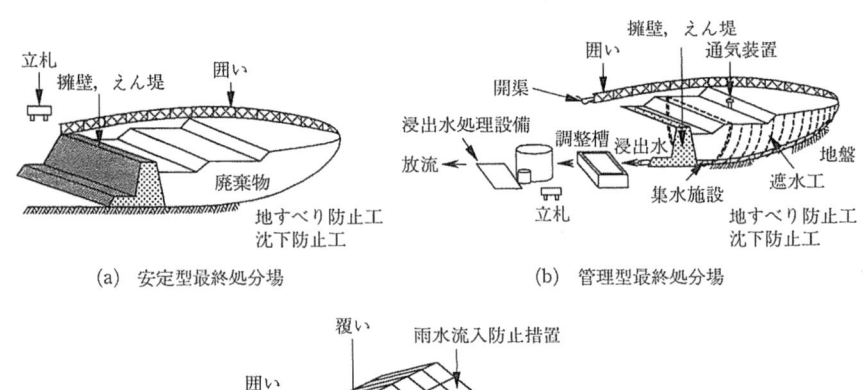

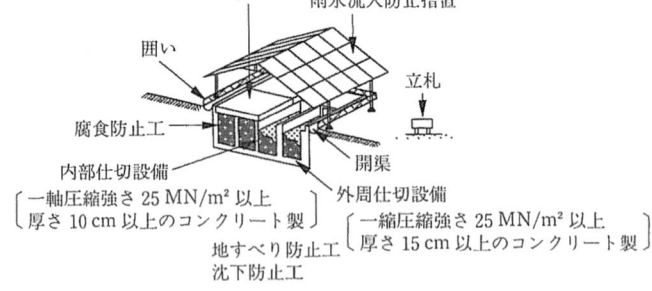

図11.6 わが国の廃棄物処分場の分類

汚濁した浸出水を排出する危険性の高いものを受け入れる．このような廃棄物には廃油，紙屑，木屑，繊維屑，動植物性残さ，無害な燃えがらやダスト，汚泥などが相当し，一般廃棄物も含まれる．溶出試験で基準に適合しないような有害廃棄物を受け入れる遮断型処分場には，図 11.6 に示すような厳重な構造が求められる．

廃棄物に含まれうる有害物質や汚濁物質が廃棄物処分場から漏出しないようにするためには，底部遮水工（ライナーシステム）の役割が重要である．1998 年に厚生省と環境庁の共同命令改正により定められた構造基準では，管理型処分場の底部遮水工の要件として，層厚 5 m 以上，透水係数 10^{-5} cm/s 以下の粘土層かルジオン値 1 以下の岩盤が存在していること，そうでなければ次の 3 つのうちからいずれかを設ける必要があるとされている．

- 遮水シートと粘土層の組合せによる複合ライナー（ただし粘土層は層厚 50 cm 以上，透水係数 10^{-6} cm/s 以下）
- 遮水シートとアスファルトコンクリート層の組合せによる複合ライナー（ただしアスファルトコンクリート層は層厚 5 cm 以上，透水係数 10^{-7} cm/s 以下）
- 間にクッション材を挟んだ二重の遮水シート

一方，欧米各国の基準では，粘土ライナーの上に遮水シートを敷設した複合ライナーシステムを設けることとされており，ほとんどの国で粘土ライナーの層厚は 50 cm 以上，透水係数は 10^{-7} cm/s 以下とされている．遮水シートと粘土ライナーの複合ライナーの場合，粘土ライナーの透水係数の基準はわが国よりも 1 オーダー厳しく，もし有害物質が漏出した場合，漏出量は著しく異なる．さらに，底部遮水工だけでなく廃棄物上部を覆うカバーシステムの構造基準も設けられていて，廃棄物層への降水の浸入を減らして浸出水の生成を低減させるようつとめられている．

c. 遮水材 ── 遮水シートと粘土ライナー ──

遮水シートを，地盤工学の分野ではジオメンブレンともよぶ．ジオメンブレンの材質としては，欧米では高密度ポリエチレン（HDPE）が用いられることが多いが，わが国では複雑な地形を利用した山間処分場などが多いためか，より柔軟性のある材料，ポリ塩化ビニル（PVC）やゴム系などの材料の適用も進んでいる．設計・施工では，突起物による穿孔，温度変化によるひずみ（特に敷設時），廃棄物荷重による引張作用などを考慮して，遮水シートに損傷を起こさないようにしなければならない．また，遮水シートの上下接触面はせん断強度が低くなりやすいから，傾斜部ではすべり破壊を起こさないよう考慮する必要がある．さらに，遮水シートは完璧に有害物質を通さないわけではなく，特に有機物質が分子拡散によって遮水シートを通過してしまう量が無視できないことが指摘されている．

欧米各国では，遮水工の遮水性能をこのような遮水シートのみに依存せず，粘土ライナーと組み合わせる（粘土ライナーの上に遮水シートを敷設する）ことで遮水システムの安全性を高めている．粘土は主に無機質からなる天然材料であることから長期安定性が期待でき，長期間の性能を保証すべき遮水工として信頼しうるためである．3章「土中の水理」で述べたように，土の透水係数はその種類によってさまざまで，粒径で数 μm 以下の粘土分粒子を多く含む場合，透水係数は $10^{-5} \sim 10^{-6}$ cm/s 以下となり，地盤工学の分野では従来透水係数 10^{-7} cm/s 以下の土を実質上不透水としてきた．どのような土を用いてどのように設計・施工をすれば，このような低い透水係数の粘土層をつくることができるのか，米国では特に1980年代より研究が積み重ねられており，その結果，塑性指数 $7 \sim 15\%$ 以下，細粒分含有率 $30 \sim 50\%$ 以下の粘性土を用いること，ならびに，密度 ρ_d と含水比 w 双方を管理して ρ_d-w ができるだけゼロ空気間隙曲線に近づくよう設計することにより，所定の透水係数値が得られることが明らかとなっている（図11.7）．現地施工管理においても ρ_d-w の管理によって 10^{-7} cm/s 以下の透水係数

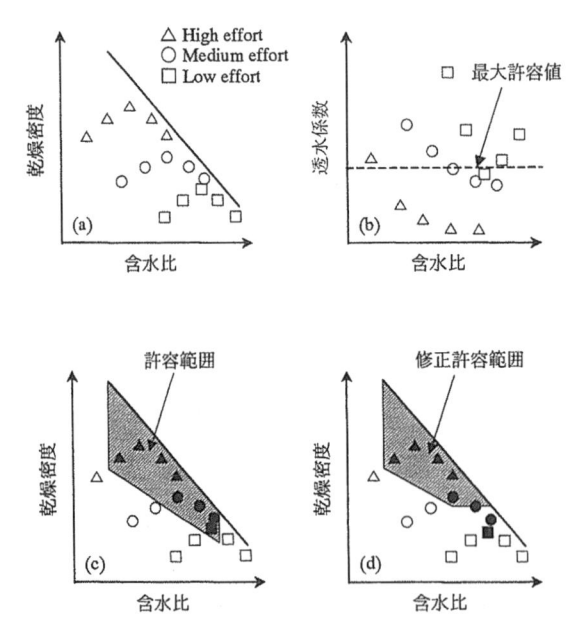

図11.7 締固め粘土ライナーの締固め特性と透水係数の関係（Daniel (ed.), 1993, Benson ら, 1999）
(a)のプロットの各供試体について透水試験を行うと，(b)の結果のようになる．許容透水係数を満たす乾燥密度-含水比の範囲を示すと (c) のようになる．さらに，せん断強度，施工性などを考慮して，(d) に示す修正許容範囲が得られる．

を確保できることが，85カ所にものぼる実際の施工現場のデータ解析により確かめられている．

最近わが国では，粘土ライナーの材料にベントナイトを用いる例がみられる．ベントナイトの主成分はスメクタイト（あるいは，モンモリロナイト）鉱物で，水和によって著しく膨潤し，数倍もの体積となる．スメクタイトの層間に取り込まれた水分子は鉱物に強く引き寄せられているため透水には寄与しない．したがって，ベントナイトを締め固めて拘束した状態で水和膨潤させれば，水に対してきわめて低い透水性（透水係数 10^{-8}～10^{-9} cm/s）が得られるため，放射性廃棄物地層処分のバリア材としての適用性が検討されたり，産業・一般廃棄物処分場の底部遮水工に適用され始めているが，ベントナイトの膨潤性は電解質溶液や非極性溶媒などにより阻害される可能性があり，耐化学性や長期安定性など検討すべき課題が残されている．また，このような透水係数が低い材料の透水試験を行うには3章「土中の水理」で示した透水試験方法は不適当で，欧米では柔壁型透水試験装置を用いることが規格化されている．この装置は三軸セルによく似ているが，軸力は作用できない機構となっており，試験時間の短縮のため高い動水勾配を作用させることにより，供試体と側壁の間にできる水みちの発生を防ぐためのものである．動水勾配もいたずらに高くしてよいというわけではなく，米国の規格(ASTM)では作用すべき動水勾配の最大値や試験継続時間などが定められている．

〔例題 11.1〕 図11.8に示す粘土ライナー遮水工の遮水性能を調べたい．粘土ライナーの透水係数 $k=5.0\times10^{-8}$ cm/s，層厚 $H=50$ cm，間隙率 $n=0.6$ で，粘土ライナーは飽和しており，その上に浸出水が水位 $h_w=30$ cm まで常時溜まっているとき，以下の問いに答えよ．

(1) 粘土ライナー直上にある浸出水が粘土ライナーを通過するのに要する時間 T を求めよ．ただし，粘土ライナー下部の圧力水頭はゼロと仮定せよ．

(2) 浸出水中のカドミウムの濃度を $c_0=1.0$ mg/l と仮定する．(1)で求めた T よりも十分時間が経過したのちの，カドミウムの漏出フラックス J を求めよ．フラックスとは単位面積・単位時間あたりの漏出質量である．ただし，時間は十分

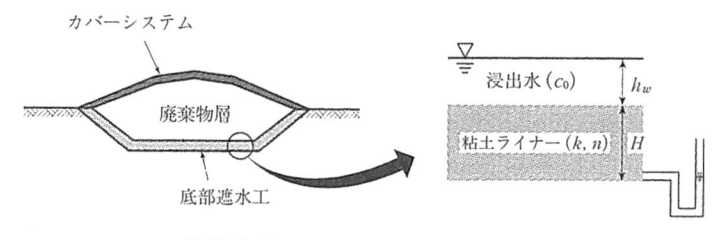

図11.8 粘土ライナーからの浸出水の漏水

経過しているので，粘土ライナー中の拡散・分散ならびに吸着現象は考慮しないものとする．

〔解〕
(1) まず，動水勾配 i を求める．粘土ライナー下部の圧力水頭はゼロだから
$$i=\frac{30\text{ cm}+50\text{ cm}}{50\text{ cm}}=1.6$$
したがって流速 v は，$v=ki=5.0\times10^{-8}\,(\text{cm/s})\times1.6=8.0\times10^{-8}\,(\text{cm/s})$ となるが，ここでは v を間隙率 n で除した実流速 v_s を考えなければならない．
$$v_s=v/n=8\times10^{-8}\,(\text{cm/s})\div0.6\fallingdotseq1.33\times10^{-7}\,(\text{cm/s})$$
よって，浸出水が粘土ライナーを通過するのに要する時間 T は
$$T=H\div v_s=50\,(\text{cm})\div1.33\times10^{-7}\,(\text{cm/s})=3.75\times10^8\,(\text{s})\fallingdotseq11.89\,(\text{y})$$
答は，約11.9年となる．

(2) 粘土ライナー単位面積あたりの浸出水の漏出流量 q は v に等しく 8.0×10^{-8} cm/s となる．これに濃度を乗じると漏出フラックスとなる．
$$J=8.0\times10^{-8}\,(\text{cm/s})\times1.0\,(\text{mg/L})=8.0\times10^{-8}\,(\text{cm/s})\times1.0\times10^{-6}\,(\text{g/cm}^3)$$
$$=8.0\times10^{-14}\,(\text{g/cm}^2/\text{s})$$
参考までに，これをヘクタール・年あたりに換算すると，
$$J=252.3\,(\text{g/ha/y})$$
つまり，1ヘクタール当たり1年間に約252gのカドミウムが漏れ出している．

d. 海面処分場と跡地利用

限られた平地をもつわが国では，処分場を海につくらざるをえない状況にある．海底に厚く堆積する海成粘土は一般に透水係数が低く，連続して十分な層厚もあるから，これを底部遮水層とできる場合が多い．したがって処分場をつくるには側方の遮水性を確保するための護岸構造が重要となる．海面処分場は規模が大きい場合が多く，海上・海中作業，護岸の構築や廃棄物の埋立にともなう海底地盤の変形・安定性，潮汐や波浪による荷重 (特に外海からの水圧が遮水シートを持ち上げる) など，海面であるがゆえの検討すべき課題がある．図11.9は2000年に運輸省より示された海面処分場護岸構造の例である．これらは前述の厚生省・環境庁の共同命令改正の構造基準に準拠している．つまり，図のケーソン岸壁構造と捨石護岸構造では2枚の遮水シートがあるし，矢板岸壁構造では2枚の遮水シートの代わりに2列の矢板がある．安定性の確保のため従来の港湾工学の技術をベースにしつつも，遮水性を確保するための特有の配慮がなされており，今後の研究・技術開発が期待されるところも多い．

海面処分場のメリットは，海面に新しくできた土地を跡地利用できる可能性があるこ

とである．東京湾や大阪湾などの埋立が終了した海面処分場は，ゴルフ場やレジャー施設などの各種施設に跡地利用されているが，地盤沈下や発生ガスへの対策が必要となっている．廃棄物は時間の経過にともなって分解するから，廃棄物層そのものが安定化するには腐敗分解が収束する必要がある．発生ガスと分解・安定化との関係は図 11.10 に示すような関係が東京港の処分場の調査結果によってまとめられていて，廃棄物の腐敗分解が進んでいる間は地盤沈下量も大きいことがわかる[13]．また，廃棄物層の強度変形特性は種類によって大きく異なっており，焼却灰では水和によって擬似的に固まってしまい強度が高くなったり，木片やビニル片などが存在すれば補強効果を示したりといった，通常の土とはかなり異なる特性がみられる．埋立後の跡地利用を考慮して，受け入れる廃棄物の種類や品質を厳選している処分場もある．なお，通常の土砂埋立の際に行

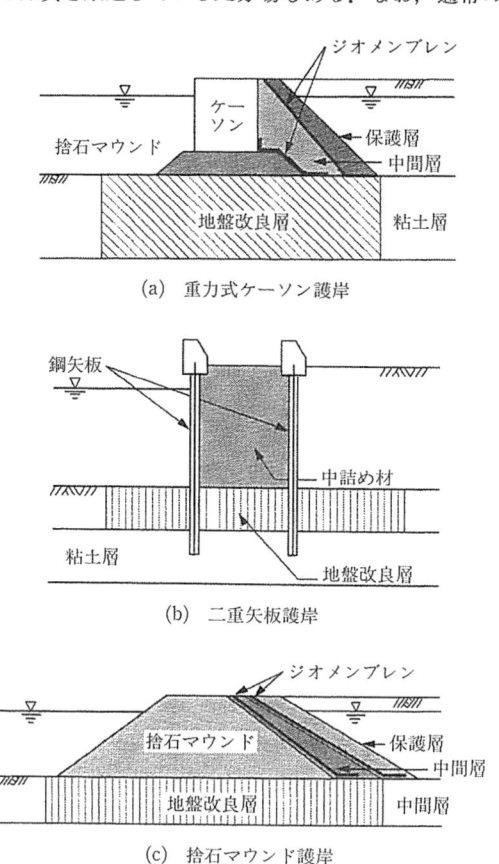

図 11.9 海面処分場の護岸構造（(財)港湾空間高度化センター・運輸省港湾局監修, 2000)

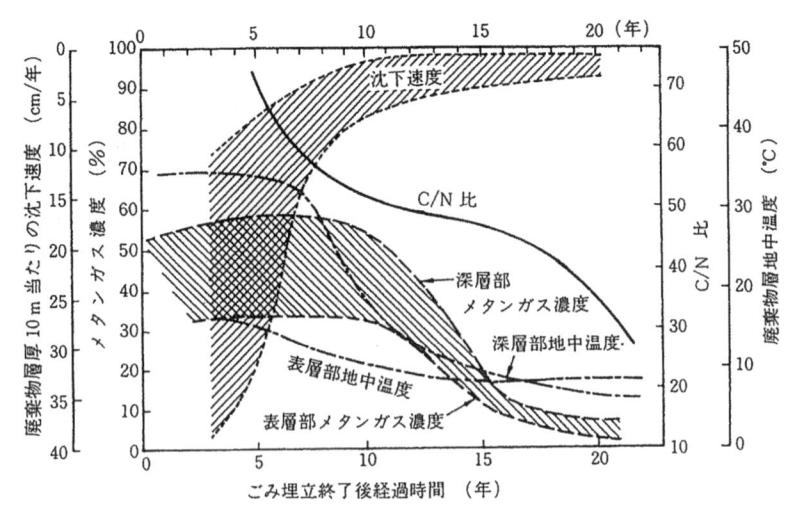

図 11.10 廃棄物の腐敗分解にともなう物性指標の変化(清水惠助, 1991)

われる海底粘土地盤の圧密促進のためのバーチカルドレーン地盤改良は，処分場底部遮水工としての遮水機能を損なう危険性があることに注意しなければならない．

e. 廃棄物の有効利用

建設事業では多量の建設材料を用いるため，廃棄物や副産物などをリサイクル材として用いることにより環境負荷を減らす試みがなされてきた．一方，建設事業にともなって排出される建設廃棄物・建設副産物の量も莫大であり，発生抑制や再利用が試みられている．建設材料の中でも盛土や埋戻しといった地盤材料は，他の建設材料に比べて一般に高い品質が要求されるわけではないため，リサイクル材の適用の可能性が高い．特に，石炭灰，鉄鋼スラグ，焼却灰といった灰・スラグ状のものは広く用いられている．

リサイクル材の適用にあたっては環境影響と法制度の問題をクリアしなければならない．わが国では環境影響は 11.2 節 a で述べた環境庁告示 46 号の溶出試験によって有害性の有無を判定するが，①46 号法試験では pH が溶出特性に及ぼす影響を考慮できていないこと，②セメントなどで固めてリサイクルする場合，46 号法試験のように材料を粉砕して溶出試験をすることに現実性があるのか，などの問題が指摘されている．欧米では，pH に対しての溶解度やタンクリーチング試験(供試体を有姿のまま溶媒に浸せきする試験)の結果に基づいて現地での有害物質の溶出量を予測する方法が提案されている．

有効利用について法解釈でいくつかの混乱がみられてきたが，これは従来，ある材料

がいったん「廃棄物」とされてしまえば，それを有価物としない限り「廃棄物」のままであったからである．しかし，建設系廃棄物処理指針(厚生省，1998年)では「建設汚泥をある一定の品質以上に改良すれば廃棄物ではない」とされ，廃棄物である建設汚泥のリサイクルが推進されている．リサイクルの是非を問うて裁判になった事例もあるが，世の中の流れとして再生品の利用促進，経済効果などが考慮される傾向に変わりつつある．

演習問題

11.1 土壌・地下水汚染の主なものの種類，起源，挙動の特徴を述べよ．
11.2 汚染は水によって運ばれうるため，土中の水の透過しやすさ(すなわち透水係数)が重要となる．土の透水係数の求め方を説明せよ．また，代表的な土の透水係数の値を示せ．
11.3 土壌・地下水汚染の対策を分類し，その代表的なものの原理と適用性を述べよ．
11.4 廃棄物処分場の遮水ライナーとして用いられるジオメンブレン(遮水シート)と粘土の特徴を比較して論じよ．

参考文献

第1章

青木　滋, 池田俊雄：土質調査法, 土質工学会, 1982.
土質工学会編：土質試験の方法と解説, 1990.
松尾新一郎編：新稿土質力学, 山海堂, 1994.
伊藤　実：土質力学例題集, 工学出版, 1975.
Skempton, A. W. : The colloidal activity of clays, Proc. 3rd Inter. Conf., Soil Mech. Found. Eng., Vol. 1, 1953.
Scott, R. F. : Principles of Soil Mechanics, Addison-Wesley Publ. Co., 1963.
Bjerrum, L. : Geotechnical properties of Norwegian marine clays, *Geotechnique*, Vol. 4, p. 49, 1954.
土木学会編：新体系土木工学 16, 土の力学 (1), 1988.
Grim, R. E. : Clay Mineralogy, McGraw-Hill, 1968.
須藤俊雄：粘土鉱物, 岩波全書, 1968.
Young, R. N., Warkentin, B. P. : Soil Properties and Behavior, Elsevier Scientific Publ. Co., 1975 (山内豊聡ほか訳：新編土質工学の基礎, 鹿島出版会, 1978.)
Terzaghi, K. : Erdban Mechanik, F. Denticke, Vienna, 1925.

第2章

松尾新一郎編：新稿土質工学, 山海堂, 1984.
地盤工学会編：土質試験の方法と解説(第1回改訂版), 地盤工学会, 2000.
発電水力協会編：最新フィルダム工学, 山海堂, 1972.
Walker, F. C., Holtz, W. G. : Control of Embankment Material by Laboratory Testing, Proc. ASCE, Vol. 77, No. 108, 1951.
福本武明・増井　久：粗粒土の締固め密度推定法, 土と基礎, Vol. 49, No. 8, pp. 26-28, 2001.
地盤工学会編：土質試験―基本と手引き―, 2001.
日本道路協会編：道路土工―施工指針―, 1986.
土質工学会編：風化花崗岩とまさ土の工学的性質とその応用, 第II編　まさ土, 土質工学会, 1979.

参 考 文 献

地盤工学会編：土質試験の方法と解説, 第8編 特殊土の試験, 地盤工学会, 2000.
久野悟郎：締固めと力学特性の相関, 土と基礎, Vol. 22, No. 4, pp. 5-10, 1974.
谷本喜一：土の締固めと振動に対する諸性質, 土質材料の力学と試験法, 日本材料試験協会関西支部, 1962.

第3章

Taylor, D. W. : Fundamentals of Soil Mechanics, John Wiley & Sons, 1959.
土質工学会編：土質試験の方法と解説, 土質工学会, 1999.
Lambe, T. W., Whitman, R. V. : Soil Mechanics, John Wiley & Sons, 1969.
山内豊聡：土質力学, 理工図書, 1983.

第4章

土質工学会編：土質工学用語辞典, 土質工学会, 1985.
地盤工学会編：土質試験の方法と解説(第1回改訂版), 地盤工学会, 2000.
地盤工学会編：地盤工学ハンドブック, 地盤工学会, 1999.
Terzaghi, K., Peck, P. B. : Soil Mechanics in Engineering Practice, John Wiley & Sons, 1967.
Taylor, D. W. : Fundamentals of Soil Mechanics, John Wiley & Sons, 1959.
三笠正人：軟弱粘土の圧密―新理論とその応用―, 鹿島出版会, 1963.
日本道路協会編：道路土工―軟弱地盤対策工指針―, 日本道路協会, 1986.

第5章

土質工学会編：土質工学ハンドブック, 土質工学会, 1980.
土質工学会編：土質試験の方法と解説, 土質工学会, 1991.
土質工学会編：地盤調査法, 土質工学会, 1995.
土質工学会編：土の強さと地盤の破壊入門, 土質工学会, 1987.
Bjerrum, L. : Problems of soil mechanics and construction on soft clays, Proc. 8th ICSMFE, Vol. 3, 1973.
Bjerrum, L., Simons, N. E. : Comparison of shear strength characteristics of normally consolidated clays, Proc. ASCE Reserch Conf. on Shear Strength of Cohesive Soils, 1960.
Cornforth, D. H. : Some experiments on the influence of strain conditions on the strength of sand, *Geotechnique*, Vol. 14, No. 2, 1964.
栗原則夫：粘土のクリープ破壊に関する実験的研究, 土木学会論文集, No. 202, 1972.

中瀬明男, 小林正樹, 勝野　克：圧密および膨潤による飽和粘土のせん断強度の変化, 港湾技術研究所報告, 第8巻, 第4号, 1969.

関口秀雄：Theory of Undrained Creep Rupture of Normally Consolidated Clay Based on Elasto-Viscoplasticity, 1984.

Skempton, A. W.：The pore pressure coefficients A and B, *Geotechnique*, Vol. 4, No. 4, 1954.

Terzaghi, K., Peck, R. B.：土質力学（日本語訳), 基礎編, 丸善, 1969.

土田　孝, 水上純一, 及川　研, 森　好生：一軸圧縮試験と三軸試験を併用した新しい粘性土地盤の強度決定法, 運輸省港湾技術研究所報告, 第28巻, 第3号, 1989.

第6章

畠山直隆編著：最新土質力学（初版), 朝倉書店, 1996.

松岡　元：土質力学, 森北出版, 1999.

赤井浩一：土質力学, 朝倉書店, 1966.

足立格一郎：土質力学, 共立出版, 2002.

河上房義：土質力学（第6版), 森北出版, 1996.

岡二三生：土質力学演習, 森北出版, 1995.

伊藤　実：よくわかる土質力学例題集, 工学出版, 1995.

淺川美利：土質工学演習, 鹿島出版会, 1984.

第7章

最上武雄編著：土質力学, 技報堂, 1973.

Harr, M. E.：Foundations of Theoretical Soil Mechanics, McGraw-Hill, 1966.

今井五郎：わかりやすい土の力学, 鹿島出版会, 1986.

石原研而, 木村　孟：土質力学（土木工学大系8), 彰国社, 1980.

福岡正巳, 村田清二, 今野　誠：新編土質工学, 国民科学社, 1984.

赤井浩一：土質力学, 朝倉書店, 1980.

土質工学会編：土質工学ハンドブック, 土質工学会, 1988.

Wu, T. H.：Soil Mechanics, Allyn and Bacon, Inc., 1966.

第8章

Taylor, D. W.：Fundamentals of Soil Mechanics, John Wiley & Sons, 1959.

山内豊聡：土質力学, 理工図書, 1983.

第9章

赤井浩一:土質力学,朝倉書店,1980.
石原研而:土質動力学の基礎,鹿島出版会,1978.
大原資生:最新耐震工学(第3版),森北出版,1990.
土質工学会編:土質地震工学(土質基礎工学ライブラリー24),土質工学会,1983.
土木工学全集編集委員会編:土質力学(土木工学全集第5巻),理工図書,1980.
最上武雄編著:土質力学,技報堂,1979.
稲田倍穂:土質工学,鹿島出版会,1992.
運輸省港湾局監修:埋立地の液状化対策ハンドブック(改訂版),1997.
佐々宏一,芦田 譲,菅野 強:建設・防災技術者のための物理探査,森北出版,1993.

第10章

土質調査法改訂編集委員会編:土質調査法,地盤工学会,1995.
土質工学会編:土質工学用語辞典,1985.
河上房義:土質力学(第6版),森北出版,1992.

第11章

地盤工学会:環境地盤工学入門,1994.
地盤工学会:廃棄物と建設発生土の地盤工学的有効利用,1998.
地盤工学会:土壌・地下水汚染の調査・予測・対策,2002.
Daniel, D. E. (ed.) : Geotechnical Practice for Waste Disposal, Chapman and Hall, 1993.
Benson, C. H., Daniel, D. E., Boutwell, G. P. : Field performance of compacted clay liners, *Journal of Geotechnical and Geoenvironmental Engineering*, Vol. 125, No. 5, pp. 390-403, 1999.
(財)港湾空間高度化センター・運輸省港湾局監修:管理型廃棄物埋立護岸設計・施工・管理マニュアル,2000.
清水恵助:埋立地盤とその跡地の現状―夢の島・若洲ゴルフ場―,地質と調査,No. 66, pp. 16-28, 1991.

演習問題解答

第1章

1.1 物理的風化，化学的風化および生物的風化があり，それぞれについては1.1節aを参照．

1.2 粘土は粘土分を主体とする土，粘土分は5 μm以下の土，粘土鉱物は粘土分を構成している二次鉱物で，その化学組成により種々のものがみられる．詳細は1.8節aを参照．

1.3 含水比15％の土2000 gの水分量を m_w とすると

$$\frac{m_w}{2000-m_w}=0.15$$

$$\therefore \quad m_w=261 \text{ g}$$

含水比24％にするに必要な量を x g とする．

$$\frac{261+x}{2000-261}=0.24$$

$$x=157 \text{ g}$$

1.4 下図のように土粒子の質量を1とすれば，

$$m_w=\frac{w}{100}, \quad V_w=\frac{w}{100}, \quad V_s=\frac{1}{\rho_s}$$

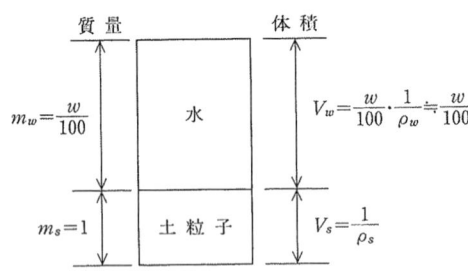

質量		体積
$m_w=\dfrac{w}{100}$	水	$V_w=\dfrac{w}{100}\cdot\dfrac{1}{\rho_w}\fallingdotseq\dfrac{w}{100}$
$m_s=1$	土粒子	$V_s=\dfrac{1}{\rho_s}$

したがって，$\rho_t=\dfrac{m_w+m_s}{V_w+V_s}=\dfrac{\dfrac{w}{100}+1}{\dfrac{w}{100}+\dfrac{1}{\rho_s}}=\dfrac{\dfrac{52}{100}+1}{\dfrac{52}{100}+\dfrac{1}{\rho_s}}=1.72$

$\rho_s=2.75 \text{ g/cm}^3, \quad e=\dfrac{V_w}{V_s}=\dfrac{\dfrac{w}{100}}{\dfrac{1}{\rho_s}}=\dfrac{0.52}{\dfrac{1}{2.75}}=\dfrac{0.52}{0.36}=1.44$

1.5 ② 有効径 $D_{10}=0.003$ mm，③ 均等係数 $U_c=\dfrac{D_{60}}{D_{10}}=\dfrac{0.032}{0.003}=10.7$，④ 曲率係数

$U_c'=\dfrac{(D_{30})^2}{D_{10}\times D_{60}}=\dfrac{(0.01)^2}{0.003\times 0.032}=\dfrac{0.0001}{0.000096}\fallingdotseq 1.04$

演習問題解答

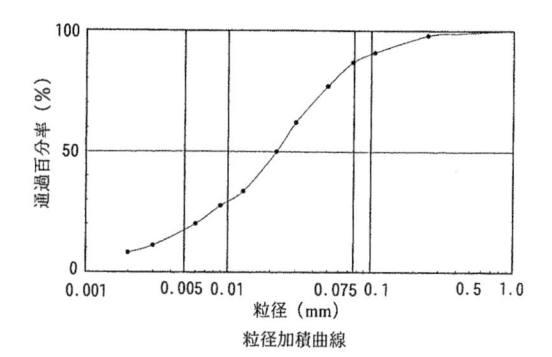

[グラフ: 粒径加積曲線、横軸 粒径(mm) 0.001〜1.0、縦軸 通過百分率(%) 0〜100]

粒径加積曲線

75 μm 以下の粒径のものが 88% あり，細粒分 ≧50% の条件から粘性土であり，$w_L=74.2\% \geqq 50\%$ で塑性指数 $I_P=45.6$ で A 線より上にあるので CH，すなわち高液性限界の粘土に分類される．

1.6 (1.12) 式より

$$D_r = \frac{1/\rho_{dmin}-1/\rho_d}{1/\rho_{dmin}-1/\rho_{dmax}}$$ に代入すると

$$D_r = \frac{1/1.44-1/1.64}{1/1.44-1/1.82} = 0.58$$

中程度に締まった地盤である．

1.7 右の表から水量 m_w は 15.86 g，したがってその体積 V_w は 15.86，V_s は 15.39 cm³ となる．

間隙比 $e = \dfrac{V_v}{V_s} = \dfrac{15.86}{15.39} = 1.03$

土粒子の密度 $\rho_s = \dfrac{m_s}{V_s} = \dfrac{42.8}{15.39} = 2.78$ gf/cm³

	質量 (g)	体積 (cm³)
土粒子	42.8	15.39
水	15.86	15.86
土全体	58.66	31.25

第 2 章

2.3 $S_r=83.8\%$, $v_a=7.2\%$

2.4 $17.5 \sim 29.0\%$

2.6 $w=8.5\%$

第 3 章

3.1 式 (3.40) の $k=C_2 e^2$ より，$e=0.79$

3.2 式 (3.41) の $k=\dfrac{Q}{Ait}=\dfrac{Q}{A(H/L)t}$ より，$k=3.2\times 10^{-3}$ m/s

3.3 式 (3.43) の $k=\dfrac{aL}{At}\log_e\dfrac{H_1}{H_2}$ より，$k=1.05\times 10^{-5}$ m/s

3.4 式 (3.43) の $k=\dfrac{Q}{\pi(h_2{}^2-h_1{}^2)}\log_e\dfrac{r_2}{r_1}$ より，$k=4.08\times 10^{-3}$ m/s

3.5　止水矢板があるとき，$P=26.8\ kP$
　　　止水矢板がないとき，$P=32.7\ kP$
3.6　「粘土層の上下面の水位差がなく，水の流れがない場合」と「下部砂層の水頭が低下し，粘土層の上下面に水位差が生じた場合」をもとに考える必要がある．
　　　「粘土層の上下面の水位差がなく，水の流れがない場合」は，地表面からの深さ d_1+z の線上での σ' は，p.56 の式 (3.62)～(3.65) より，

$$\sigma' = \sigma - u = (\gamma_{1\mathrm{sat}} - \gamma_w)d_1 + (\gamma_{2\mathrm{sat}} - \gamma_w)z = \gamma_{1\mathrm{sub}}d_1 + \gamma_{2\mathrm{sub}}z = 39.8\ \mathrm{kN/m^2} \cdots\cdots ①$$

「下部砂層の水頭が低下し，粘土層の上下面に水位差が生じた場合」，地表面から深さ d_1+z の線上では浸透水圧が下方向に作用する．このとき，動水勾配が $i=\Delta h/d_2$ であり，このときの浸透水圧は，p.58 の式 (3.68) より，

$$U_w = iz\gamma_w = \frac{\Delta h}{d_2} z\gamma_w = 14.7\ \mathrm{kN/m^2}$$

浸透流が上面から下向きに作用する場合の有効応力は，p.50 の式 (3.69) より，

$$\sigma' = \gamma_{1\mathrm{sub}}d_1 + \gamma_{2\mathrm{sub}}z + U_w = 54.5\ \mathrm{kN/m^2} \cdots\cdots ②$$

上記の①，②より，下部砂層の地下水頭が低下することにより，粘土層中央位置の有効応力が $14.7\ \mathrm{kN/m^2}$ 増加する．

第4章

4.3　$C_c = 0.52$，$p_c = 294.3\ \mathrm{kN/m^2}$
4.6　$m_v = 1.13 \times 10^{-3}\ \mathrm{m^2/kN}$
4.7　$S_f = 71\ \mathrm{cm}$
4.8　$\Delta p = 9.8\ \mathrm{kN/m^2}$
4.9　$U_s = 52\%$
4.10　正三角形配置　$d = 2.2\ \mathrm{m}$，
　　　正方形配置　$d = 2.0\ \mathrm{m}$．

第5章

5.1　$\sigma = 150\ \mathrm{kN/m^2}$，$\tau = 87\ \mathrm{kN/m^2}$，$c_d = 0\ \mathrm{kN/m^2}$，$\phi_d = 30°$
5.2　$\sigma_1 = 221\ \mathrm{kN/m^2}$，$\sigma_3 = 79\ \mathrm{kN/m^2}$，最大主応力面が水平となす角 $22.5°$
5.3　① $\Delta u = -200\ \mathrm{kN/m^2}$，$u = u_o - \Delta u = -100\ \mathrm{kN/m^2}$
　　　　$\sigma' = \sigma - u = 0 - (-100) = 100\ \mathrm{kN/m^2}$
　　　② （単位：$\mathrm{kN/m^2}$）

試験	圧縮後	せん断後	
	$\sigma'_1 = \sigma'_3$	σ'_3	σ'_1
UU	100	50	150
CU	200	150	250
CD	200	200	300

5.4　排水強度：破壊までの σ' の変化を $\Delta\sigma'_f$ とすると，破壊時において，

$$\sigma'_f = 100 + \Delta\sigma'_f, \quad \tau_f = \Delta\tau_f = 1.5\Delta\sigma'_f$$

クーロンの (5.11) 式に代入して，$\Delta\sigma'_f = 87.5\ \mathrm{kN/m^2}$ より，$\tau_f = 131.25\ \mathrm{kN/m^2}$

非排水強度：破壊時の σ' は (5.14) 式より，$\sigma'_f = 100 - 1.2\tau_f$
クーロンの (5.11) 式に代入して，$\tau_f = 38.0\,\mathrm{kN/m^2}$

5.5 盛土：図 5.31 参照．UU あるいは CU 試験で，三軸圧縮強度 (A) と三軸引張強度 (P) の平均値あるいは一面せん断強度 (D) を用いる．
掘削：水平応力が減少し，鉛直方向に圧縮されるので，三軸圧縮強度 (A) を用いる．ただし，掘削の場合は吸水膨張によって強度が低下することがあるので，長期強度も検討する．

第6章

6.1 主働の場合，(6.33) 式より $K_A = 0.480$．よって (6.32) 式より容易に $P_A = 155.6\,(\mathrm{kN/m})$ が得られる．同様に，受働の場合，(6.35) 式より $K_P = 9.288$．よって (6.34) 式より容易に $P_P = 3009.4\,(\mathrm{kN/m})$ が得られる．

6.2 この場合も 6.1 と同様クーロン土圧理論の公式適用問題である．(a) の場合，主働であるから (6.33) 式より，$K_A = 0.215$．よって (6.32) 式より $P_A = 48.4\,(\mathrm{kN/m})$ が得られる．一方，(b) の場合，同様に (6.33) 式より，$K_A = 0.415$．よって (6.32) 式より $P_A = 93.3\,(\mathrm{kN/m})$ が得られる．土圧の観点からみれば，もたれ擁壁は重力式擁壁よりも力学的に安定していることがわかる (滑動などについてはもちろん別途検討する必要がある)．

6.3 まず，仮想背面に対するランキンの主働土圧については (6.4) 式より，$K_A = 0.333$ となるから，(6.6) 式より $P_A = 130.5\,(\mathrm{kN/m})$ が得られる．土圧合力の作用位置は壁体の 1/3 の高さの位置で水平方向に作用する．
次に，滑動に対する安定を考える．壁体の単位奥行きあたりの重量および擁壁と仮想背面で囲まれた領域の裏込め土重量の和 W は $W = 9 \times 20 + 2 \times 6 \times 16 = 372.0\,(\mathrm{kN/m})$ である．すると，(6.36)，(6.37) 式より，$R_v = 372.0\,(\mathrm{kN/m})$．$R_h$ は壁体前面での受働土圧を考慮する場合，$R_h = 34.5\,(\mathrm{kN/m})$，受働土圧を考慮しない場合，$R_h = 130.5\,(\mathrm{kN/m})$ である．したがって (6.38) 式より安全率 F は，受働土圧を考慮する場合，しない場合でそれぞれ $F = 6.47,\ 1.71$ となり，いずれも 1.5 より大きく滑動に対して安定であると判断できる．もちろん，壁体前面での受働土圧を考慮すれば設計的には安全側となるため，通常はこれを無視して設計する．
転倒に対する安定について検討する．壁体下端 A から W，P_A，P_P の作用線までの距離を $l_1,\ l_2,\ l_3$ とすれば，それぞれ $l_1 = 1.5,\ l_2 = 7/3,\ l_3 = 2/3$ となる．すると (6.39) 式より安全率 F が，受働土圧を考慮する場合，しない場合でそれぞれ $F = 2.32,\ 1.84$ となり，いずれも 1.5 より大きく転倒に対してもいずれも安定であると判断できる．

第7章

7.1 (a) $110\,\mathrm{kN/m^2}$，(b) $82\,\mathrm{kN/m^2}$

7.2 (a) $127\,\mathrm{kN/m^2}$，(b) $446\,\mathrm{kN/m^2}$

7.3 $\sigma_{zA} = 33\,\mathrm{kN/m^2}$，$\sigma_{zB} = 28\,\mathrm{kN/m^2}$，$\sigma_{zC} = 3.9\,\mathrm{kN/m^2}$

7.4 5.7 cm

7.5 (a) $q_d = 80\,\mathrm{kN/m^2}$

(b) $q_d = 74 \text{ kN/m}^2$

7.6 (a) 1184 kN/m^2, (b) 644 kN/m^2

第8章

8.1 ・降雨によってこの飽和した場合，式 (8.5) より，$F_s = \dfrac{\gamma'}{\gamma_{sat}} \dfrac{\tan \phi'}{\tan i} = 0.79$

・地下水が存在しない場合，式 (8.2) より，$F_s = \dfrac{\tan \phi'}{\tan i} = 1.59$

よって，地下水がない場合より，降雨によって飽和した場合の安全率が 0.8 低下する．

8.2 内部摩擦角 $\phi = 10°$ であるので，図 8.4 より安定係数 $N_s = 12.0$

式 (8.9) より，$F_s = \dfrac{c \cdot N_s}{H \cdot \gamma_t} = 1.29$

8.3 図 8.4 より，安定係数 $N_s = 9.3$

この斜面の限界高さは，式 (8.8) より，$H_c = \dfrac{N_s \cdot c}{\gamma_t} = 7.9 \text{ m}$

安全率を 1.5 とした場合の許容高さは，式 (8.9) より，$H_a = \dfrac{c \cdot N_s}{F_s \cdot \gamma_t} = 5.3 \text{ m}$

8.4 表 8.2 より，計算結果は次のようになる．

スライス No.	面積 $A(\text{m}^2)$	重量 $W(\text{kN/m})$	角度 $\beta(°)$	$\sin \beta$	$\cos \beta$	$W \sin \beta$ (kN/m)	$W \cos \beta$ (kN/m)	底面長さ l(m)	間隙水圧 (kN/m)	ul (kN/m)
1	2.07	38.502	−6	−0.105	0.995	−4.02	38.29	2.56	11.9	30.46
2	6.28	116.808	−2	−0.035	0.999	−4.08	116.74	2.59	18.1	46.88
3	8.62	160.332	3	0.052	0.999	8.39	160.11	2.66	22.0	58.74
4	11.79	219.294	9	0.156	0.988	34.31	216.59	2.64	27.2	71.81
5	12.87	239.382	20	0.342	0.940	81.87	224.95	2.71	28.8	78.05
6	15.23	283.278	32	0.530	0.848	150.11	240.23	2.74	17.5	47.95
7	12.66	235.476	43	0.682	0.731	160.59	172.22	2.83	11.0	31.24
8	8.22	152.892	68	0.927	0.375	141.76	57.27	2.60	0.0	0.00
Σ						568.94	1226.40	22.33		365.13

式 (8.16) より，

$$F_s = \dfrac{\sum c \cdot l_i + \sum (N_i - u_i \cdot l_i) \tan \phi'}{\sum T_i} = \dfrac{c \cdot L + \sum (W_i \cos \alpha_i - u_i \cdot l_i) \tan \phi'}{\sum W_i \sin \alpha_i} = 1.14$$

8.5 例題 8.5 の手順に従って作図を行い，内部摩擦角と粘着力に関する安全率の計算結果を表にまとめると，次のようになる．

i	仮定内部摩擦角 $\phi_f(°)$	$R \cdot \sin \phi_f$ (m)	$c_f \cdot L'$ (kN/m²)	c_f (kN/m²)	$\tan \phi_f$	F_ϕ	F_c
1	15	2.094	213.875	20.177	0.268	1.740	1.487
2	20	2.793	169.625	16.002	0.364	1.281	1.875
3	25	3.491	110.625	10.436	0.466	1.000	2.875
4	30	4.189	51.625	4.870	0.577	0.808	6.160

安全率の決定図を描いて安全率を求めると，安全率 $F_s = 1.60$ となる．

第9章

9.1 $\dfrac{V_p}{V_s}=\sqrt{\dfrac{2(1-v)}{1-2v}}$, $\dfrac{3.0}{1.5}=\sqrt{\dfrac{2(1-v)}{1-2v}}$, $3v=1$, $v=\dfrac{1}{3}$, $E=\rho\dfrac{(1+v)(1-2v)}{1-v}V_p^2$,

$E=25\dfrac{\left(1+\dfrac{1}{3}\right)\left(1-2\dfrac{1}{3}\right)}{1-\dfrac{1}{3}}(3.0\times10^3)^2$, $E=1.50\times10^8$ (kN/m²),

$G=\dfrac{E}{2(1+v)}=5.625\times10^7$ (kN/m²)

9.2 深部から伝播してきた地震波が，砂地盤に入射して上方に伝わる．地震によって繰り返しせん断応力が作用すると，ゆるい砂地盤は負のダイレイタンシーを発生しようとするが，地盤は一時的に非排水状態となるため，間隙水圧が上昇し有効応力がほぼ0となり，液状化現象が発生する．その後，間隙水圧の消散が始まり，砂粒子は密な状態に移行する．

9.3 地盤が一時的な非排水状態となることにより，間隙水圧は上昇し液状化を発生させ，その後消散する．このような地盤の変形過程における，間隙水圧 u，全応力 σ，有効応力 σ' の関係をせん断強さ s を用いて考える．

せん断強さ s は
$$s=\sigma'\tan\phi'$$
全応力 σ' は
$$\sigma'=\sigma-u$$
であることより，
$$s=(\sigma-u)\tan\phi'$$
間隙水圧が上昇し $\sigma=u$ となると，全応力 σ'，せん断強さ s はともに0となることがわかる．したがって，液状化現象が発生する．

第10章

10.1 表10.2を参考に軟弱な粘土地盤に適用可能なサウンディング試験を選択し，その特徴や留意点をまとめること．原位置ベーンせん断試験は外せない．

10.2 10.3(a) の記述を参考に，特徴およびよく使われる理由を要領よく理解しておくこと．

10.3 一般に砂地盤では原位置ベーンせん断試験は実施されない．その理由としては，1) ベーン挿入時に地盤が乱されやすい，2) 非排水条件を仮定することが困難で，実験結果の解釈がむずかしい，3) 円筒状のすべり面を仮定することがむずかしいなど．

索　引

ア　行

圧縮　61
圧縮試験　94
圧縮指数　13, 62
アッターベルグ限界　10
圧密　61, 147
圧密圧力　13
圧密係数　66
圧密降伏応力　63
圧密試験　61, 70
圧密沈下量　75
圧密度　69
圧密排水せん断試験　95
圧密非排水せん断試験　97
圧密理論　65
圧力水頭　36
跡地利用　197
アルミナシート　17
アルミニウム酸化物　15
アルミニウム八面体　16
安全率　139, 143, 155
安息角　103
安定係数　153

一次圧密　77
一軸圧縮試験　94, 101
一次元圧密　61
一次鉱物　1
位置水頭　36
一面せん断試験　99
一般廃棄物　191
イライト　1, 15, 17

打込み杭　145
運積土　1
雲母類　1

影響係数　132
影響値　131, 134, 137
鋭敏比　15, 19, 101

液状化現象　169
液性限界　10, 11, 20, 21, 64
液性指数　11, 12
液体状　10
S波　164
NAPL　188
N値　65, 178
LNAPL　188
塩基置換　19
円形すべり面　155

応力経路　91
応力集中係数　131
オランダ式二重管コーン貫入試験　178

カ　行

過圧密粘土　64
崖錐堆積物　2
海面処分場　196
カオリナイト　1, 13, 15, 17, 20
化学的結合水　37
化学的風化　1
拡散　185
拡散イオン層　18
拡散二重層　18, 19
角閃石　7
角閃石類　1
重ね合わせの原理　134, 135, 137
火山灰質粘性土　21
過剰間隙水圧　87, 90
過剰締固め　35
仮想背面　124
片面排水　70
活性度　12
割線弾性係数　86
滑動に対する安定　125
環境地盤工学　183
間隙水圧　10, 66
間隙比　3, 5, 6, 62

間隙率　3
含水ケイ酸塩　15
含水比　4, 6
乾燥密度　4, 6, 7
関東ローム　2, 17

輝石類　1
基礎地盤の支持力　125
吸着　185
吸着イオン　11, 12
吸着水　3, 37
吸着陽イオン　18
強度異方性　106
強度増加率　13, 105
強熱減量試験　14, 15
極　84
極限支持力　139, 140, 143
曲線定規法　71
局部せん断破壊　139, 141
曲率係数　8
許容支持力　139, 143
均等係数　8, 22

杭基礎　145
クイックサンド　57
屈折　165
グラベルドレーン工法　171
クリープ現象　106
クロスホール法　169
黒ぼく　2
クロライト　1
クーロン土圧　119
クーロンの破壊基準　89

形状係数　47, 142, 143
径深　46
ケーソン基礎　145
結晶構造　15
結晶水　3
原位置ベーンせん断試験　180
限界動水勾配　58

索　引

減衰定数　166

交換性陽イオン　19
孔間速度測定　169
剛性基礎　139
剛性率　166
構造水　3
孔内水平載荷試験　182
黒泥　2
固定ピストン式シンウォールサンプラー　173
コンシステンシー　10, 11
コンシステンシー限界　15, 21
コンシステンシー指数　11

サ　行

最小主応力　82
最大乾燥密度　30
最大主応力　82
最適含水比　30
細粒土　21
細粒分　21
サウンディング　176
サクション　36
座屈　147
砂質土　22
砂分　22
産業廃棄物　191
三軸圧縮試験　94, 100
残積土　2
酸素結合　17
サンドドレーン工法　78
サンプリング　172
サンプリングチューブ　174

ジオメンブレン　193
時間係数　70
シキソトロピー現象　15
軸応力振幅　168
軸ひずみ振幅　168
支持力　139
支持力係数　141, 143, 146
地すべり性の崩土　2
湿潤密度　4, 6, 7
室内透水試験　48
実流速　186
CD 試験　95
地盤汚染　184

地盤環境工学　183
地盤沈下　61
締固め　28
締固め曲線　29
締固め砂杭工法　170
締固め試験　28
締固め仕事量　31
遮水工　193
遮水シート　193
斜面　149
収縮限界　10, 13
収縮限界試験　13
自由水　3
自由地下水　39
周面支持力　145
重力水　37
主応力　81, 132, 133
主応力面　81
CU 試験　97
$\overline{CU}$ 試験　97
主働土圧　110
受働土圧　111, 140
主働土圧係数　113
受働土圧係数　114
主ひずみ　85
瞬時載荷　77
初期接線係数　86
しらす　2
シリカシート　17
シリカ四面体　16
シルト　7
シンウォールチューブ　175
振動締固め工法　170
浸透水圧　55

水素結合　17
水中密度　4
垂直応力　81
垂直ひずみ　85
スウェーデン式貫入試験　179
スケンプトンの間隙圧係数　88
ストークスの解　8
砂　7
スネルの法則　165
すべり円弧法　20
すべり面　81
すべりモーメント　155

正規圧密粘土　13, 64
静止土圧　110
静止土圧係数　105, 112
静的貫入試験　176
生物的風化　1
石英　1, 7
接地圧　139
セメント混合処理工法　170
ゼロ空気間隙曲線　31
全応力　87
全応力法　156
線形弾性　85
線形弾性体　129
せん断応力　81
せん断強度　20, 142
先端支持力　145
せん断弾性係数　166
せん断強さ　88
せん断抵抗角　89, 102
せん断破壊　81
せん断ひずみ　85
全般せん断破壊　139, 141

双曲線法　76
相対湿度　38
相対密度　5, 10, 141
速度水頭　36
側方拘束圧縮試験　63
塑性　86
塑性限界　10, 11
塑性限界試験　11
塑性指数　11, 12
塑性状　10
塑性図　21
塑性平衡状態　111
粗粒土　9, 10, 21
粗粒分　21

タ　行

体積圧縮係数　62
体積比　62
ダイレイタンシー　86, 169
ダルシーの法則　37, 40
たわみ性基礎　139
単位体積重量　5, 131, 143
短期安定解析　97
短期安定問題　93
弾性　85

211

索引

弾性体 137
単粒構造 19

遅延係数 186
地下水 36
地下水汚染 184
地下水低下工法 171
地下水頭 36
地下水揚水 189
力の三角形 120
宙水 40
沖積粘土 64
チューブサンプリング 172
長期安定問題 93, 98
長石 7
長石類 1
直接せん断試験 93
直線すべり面 151

通過率 166

DNAPL 188
抵抗モーメント 155
定水位透水試験 48
定積土 1
泥炭 2
定率漸増荷重 77
鉄苦土鉱物類 1
テトラクロロエチレン 188
デニソンサンプラー 175
デュピイの仮説 51
電気式三成分コーン 179
転倒に対する安定 125

土圧 110
動圧密工法 170
等価線形モデル 166
同形置換 17
凍結サンプリング 173
等時曲線 69
等主応力線 133
凍上 38
透水係数 40, 66
動水勾配 41
動的貫入試験 176
等ポテンシャル線群 54
独立フーチング基礎 138
土質調査 172

土壌汚染 184
土壌汚染対策法 191
土壌ガス吸引 190
トリクロロエチレン 188

ナ 行

内部摩擦角 89, 141

二次圧密 77

布基礎 138
粘性 86
粘性係数 46
粘着力 89, 141, 142
粘土 7
粘土鉱物 15
粘土ライナー 194

ハ 行

廃棄物 191
廃棄物処分場 192
配向構造 20
配向度 20
排水状態 90
排水強さ 92
バイブロコンパクション工法 65
バイブロフローテーション工法 65, 170
破壊原子価 17
破壊線 89
場所打ち杭 145
蜂の巣状構造 19
発破による締固め工法 170
波動抵抗密度 166
バーミキュライト 1
半固体状 10
反射 165
反射率 166

被圧地下水 39
非圧密非排水せん断試験 96
PS検層法 168
比重 4
非水溶性流体 188
ひずみ 84
ひずみ依存性 167

P波 164
非排水クリープ 106
非排水状態 90
非排水せん断強さ 13
非排水強さ 92, 103
比表面積 12
ピヤ基礎 145
標準貫入試験 65, 176

ファン・デル・ワールス力 17
フィックの法則 185
風化作用 1
封じ込め 190
複合すべり面 161
複合フーチング基礎 138
複合ライナー 193
物理的風化 1
負の周面摩擦力 146
部分排水強さ 92
ブロックサンプリング 175
分割法 155
分級作用 2
分散 185
分配係数 185

べた基礎 138
pH 185
pH試験 14
ベルヌーイの法則 41
ヘンケルの間隙圧係数 88
変水位透水試験 48
ベーンせん断試験 101
ベントナイト 195

ボイリング 57
膨潤 17
飽和度 3, 6, 7
保有水 37
ボワジーユの法則 45

マ 行

摩擦円法 158
マントルコーン 178

乱さない試料 173
密度 4, 5

綿毛構造 19, 20

索　引

毛管水　37
毛管水頭　36
毛管高さ　39
モール-クーロンの破壊規準　90
モールの応力円　83
モンモリロナイト　1, 13, 15, 17, 20

ヤ　行

ヤーキーの式　112
薬液注入工法　170

有機塩素系化合物　187
有機質土　2, 22
有機炭素含有量試験　14
有効応力　56, 66, 87, 143
有効応力法　156
有効径　7
有効単位体積重量　142〜144

UU試験　96

揚圧力　56
用極法　84
溶出試験　184
揚水試験　48
溶脱　19
擁壁の安定性　125
よな　2

ラ　行

ラブ波　165
ラプラスの方程式　45
ラーメの定数　164
ランキン土圧　111
ランダム構造　20

流線群　54
流線網　54
流動曲線　11

流動指数　11
粒度曲線　8
粒度分布　7, 9, 21
両面排水　70
臨界角　166

$\sqrt{t}$ 法　71

礫　7
礫質土　22
礫分　22
レス　3
レーリー波　165
連続フーチング　142
連続フーチング基礎　138

ロータリー式二重管サンプラー　174

著者略歴

冨田　武満 (とみた　たけみつ)
- 1943年　京都府に生まれる
- 1966年　立命館大学理工学部卒業
- 現　在　福山大学工学部教授　工学博士

福本　武明 (ふくもと　たけあき)
- 1939年　愛媛県に生まれる
- 1965年　立命館大学大学院理工学研究科修士課程修了
- 現　在　立命館大学理工学部教授・工学博士

大東　憲二 (だいとう　けんじ)
- 1957年　島根県に生まれる
- 1985年　名古屋大学大学院工学研究科博士課程満了
- 現　在　大同工業大学工学部教授・工学博士

西原　晃 (にしはら　あきら)
- 1953年　鳥取県に生まれる
- 1983年　京都大学大学院工学研究科博士課程修了
- 現　在　福山大学工学部教授　工学博士

深川　良一 (ふかがわ　りょういち)
- 1953年　鹿児島県に生まれる
- 1979年　京都大学大学院工学研究科博士課程修了
- 現　在　立命館大学理工学部教授・工学博士

久武　勝保 (ひさたけ　まさやす)
- 1948年　高知県に生まれる
- 1974年　神戸大学大学院工学研究科修士課程修了
- 現　在　近畿大学理工学部教授　工学博士

楠見　晴重 (くすみ　はるしげ)
- 1953年　大阪府に生まれる
- 1980年　関西大学大学院工学研究科博士前期課程修了
- 現　在　関西大学工学部教授　工学博士

勝見　武 (かつみ　たけし)
- 1967年　京都府に生まれる
- 1991年　京都大学大学院工学研究科修士課程修了
- 現　在　京都大学大学院地球環境学堂准教授　博士（工学）

最新土質力学（第2版）　　　　定価はカバーに表示

2003年11月30日　初版第1刷
2022年 2 月10日　第14刷

著　者　冨　田　武　満
　　　　福　本　武　明
　　　　大　東　憲　二
　　　　西　原　　　晃
　　　　深　川　良　一
　　　　久　武　勝　保
　　　　楠　見　晴　重
　　　　勝　見　　　武

発行者　朝　倉　誠　造

発行所　株式会社　朝　倉　書　店
　　　　東京都新宿区新小川町 6-29
　　　　郵便番号　162-8707
　　　　電話　03(3260)0141
　　　　FAX　03(3260)0180
　　　　http://www.asakura.co.jp

〈検印省略〉

© 2003〈無断複写・転載を禁ず〉

Printed in Korea

ISBN 978-4-254-26145-5　C3051

JCOPY ＜出版者著作権管理機構　委託出版物＞

本書の無断複写は著作権法上での例外を除き禁じられています．複写される場合は，そのつど事前に，出版者著作権管理機構（電話 03-5244-5088, FAX 03-5244-5089, e-mail: info@jcopy.or.jp）の許諾を得てください．